Denise M. S. Gerscovich

estabilidade
de taludes

**2ª edição
com exercícios
resolvidos**

Copyright © 2012 Oficina de Textos
1ª reimpressão 2013
2ª edição 2016 | 1ª reimpressão 2020 | 2ª reimpressão 2022

Grafia atualizada conforme o Acordo Ortográfico da Língua Portuguesa de 1990, em vigor no Brasil desde 2009.

Conselho editorial Aluízio Borém; Arthur Pinto Chaves; Cylon Gonçalves da Silva; Doris C. C. K. Kowaltowski; José Galizia Tundisi; Luis Enrique Sánchez; Paulo Helene; Rozely Ferreira dos Santos; Teresa Gallotti Florenzano

CAPA E PROJETO GRÁFICO Malu Vallim
DIAGRAMAÇÃO Alexandre Babadobulos
PREPARAÇÃO DE FIGURAS Eduardo Rossetto, Alexandre Babadobulos e Letícia Schneiater
PREPARAÇÃO DE TEXTO Rena Signer e Carolina A. Messias
REVISÃO DE TEXTO Gerson Silva e Rafael Mattoso
IMPRESSÃO E ACABAMENTO Forma Certa Gráfica Digital

Dados Internacionais de Catalogação na Publicação (CIP)
(Câmara Brasileira do Livro, SP, Brasil)

Gerscovich, Denise M. S.
    Estabilidade de taludes / Denise M. S. Gerscovich. -- 2. ed. -- São Paulo : Oficina de Textos, 2016.

Bibliografia.
ISBN 978-85-7975-241-4

1. Engenharia de estruturas 2. Geotécnica 3. Geotexteis 4. Mecânica do solo I. Título.

16-02592   CDD-624

Índices para catálogo sistemático:
1. Estabilidade de taludes : Engenharia civil 624

Todos os direitos reservados à **Editora Oficina de Textos**
Rua Cubatão, 798
CEP 04013-003 São Paulo SP
tel. (11) 3085 7933
www.ofitexto.com.br
atend@ofitexto.com.br

AGRADECIMENTOS

Agradeço aos meus mestres, que me ensinaram como enfrentar o desafio de prever o comportamento de um material tão complexo, produto da natureza.

Agradeço aos meus alunos, que motivaram a organização deste volume.

Agradeço à minha família, que me apoiou em todos os momentos da minha vida.

Agradeço à Faperj pelo apoio ao ensino e à pesquisa no Rio de Janeiro.

Apresentação

A questão da segurança envolvendo taludes em materiais geomecanicos (solos, alteração de rocha, fraturas e descontinuidades, rochas) é um problema recorrente nas Engenharias Civil e Geotécnica, seja envolvendo encostas naturais, seja envolvendo taludes de aterros e pilhas. Em muitas situações nos mais diversos tipos de obras e outras intervenções humanas, a avaliação da segurança de taludes é o fator controlador de projetos, normalmente expresso sob a forma de um coeficiente de segurança mínimo a ser estabelecido como critério de projeto/implantação ou sob outras formas de expressar a segurança (p.ex., probabilidade de ruptura). Destacam-se ainda as frequentes ocorrências recentes de fenômenos maciços de movimentação de massa em encostas naturais, com maior ou menor influência humana.

Apesar do assunto estabilidade de taludes ser tratado como capítulo em grande número de livros-texto – particularmente estrangeiros, mas também em algumas referências brasileiras –, havia uma carência de um texto mais específico envolvendo as análises de estabilidade com uma abordagem tanto qualitativa como quantitativa.

O livro da Profa. Denise Gerscovitch vem suprir essa lacuna na literatura técnica básica brasileira. Pela sua estruturação, este livro fornece uma visão abrangente do problema de avaliação da segurança de taludes naturais, aterros e pilhas, cobrindo os diversos aspectos do problema envolvendo:

1. identificação do tipo de movimento de massa, essencial para seleção do método de avaliação qualitativa ou de análise quantitativa do fenômeno;
2. conceituação das causas possíveis dos escorregamentos e consequente seleção do tipo de análise a ser aplicada em cada caso;
3. definição do tipo de solicitação envolvida (drenada ou não drenada, curto ou longo prazo) e consequente definição do tipo de análise a ser aplicada (tensões efetivas ou totais, materiais saturados ou parcialmente saturados);

4. identificação e determinação dos parâmetros geomecânicos dos materiais (solos, rochas, planos de fraqueza, descontinuidade) requeridos nos tipos de movimento e de análise identificados; e
5. descrição detalhada dos métodos de cálculo usados em análises de estabilidade, aplicáveis em cada situação.

A Profa. Denise tem sólida formação básica e acadêmica e larga experiência em estudos e avaliações envolvendo estabilidade de encostas naturais e taludes de aterros, sob diferentes condições. Também é professora de cursos de graduação e pós-graduação relacionados com esse assunto e supervisionou diversas teses de mestrado e trabalhos de final de curso, além de diversas palestras técnicas e relatos gerais em conferências. Ressalte-se também sua participação na equipe que elaborou o *Manual de Estabilidade de Encostas da Geo-Rio*, referência brasileira obrigatória sobre o assunto. Seu trabalho de pesquisa de doutoramento, relacionado com estabilidade de encostas, destacou-se pelo tratamento simultâneo do problema de infiltração de água de chuva em encostas naturais, parcialmente saturadas, com a avaliação de efeitos tridimensionais nos estudos de fluxo e estabilidade. O trabalho ainda abrangeu o estudo de um caso real de escorregamento de grande porte e importância em encosta natural no Rio de Janeiro, tornando-se um dos mais completos e inovadores nessa área.

Tendo acompanhado ao longo de vários anos as atividades acadêmicas e profissionais da Profa. Denise, tenho a certeza de que a presente publicação se tornará uma referência obrigatória em cursos de graduação em Engenharia Civil e Engenharia Geotécnica, assim como importante referência para cursos de pós-graduação e para profissionais de Engenharia Geotécnica.

Vamos esperar que, em breve, a autora dê continuidade a esta primeira publicação, envolvendo exemplos e casos de aplicações e um novo texto envolvendo métodos de cálculo das técnicas de estabilização de encostas.

Leandro de Moura Costa Filho
Sócio-Diretor da LPS Consultoria e Engenharia

Prefácio

Escorregamentos de taludes são uma das formas mais frequentes de movimento de massa e, por esse motivo, representam o escopo principal deste livro. Os mecanismos deflagradores e métodos de análise vêm sendo estudados há décadas por pesquisadores em várias partes do mundo. Muito já se avançou na compreensão do comportamento dos solos sob diferentes condições de umidade e na disponibilização de ferramentas computacionais de análise. Entretanto, escorregamentos de encostas ainda promovem sérios problemas, particularmente em áreas montanhosas, chegando a se caracterizar como uma questão de ordem pública, governamental.

Solucionar problemas de estabilidade de taludes é uma prática comum na engenharia geotécnica. Cabe ao engenheiro desenvolver um projeto que seja ótimo em termos econômicos e, principalmente, que garanta a segurança do empreendimento. Um talude pode, por exemplo, tornar-se instável quando as tensões cisalhantes mobilizadas na massa de solo ou rocha atingem a resistência ao cisalhamento do material. Essa condição pode ser atingida pela intervenção de agentes externos (como, por exemplo, a ação do homem) ou internos (alterações da resistência por intemperismo, por exemplo).

Como fatores decorrentes da atividade humana, enquadram-se as alterações na rede de drenagem e no uso e ocupação do solo (eliminação da cobertura vegetal, cortes para abertura de novas estradas, construção de muros, taludes mal dimensionados, lançamento de lixo etc.).

No caso de taludes naturais, a entrada de água no solo promove mudanças nas pressões de água intersticiais, potencializando as condições favoráveis à instabilização. A infiltração pode se dar superficialmente, pela ação da água da chuva; pelo mau funcionamento de sistemas de drenagem; ou em profundidade, por fluxo através de fraturas no embasamento rochoso ou mesmo por rupturas de tubulações de serviços de água ou de esgoto.

A inclinação dos taludes também é um dos fatores que influenciam a ocorrência de movimentos de massa. Assim, taludes mais íngremes tendem a ser mais suscetíveis a processos de instabilidade. Há outros fatores decisivos para desencadear os movimentos de massa, como, por exemplo, sismos e atividades vulcânicas.

As análises da estabilidade de taludes construídos são realizadas com base na geometria do problema, na inclusão de possíveis carregamentos externos, no conhecimento das propriedades geomecânicas dos materiais e nos padrões de fluxo. No caso de encostas, a avaliação da estabilidade envolve conhecimentos prévios sobre a geologia, a topografia, as características mecânicas dos materiais, além do estabelecimento de hipóteses sobre as possíveis condições hidrológicas que podem ocorrer. Adicionalmente, é importante identificar as eventuais movimentações prévias, para se estabelecer os mecanismos de deflagração da ruptura.

Os estudos de estabilidade também se aplicam na análise de taludes já rompidos, pois fornecem informações relevantes sobre os parâmetros de resistência dos materiais envolvidos e auxiliam no estabelecimento de medidas corretivas. Na realidade, a ruptura de um talude pode ser associada a um ensaio de resistência de grandes dimensões. Assim, os parâmetros necessários para atingir a ruptura podem ser calculados na retroanálise e comparados com os parâmetros de resistência atribuídos no projeto original.

Esta obra procura apresentar aos estudantes e aos profissionais de engenharia os temas mais importantes relacionados ao estudo e análise de estabilidade de taludes. No Cap. 1, definem-se os tipos de taludes e movimentos de massa. O Cap. 2 trata dos conceitos básicos necessários para a realização de estudos de estabilidade. São revistas definições e metodologias para análise de tensões em solos, previsão de pressões na água presente nos vazios e conceitos de resistência ao cisalhamento. No Cap. 3, são apresentadas, passo a passo, todas as etapas para a análise e concepção do projeto de estabilidade, contemplando a escolha do momento mais crítico do projeto e a forma mais adequada de abordagem do problema. No Cap. 4, apresentam-se métodos de estabilidade por equilíbrio limite, subdivididos por forma da superfície potencial de ruptura. Por fim, o Anexo A complementa os ábacos de estabilidade e o Anexo B apresenta um breve resumo dos principais métodos de estabilidade.

Sumário

1 Tipos de talude e movimento de massa 11
    1.1 Tipos de talude.. 11
    1.2 Tipos de movimento de massa 15

2 Conceitos básicos aplicados a estudos de estabilidade 35
    2.1 Conceito de tensão... 35
    2.2 Conceito de deformações 42
    2.3 Comportamento tensão x deformação... 43
    2.4 Tensões em solos... 47
    2.5 Água no solo.. 56
    2.6 Resistência ao cisalhamento 77

3 Concepção de projeto de estabilidade...85
    3.1 Quanto à geometria da ruptura 87
    3.2 Quanto ao método de análise.. 87
    3.3 Quanto à escolha da condição crítica: final de
         construção x longo prazo... 93
    3.4 Quanto ao tipo de análise 95
    3.5 Quanto aos parâmetros dos materiais 96

4 Métodos de estabilidade 101
    4.1 Talude vertical – solos coesivos... 101
    4.2 Blocos rígidos 103
    4.3 Talude Infinito... 107
    4.4 Superfícies planares – talude finito 115
    4.5 Superfície circular.. 125
    4.6 Superfícies não circulares.. 161
    4.7 Comentários sobre os métodos de equilíbrio limite..................... 173

Anexo A...177
Anexo B...183

Referências Bibliográficas Citadas e Recomendadas........................186

TIPOS DE TALUDE E MOVIMENTO DE MASSA

1.1 TIPOS DE TALUDE

Talude é a denominação que se dá a qualquer superfície inclinada de um maciço de solo ou rocha. Ele pode ser natural, também denominado encosta, ou construído pelo homem, como, por exemplo, os aterros e cortes.

A Fig. 1.1 exemplifica várias situações práticas em que as análises de estabilidade são necessárias. No caso de aterros construídos ou cortes, a análise deve ser realizada considerando as alterações geradas ao longo da execução e após o término da obra, de forma a identificar a condição mais crítica em termos de segurança. No caso de barragens de terra, deve-se analisar a estabilidade nas diversas etapas de construção e operação, isto é, no final da construção, durante a operação e em situações em que a barragem poderá estar sujeita a um rebaixamento rápido do reservatório. As barragens de rejeitos são estruturas semelhantes às barragens de terra, entretanto, têm a função de estocagem de resíduo e, em muitos casos, o próprio rejeito é usado como material de construção. Esse tipo de obra tem como condição crítica a baixa capacidade de suporte do resíduo.

A ruptura em si caracteriza-se pela formação de uma superfície de cisalhamento contínua na massa de solo. Portanto, existe uma camada de solo em torno da superfície de cisalhamento que perde suas características durante o processo de ruptura, formando assim a zona cisalhada, conforme mostrado na Fig. 1.2. Inicialmente, forma-se a zona cisalhada e, em seguida, desenvolve-se a superfície de cisalhamento.

1.1.1 Taludes construídos

Os taludes construídos pela ação humana resultam de cortes em encostas, de escavações ou de lançamento de aterros.

Os cortes devem ser executados com altura e inclinação adequadas, para garantir a estabilidade da obra. O projeto depende das propriedades geomecânicas dos materiais e das condições de fluxo.

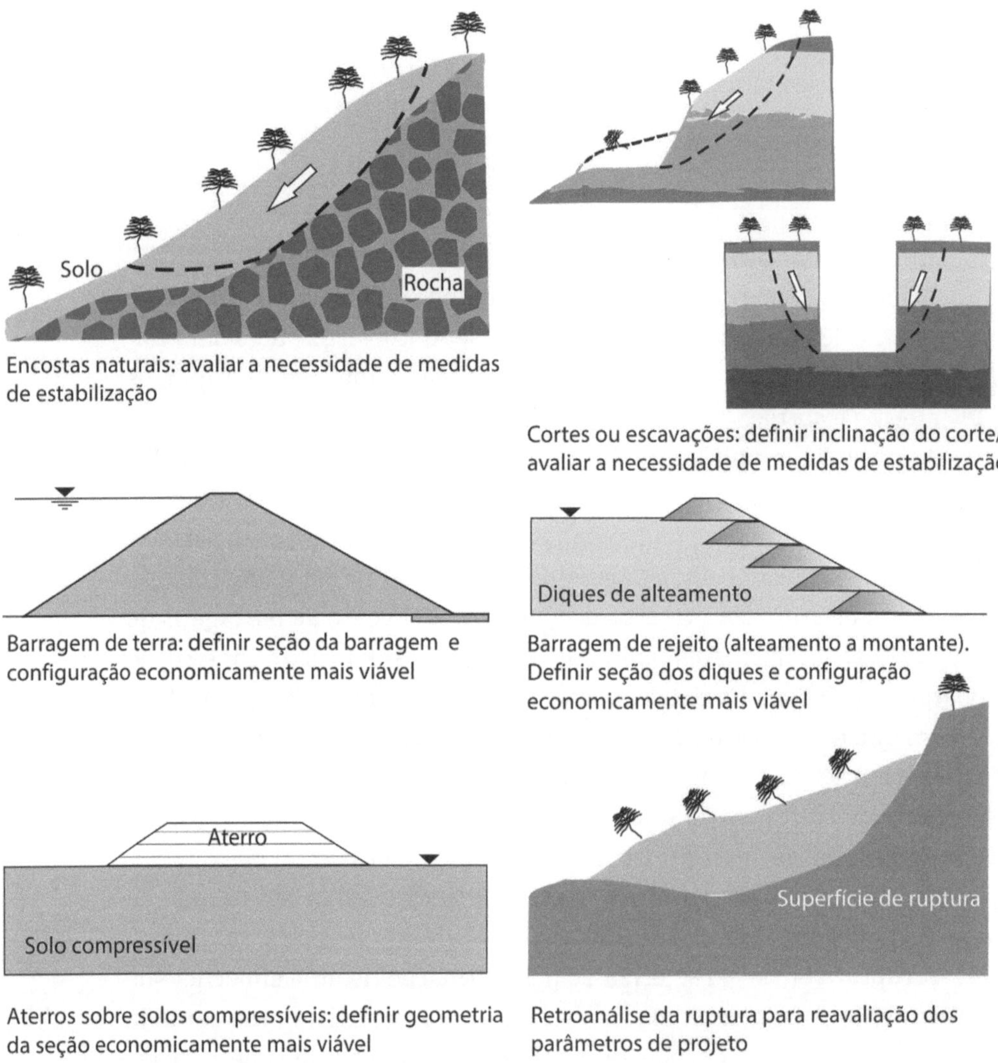

Solo
Rocha
Encostas naturais: avaliar a necessidade de medidas de estabilização
Cortes ou escavações: definir inclinação do corte/ avaliar a necessidade de medidas de estabilização
Barragem de terra: definir seção da barragem e configuração economicamente mais viável
Diques de alteamento
Barragem de rejeito (alteamento a montante). Definir seção dos diques e configuração economicamente mais viável
Aterro
Solo compressível
Aterros sobre solos compressíveis: definir geometria da seção economicamente mais viável
Superfície de ruptura
Retroanálise da ruptura para reavaliação dos parâmetros de projeto

Fig. 1.1 *Exemplos de aplicações de estudos de estabilidade*

Os aterros são construídos em projetos de barragem de terra e em obras viárias e de implantação de estruturas civis, quando o solo de fundação tem baixa capacidade de suporte ou para nivelamento do terreno. Como as propriedades geotécnicas do solo compactado, utilizado nesse tipo de obra, são conhecidas, os cálculos de estabilidade envolvem menos incertezas se comparados aos dos solos naturais.

Os aterros são também construídos como diques de contenção de lagos de estocagem de resíduos. Quando os resíduos são inertes e sólidos,

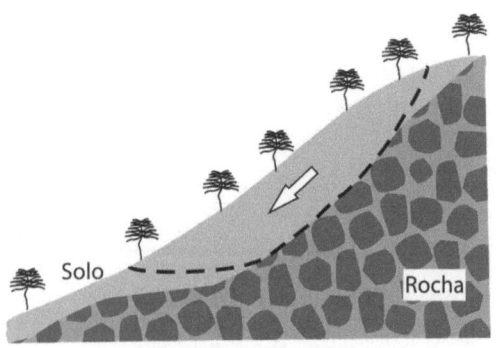

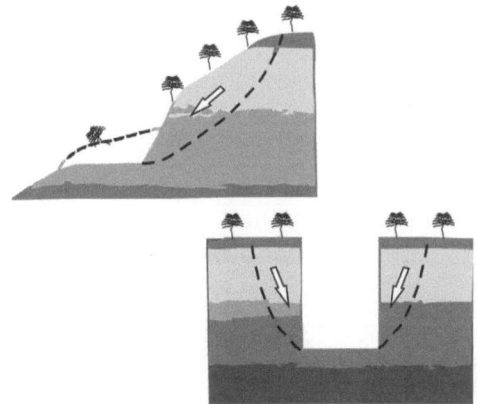

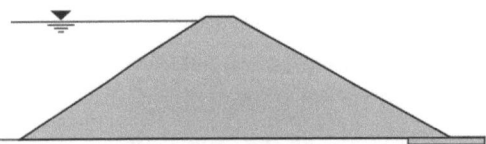

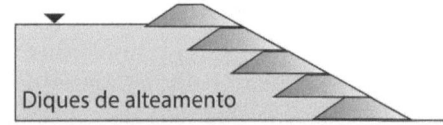

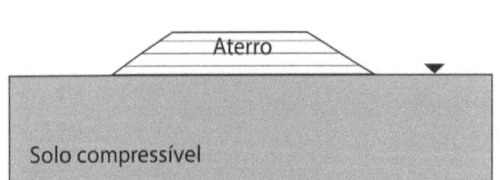

muitas vezes são utilizados como material de construção do dique. Ante as incertezas quanto ao comportamento mecânico do resíduo, há necessidade de controle contínuo ao longo da construção e operação do lago.

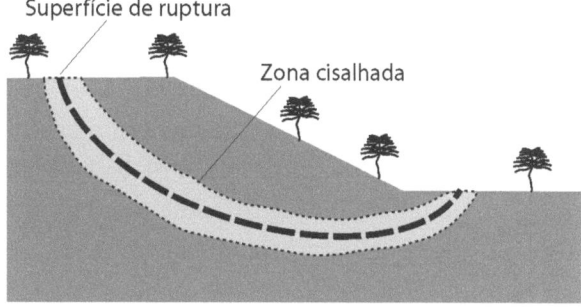

Fig. 1.2 *Zona fraca, zona cisalhada e superfície de cisalhamento*

Como forma de identificar a condição mais desfavorável, as análises de estabilidade devem considerar diferentes momentos da obra: final da construção, quando há geração de excesso positivo de poropressão e, a longo prazo, quando se atinge o equilíbrio hidráulico. No caso de barragens, as análises de estabilidade devem ainda incluir a condição de rebaixamento rápido do reservatório e os efeitos de sismos.

1.1.2 Taludes naturais

Os taludes naturais podem ser constituídos por solo residual e/ou coluvionar, além de rocha. Os solos residuais permanecem no local em que foram gerados, e os coluvionares são formados como resultado do transporte, tendo como agente principal a ação da gravidade. Quanto à forma, os taludes podem apresentar face plana ou curvilínea (côncava ou convexa), gerando fluxos preferenciais de água superficial (Quadro 1.1).

Os taludes naturais estão sempre sujeitos a problemas de instabilidade, porque as ações das forças gravitacionais contribuem naturalmente para a deflagração do movimento. É muito comum observar encostas que se mantinham estáveis por muitos anos sofrerem processos de movimentação. Isso ocorre quando outros fatores que alteram o estado de tensões da

Quadro 1.1 Respostas geodinâmicas de encostas, de acordo com a forma

Tipo de talude	Superfície	Condição da encosta com relação à água superficial
	Plana	–
	Convexa	Coletora
		Difusora
	Côncava	Coletora
		Difusora

Fonte: modificado de Troeh (1965).

massa provocam tensões cisalhantes que se igualam à resistência ao cisalhamento do solo.

A instabilidade de encostas é consequência da própria dinâmica de evolução das encostas. Com o avanço dos processos físico-químicos de alteração das rochas, o material resultante torna-se menos resistente e, dependendo da influência da topografia, geram-se condições propícias para deflagrar a ruptura.

Solo residual

O solo residual forma-se a partir da ação do intemperismo químico e físico na rocha sã. Com a alteração progressiva das propriedades geomecânicas da rocha, as camadas mais superficiais vão se transformando em solo. O solo residual caracteriza-se por estar sempre sobrejacente à rocha que lhe deu origem, e pode chegar a espessuras de dezenas de metros.

Como o processo de intemperismo evolui da superfície para as regiões mais profundas, o solo residual pode apresentar diferentes horizontes (Fig. 1.3). A camada mais superficial é denominada solo residual maduro ou simplesmente solo residual, e o alto grau de intemperismo nessa região implica a perda completa das características da rocha-mãe, tornando esse horizonte razoavelmente homogêneo. Em seguida, é possível identificar uma camada de solo residual jovem ou solo saprolítico, ou solo de alteração de rocha, menos intemperizado, que preserva as características estruturais da rocha de origem (estruturas reliquiares, dobras, veios intrusivos, xistosidades etc.), além de alguns minerais não decompostos. Entre o solo saprolítico e a rocha sã, é também comum identificar uma camada de rocha alterada, indicando o avanço da ação do intemperismo ao longo das fraturas ou em regiões com minerais menos resistentes. Apesar da subdivisão desses horizontes, não existe um limite bem definido entre eles.

A composição do solo residual depende da composição mineralógica da rocha-mãe (Chiossi, 1975; Massad, 2005). O Quadro 1.2 mostra alguns exemplos de produtos de intemperismo da rocha sã.

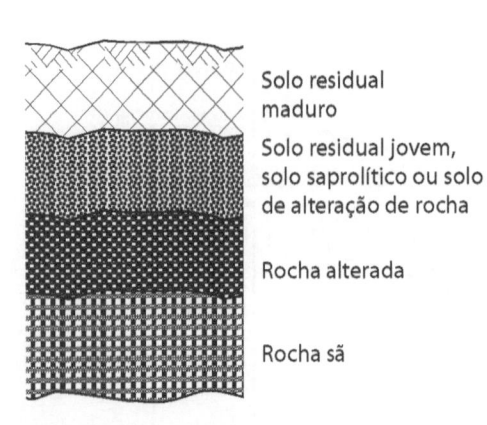

Fig. 1.3 *Perfil de intemperismo*

Solo coluvionar

Colúvio é o material heterogêneo constituído por fragmentos de rocha sã ou com sinais de intemperização, imersos em matriz de solo. Os depósitos originam-se por transporte, tendo como agente principal a ação da gravidade, e se acumulam no sopé ou a pequena distância de taludes mais íngremes ou escarpas rochosas (GEO, 1997; Lacerda; Sandroni, 1985).

Quadro 1.2 Composição do solo residual em função da rocha-mãe

Rocha	Tipo de solo
Basalto	Argiloso
Quartzito	Arenoso
Filito	Argiloso
Granito	Arenoargiloso (micáceo)
Calcário	Argiloso
Gnaisse	Siltoso e micáceo

No Brasil, quando há um grande acúmulo de blocos rochosos de dimensões significativas, o colúvio é também denominado tálus.

Em campo, na maioria dos casos, é muito difícil identificar a transição entre a camada de colúvio e o solo residual, porque a ação do intemperismo tende a destruir as feições geológicas, tornando a camada visualmente homogênea.

1.2 Tipos de movimento de massa

Entende-se como movimento de massa qualquer deslocamento de um determinado volume de solo. Em geral, a literatura trata os movimentos de massa como processos associados a problemas de instabilidade de encostas. Existem diversas propostas de sistemas de classificação (Varnes, 1958, 1978; Hutchinson, 1968; Guidicini; Nieble, 1983), sendo a de Varnes (1978) a mais utilizada internacionalmente. Reproduzida no Quadro 1.3, a proposta subdivide os movimentos em: queda, tombamento, escorregamento, expansão lateral, escoamento e complexo, e é aplicável para solos e rochas. As Tabs. 1.1 e 1.2 apresentam as recomendações de classificação quanto à velocidade e profundidade da massa deslocada.

A maioria das classificações tem aplicabilidade regional e baseia-se nas condições geológicas e climáticas locais. Há algumas propostas para adequar a classificação dos movimentos de massa a ambientes tropicais, como é o caso do Brasil (Vargas, 1985; Costa Nunes, 1969). Augusto Filho (1992) revisou a proposta de classificação de Varnes (1978) e ajustou as características dos principais grandes grupos de processos de escorregamento à dinâmica ambiental brasileira (GeoRio, 1999). A proposta de Augusto Filho (1992) está no Quadro 1.4, no qual se observa que os

Quadro 1.3 Classificação dos movimentos de encosta segundo Varnes (1978)

Tipo de movimento			Tipo de material		
			Rocha	Solo (engenharia)	
				Grosseiro	Fino
Quedas			De rocha	De detritos	De terra
Tombamentos			De rocha	De detritos	De terra
Escorregamento	Rotacional	Poucas unidades	Abatimento de rocha De blocos rochosos De rocha	Abatimento de detritos De blocos de detritos De detritos	Abatimento de terra De blocos de terra De Terra
	Translacional	Muitas unidades			
Expansões laterais			De rocha	De detritos	De terra
Corridas/escoamentos			De rocha (rastejo profundo)	De detritos	De terra
				(Rastejo de solo)	
Complexos: combinação de dois ou mais dos principais tipos de movimentos					

movimentos de massa são agrupados em: rastejos ou fluência; escorregamentos; quedas e corridas ou fluxos.

Tab. 1.1 Classificação quanto à velocidade do movimento de massa

Nomenclatura	Velocidade
Extremamente rápido	> 3 m/s
Muito rápido	0,3 m/min a 3 m/s
Rápido	1,5 m/dia a 0,3 m/min
Moderado	1,5 m/mês a 1,6 m/dia
Lento	1,5 m/ano a 1,6 m/mês
Muito lento	0,06 m/ano a 1,6 m/ano
Extremamente lento	< 0,06 m/ano

Fonte: Varnes (1978).

Tab. 1.2 Classificação quanto à profundidade da massa deslocada

Nomenclatura	Profundidade
Superficial	< 1,5 m
Raso	1,5 m a 5 m
Profundo	5 m a 20 m
Muito profundo	> 20 m

Fonte: GeoRio (1999).

Apesar de representarem movimentos de massa em taludes, as erosões não estão incluídas nos sistemas de classificação, por serem objeto de grande preocupação pelos danos que podem causar. Os mecanismos deflagradores dos processos erosivos podem ser constituídos de vários agentes, fazendo com que as erosões sejam tratadas separadamente.

1.2.1 Subsidências

Subsidências são movimentos de massa que correspondem a um deslocamento essencialmente vertical, que pode ser contínuo ou instantâneo (colapso da superfície). Conforme o mecanismo deflagrador, esse tipo de movimento pode ser classificado como recalque, produzido pelo rearranjo das partículas, desabamento ou queda (deslocamento finito vertical) ou afundamento, em que ocorre deformação contínua.

Quadro 1.4 Características dos principais grandes grupos de movimento de massa

Processos	Características do movimento, material e geometria
Rastejo ou fluência	Vários planos de deslocamento (internos) Velocidades muito baixas (cm/ano) a baixas e decrescentes com a profundidade Movimentos constantes, sazonais ou intermitentes Solo, depósitos, rocha alterada/fraturada Geometria indefinida
Escorregamento	Poucos planos de deslocamento (externos) Velocidades médias (km/h) a altas (m/s) Pequenos a grandes volumes de material Geometria e materiais variáveis Planares ⇒ solos pouco espessos, solos e rochas com um plano de fraqueza Circulares ⇒ solos espessos homogêneos e rochas muito fraturadas Em cunha ⇒ solos e rochas com dois planos de fraqueza
Queda	Sem planos de deslocamento Movimentos tipo queda livre ou em plano inclinado Velocidades muito altas (vários m/s) Material rochoso Pequenos a médios volumes Geometria variável: lascas, placas, blocos etc. Rolamento de matacão Tombamento
Corrida	Muitas superfícies de deslocamento (internas e externas à massa em movimentação) Movimento semelhante ao de um líquido viscoso Desenvolvimento ao longo das drenagens Velocidades médias a altas Mobilização de solo, rocha, detritos e água Grandes volumes de material Extenso raio de alcance, mesmo em áreas planas

Fonte: Augusto Filho (1992).

Quedas

Os desabamentos ou quedas são subsidências bruscas, em alta velocidade. As quedas envolvem blocos rochosos que se deslocam livremente em queda livre, ou ao longo de um plano inclinado (Fig. 1.4). A formação dos blocos origina-se na ação do intemperismo nas fraturas, pressões hidrostáticas nas fraturas, perda de desconfinamento lateral, decorrentes de obras subterrâneas, vibrações etc.

A Fig. 1.5 mostra dois exemplos de mecanismos de queda de blocos, em que o colapso ocorre por (A) descalçamento e (B) tombamento.

Afundamento de camadas e recalques

Por definição, subsidência é um movimento que envolve o colapso da superfície. Assim, o deslocamento da superfície gerado por adensamento ou afundamento de camadas também pode ser classificado nesse tipo de movimento de massa, apesar de não estar associado a problemas de taludes.

O colapso por afundamento das camadas origina-se na remoção de uma fase sólida, líquida ou gasosa, cujas causas mais comuns são: (i) ação erosiva das águas subterrâneas; (ii) atividades de mineração; (iii)

(A) Escorregamento em rocha (Blumenau/SC, 2008) (B) Escorregamento em rocha (Grajaú/RJ, 2009)

Fig. 1.4 *Exemplos de queda de blocos rochosos e lascas*

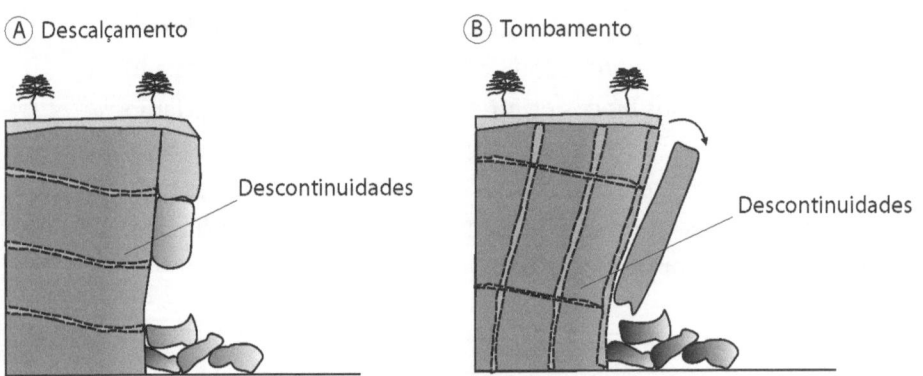

Fig. 1.5 *Exemplos de ruptura por queda (modificado de GeoRio, 1999)*

efeito de vibração em sedimentos não consolidados; (iv) exploração de petróleo;, e (v) bombeamento de águas subterrâneas.

Os recalques são movimentos verticais causados pela variação no estado de tensões efetivas, como decorrência de sobrecargas, escavações, rebaixamento do lençol d'água etc. Adicionalmente, os processos de compressão secundária, em razão da fluência, também geram movimentação da superfície.

1.2.2 Escoamentos

Escoamentos são movimentos contínuos, com ou sem superfície de deslocamento definida, não associados a uma velocidade específica. Quando o movimento é lento, dá-se o nome de rastejo; quando o movimento é rápido, denomina-se corrida. Os escoamentos apresentam um mecanismo de deformação semelhante à movimentação de um fluido viscoso.

Rastejos

Rastejos (ou fluência) são movimentos lentos e contínuos, sem superfície de ruptura bem definida, que podem englobar grandes áreas, sem que haja uma diferenciação clara entre a massa em movimento e a região estável.

As causas do movimento são atribuídas à ação da gravidade associada a efeitos causados pela variação de temperatura e umidade. O deslocamento ocorre em um estado de tensões, inferior à resistência ao cisalhamento. Caso haja uma variação do estado de tensões a ponto de se atingir a resistência, a movimentação da massa torna-se um processo de escorregamento, com superfície de ruptura bem definida.

Em superfície, os rastejos podem ser identificados pela observação de deslocamentos de eixos de estrada, blocos, postes ou cercas, ou mudanças na verticalidade de árvores, postes etc. (Fig. 1.6).

A diferença entre as formas de movimentação de massa do tipo escorregamento e rastejo foi descrita esquematicamente por Lacerda (1966) e está na Fig. 1.7. O escorregamento faz com que a massa se movimente como um bloco ao longo de superfície bem definida. Na Fig. 1.7B, há uma região superficial sob processo de escorregamento e uma camada inferior em rastejo; na Fig. 1.7C, os vetores de velocidade correspondem à condição de rastejo.

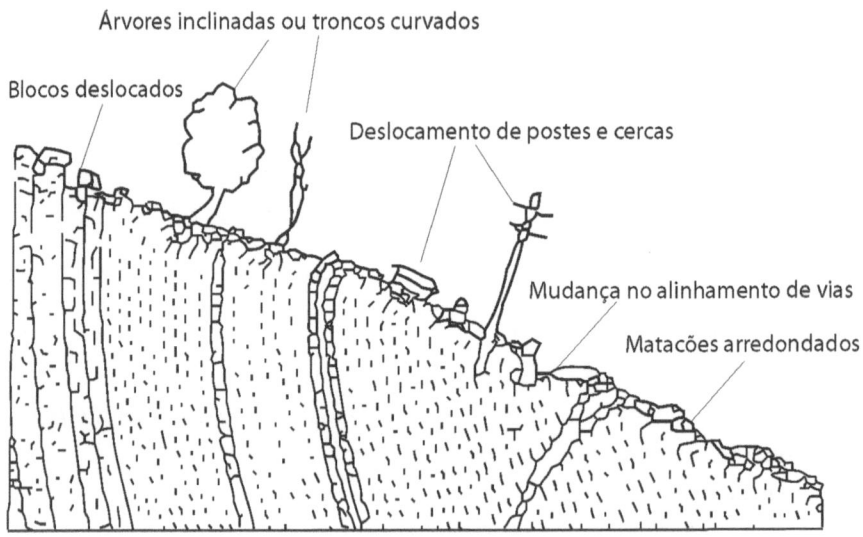

Fig. 1.6 *Exemplo de rastejo (Sharpe, 1938 apud Guidicini e Nieble, 1983)*

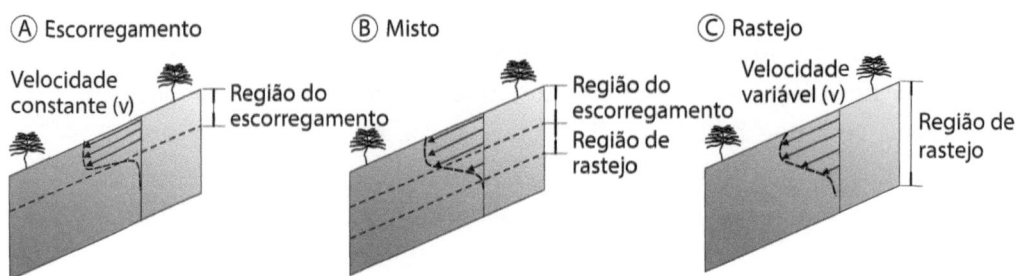

Fig. 1.7 *Distribuição de velocidade em função do tipo de movimento (modificado de Lacerda, 1966)*

Corridas

Corridas são movimentos de alta velocidade ($\geq$ 10 km/h) gerados pela perda completa das características de resistência do solo. A massa de solo passa a se comportar como um fluido e os deslocamentos atingem extensões significativas.

O processo de fluidificação pode originar-se por: i) adição de água em solos predominantemente arenosos; ii) esforços dinâmicos (terremoto, cravação de estacas etc.); iii) amolgamento em argilas muito sensitivas. Dentre esses fatores, a presença de água em excesso em períodos de precipitação intensa é mais usual.

A forma da corrida assemelha-se a uma língua, na qual se distinguem três elementos (Fig. 1.8): a região de montante, denominada raiz, concentra

1 | Tipos de Talude e Movimento de Massa

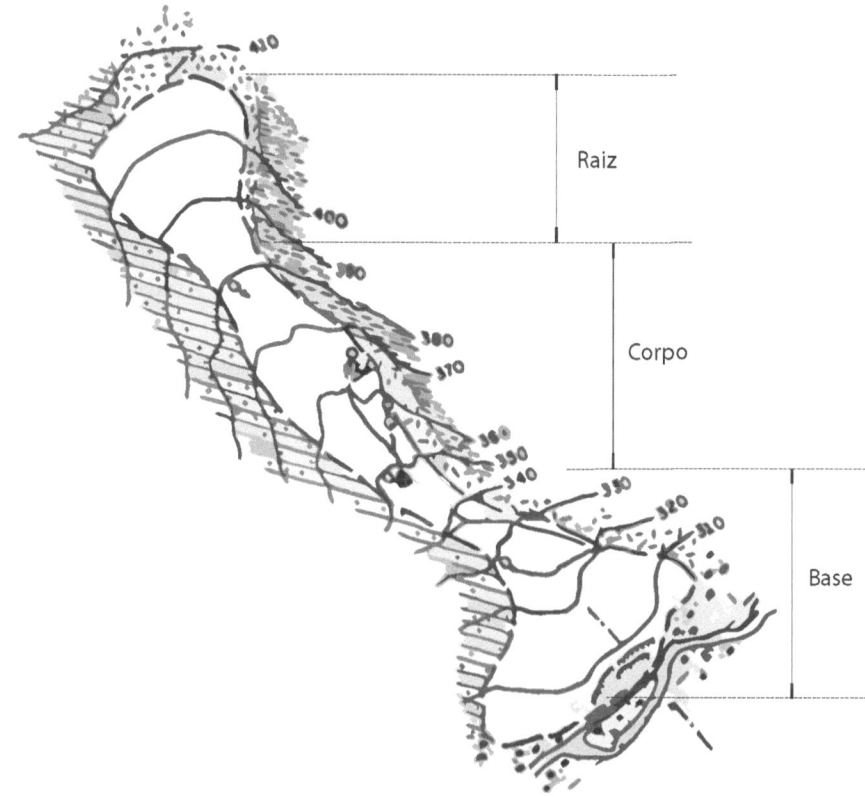

Fig. 1.8 Forma típica de corrida (Zaruba e Mencl, 1969 apud Guidicini e Nieble, 1983)

o material que se deslocará; a parte central, alongada, denomina-se corpo; e a área de acumulação final do material transportado, denominada base, normalmente se localiza na região mais baixa do vale.

A Fig. 1.9 mostra exemplos de corridas que aconteceram em Nova Friburgo - RJ (2011), após um período de chuvas intensas. As movimentações deflagaram-se nas regiões altas das encostas e o material transportado acumulou-se no vale.

Fig. 1.9 Exemplos de corridas (Nova Friburgo, RJ - 2011)

1.2.3 Erosão

A ação antrópica, associada principalmente a desmatamentos e construções de vias de acesso, tem sido o fator condicionante na deflagração dos processos erosivos. A falta de atenção às condições naturais promove um desequilíbrio ambiental que resulta na movimentação das camadas mais superficiais.

As erosões também podem se caracterizar como processos de evolução natural. As erosões costeiras, por exemplo, representam um processo que se desenvolve a partir de um conjunto de fenômenos e processos dinâmicos, que alteram as condições de estabilidade e podem levar a situações de risco para as populações que ali vivem ou para eventuais ocupações futuras. Os processos erosivos são subdivididos em dois movimentos, de acordo com o agente deflagrador: quando a água subterrânea é o principal agente, o processo é denominado voçoroca; caso contrário, denomina-se ravina (Fig. 1.10). A potencialidade do desenvolvimento de processos erosivos depende de fatores externos e internos, conforme mostrado no Quadro 1.5.

Ⓐ Ravinas (sem surgência de água)
(Kalinny; Coutinho; Queiroz, 2005)

Ⓑ Voçorocas (com surgência de água)
(Futai; Almeida; Lacerda, 2005)

Fig. 1.10 *Processos erosivos (Kalinny; Coutinho; Queiroz, 2005)*

Quadro 1.5 Fatores condicionantes de processos erosivos

Fatores externos	Potencial de erosividade da chuva Condições de infiltração Escoamento superficial Topografia (declividade e comprimento da encosta)
Fatores internos	Fluxo interno Tipo de solo Desagregabilidade Erodibilidade Características geológicas e geomorfológicas Presença de trincas de origem tectônica Evolução físico-química e mineralógica do solo

Na gênese e evolução das erosões, os mecanismos atuam de modo isolado ou em conjunto, em fenômenos como: erosão superficial, erosão subterrânea, solapamento, desmoronamento e instabilidade de taludes (escorregamentos), além das alterações que os próprios solos podem sofrer em consequência dos fluxos em meio saturado e não saturado em direção aos taludes, tornando complexo o conhecimento dos mecanismos que comandam o processo erosivo ao longo do tempo. Consequentemente, as tentativas de contenção de sua evolução são muitas vezes infrutíferas.

A associação de escorregamentos sucessivos com processos erosivos pode se dar como resultado da dinâmica de evolução das voçorocas (Futai; Almeida; Lacerda, 2005). Como mostrado na Fig. 1.11, a infiltração de água reduz a sucção do talude e, dependendo da duração e intensidade da chuva, pode deflagrar um processo de escorregamento. Posteriormente, o material resultante do escorregamento é transportado pela água que surge no pé da voçoroca e também pelo próprio escoamento superficial das chuvas que causaram o escorregamento. No

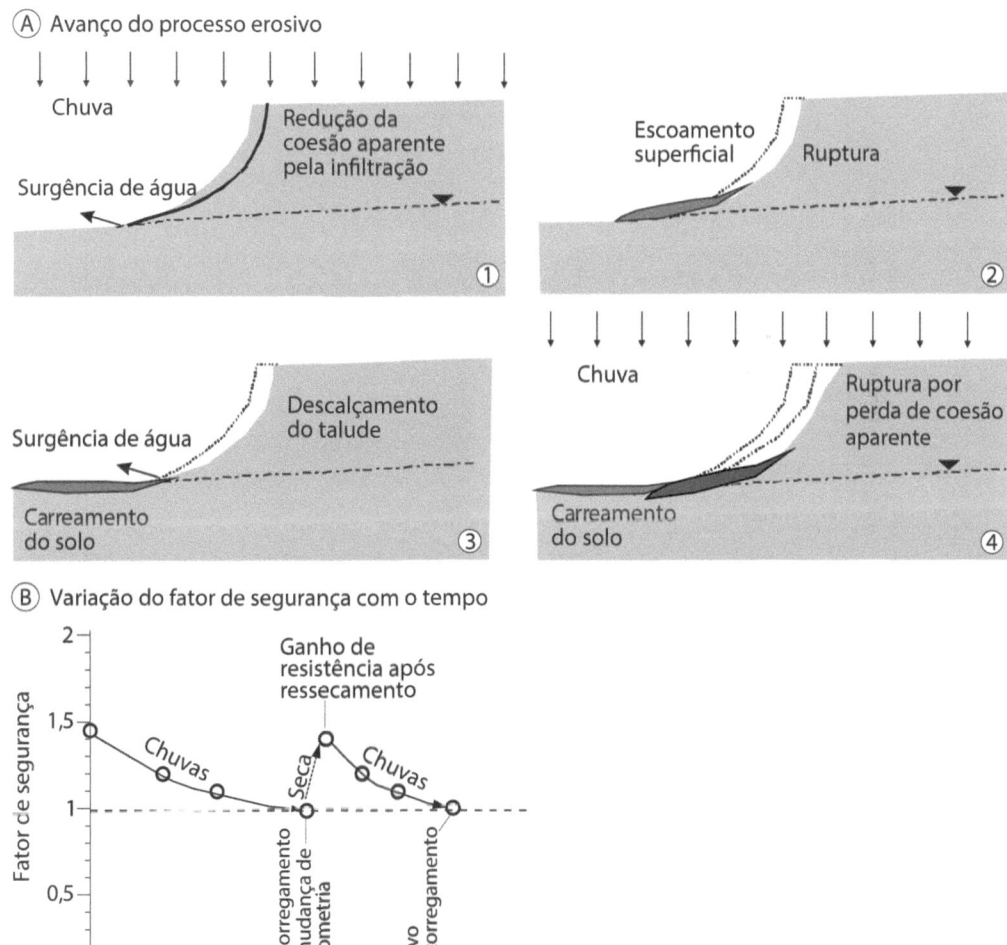

Fig. 1.11 *Esquema da evolução do voçorocamento (Futai; Almeida; Lacerda, 2005)*

período de estiagem, a sucção aumenta, em decorrência da redução da umidade, o que melhora as condições de estabilidade do talude. Com a volta do período chuvoso, novos escorregamentos podem ocorrer. A Fig. 1.11B mostra a evolução do fator de segurança do talude ao longo das diversas etapas do processo.

1.2.4 Escorregamentos

Os escorregamentos são movimentos de massa rápidos, com superfície de ruptura bem definida. A deflagração do movimento ocorre quando as tensões cisalhantes mobilizadas na massa de solo atingem a resistência ao cisalhamento do material. Tanto em solos como em rochas, a ruptura se dá pela superfície que apresenta a menor resistência. As terminologias para designar os elementos de caracterização de um escorregamento e das dimensões envolvidas na movimentação de massa estão indicadas na Fig. 1.12, de acordo com a norma NBR 11682 (ABNT, 2008).

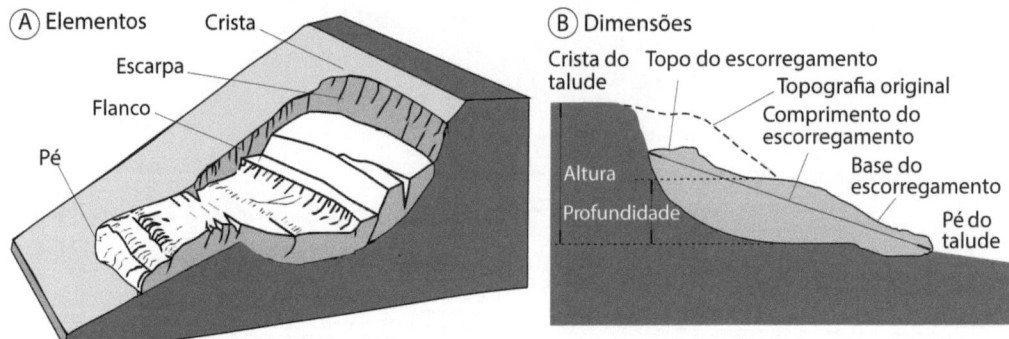

Fig. 1.12 *Elementos que caracterizam uma massa escorregada (ABNT, 2008)*

A Fig. 1.13 mostra exemplos de rupturas ocorridas em períodos de chuva intensa. São apresentados exemplos de movimentos de massa em áreas rurais e urbanas, com consequências catastróficas tanto do ponto de vista de perdas humanas quanto financeiras. Os exemplos envolvem rupturas de solo residual e de uma massa orgânica, proveniente da acumulação do lixo lançado na encosta (Fig. 1.13A).

Classificação quanto à forma da superfície

Conforme as condições geomorfológicas, as superfícies de ruptura podem ser planares, circulares, em cunha, ou uma combinação de formas (circular e plana), denominadas superfícies mistas.

Ⓐ Depósito de lixo (Pavão-Pavãozinho/RJ, 1983)

Ⓑ Solo residual, área urbana (Blumenau/SC, 2008)

Ⓓ Solo residual, área rural (Blumenau/SC, 2008)

Ⓒ Solo residual, área urbana (Rio de Janeiro, 1996)

Fig. 1.13 *Exemplos de escorregamentos*

Os escorregamentos planares ou translacionais caracterizam-se pelas descontinuidades ou planos de fraqueza (Fig. 1.14). Esse tipo de ruptura é muito comum em mantos de colúvio de pequena espessura, sobrejacente a um embasamento rochoso.

Quando os planos de fraqueza se cruzam ou quando camadas de menor resistência não são paralelas à superfície do talude, a superfície

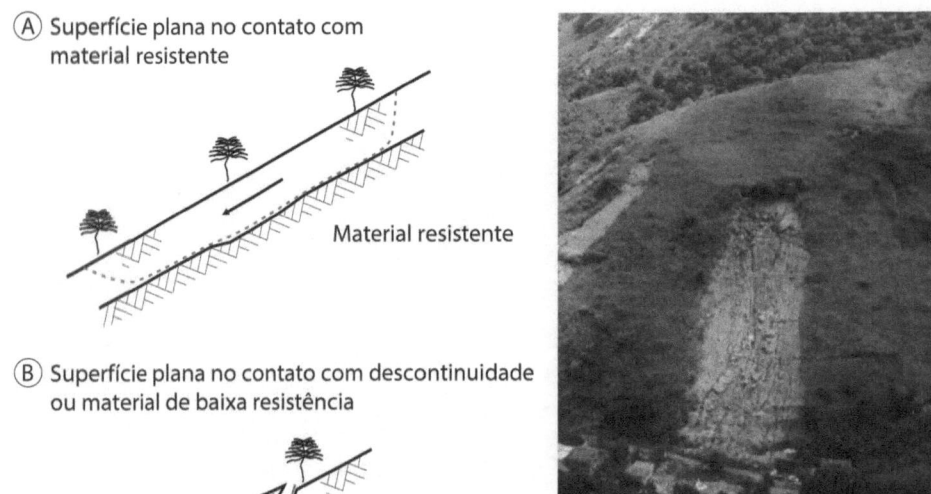

FIG. 1.14 Exemplos de superfícies de ruptura translacional

de ruptura pode apresentar uma forma de cunha (Fig. 1.15) delimitada por um ou mais planos.

Em solos relativamente homogêneos, a superfície tende a ser circular (Fig. 1.16). Quando a anisotropia com relação à resistência é significativa, a superfície pode ter uma aparência mais achatada, na direção horizontal ou vertical.

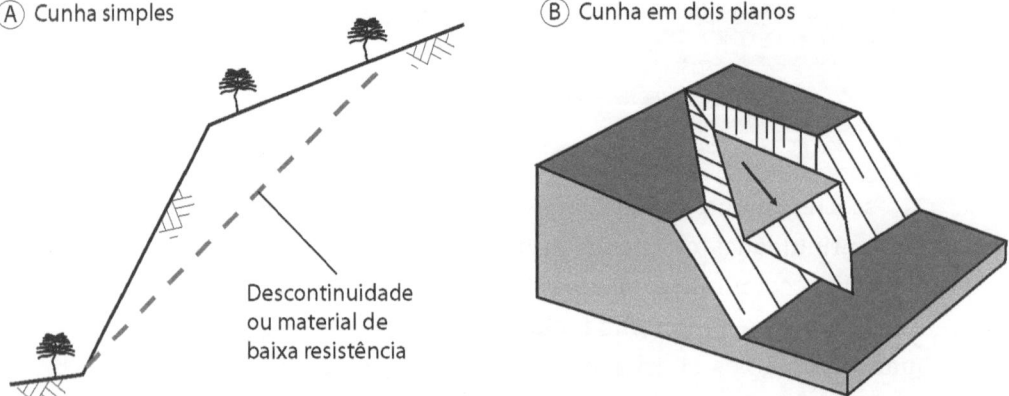

FIG. 1.15 Escorregamento em cunha (GeoRio, 1999)

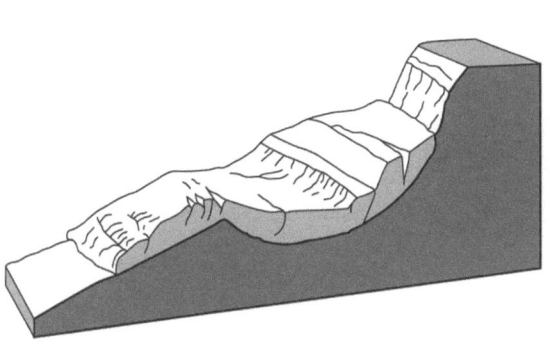
(A) Vista de ruptura circular (GeoRio, 1999)

(C) Escorregamento rotacional, vista superior (Salvador/BA, 2005)

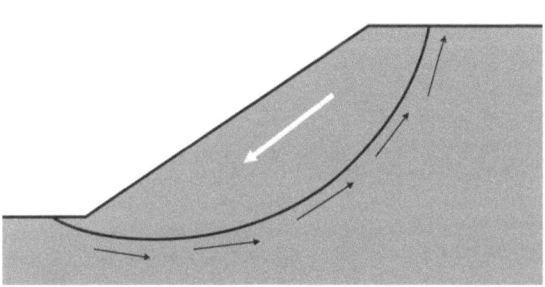
(B) Esquema de superfície de ruptura na seção central

(D) Detalhe do escorregamento rotacional (Salvador/BA, 2005)

Fig. 1.16 *Superfícies de ruptura – escorregamento simples rotacional*

Os escorregamentos rotacionais são denominados múltiplos (Fig. 1.17A) quando mobilizam simultaneamente mais de uma superfície de ruptura. Quando os mecanismos de ruptura evoluem ao longo do tempo, no sentido da crista, são denominados retrogressivos (Fig. 1.17B), e a sequência de movimentação ocorre por descalçamento, caso contrário são denominados progressivos (Fig. 1.17C) se o fenômeno é deflagrado por ação de sobrecarga.

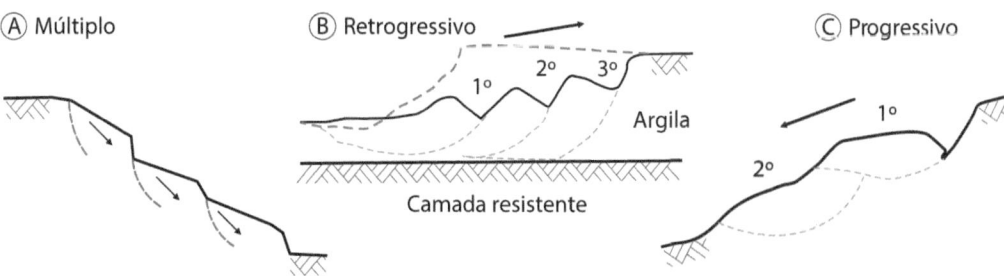

Fig. 1.17 *Escorregamentos rotacionais sucessivos*

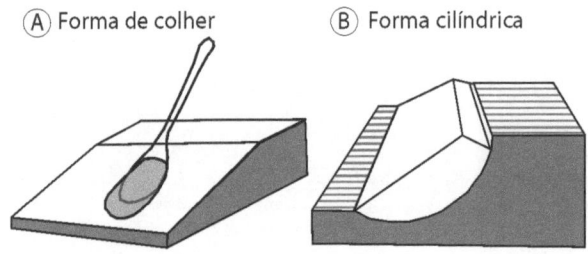

Fig. 1.18 *Escorregamento tridimensional*

No talude, o escorregamento circular ocorre em formato tridimensional, podendo apresentar uma forma cilíndrica ou de colher, como mostra a Fig. 1.18.

As rupturas de forma mista ocorrem quando há uma heterogeneidade, caracterizada pela presença de materiais ou descontinuidades com resistências mais baixas. As Figs. 1.19 e 1.20 mostram exemplos de superfícies de ruptura que combinam formas circulares (rotacional) e planares.

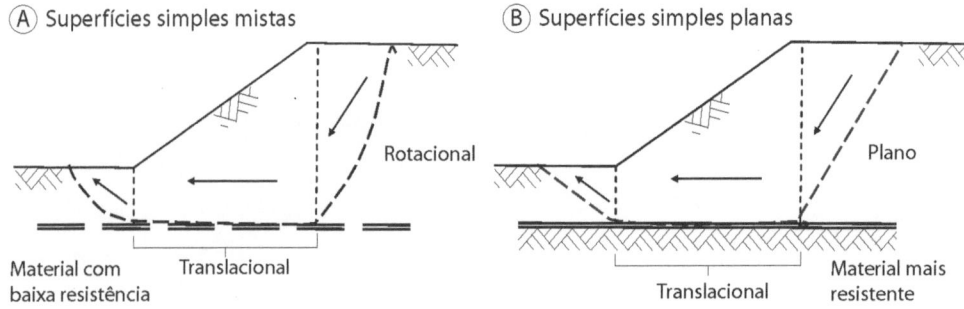

Fig. 1.19 *Exemplos de superfícies de ruptura simples mistas*

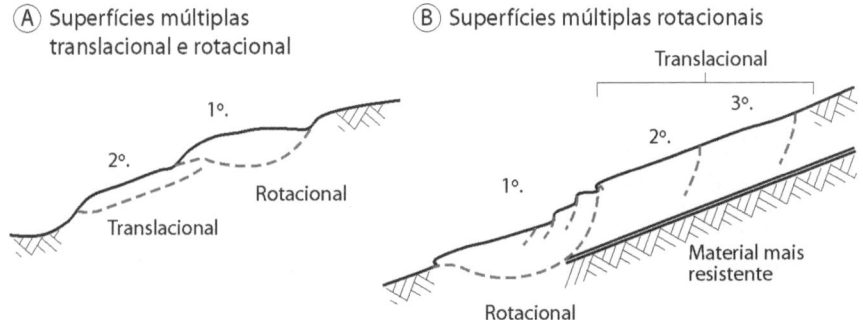

Fig. 1.20 *Exemplos de superfícies de ruptura múltiplas mistas*

Causas gerais dos escorregamentos

A instabilidade do talude é deflagrada quando as tensões cisalhantes mobilizadas se igualam à resistência ao cisalhamento, como ilustrado na Fig. 1.21.

A condição de Fator de Segurança (FS) igual a 1 pode ser atingida caso haja aumento das tensões cisalhantes mobilizadas ou redução da resistência ao cisalhamento. Assim, os mecanismos deflagradores da ruptura podem ser divididos em dois grupos (Quadro 1.6).

No caso de encostas naturais, o movimento de massa induzido pela infiltração de águas de chuva é um fenômeno comum em regiões montanhosas tropicais. Entretanto, retroanálises de casos históricos demonstram

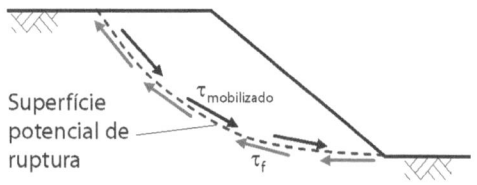

$$\text{Fator de segurança} = \frac{\tau_f}{\tau_{mob}} = 1; \text{ onde:}$$

τ_f = resistência ao cisalhamento
τ_{mob} = tensões cisalhantes mobilizadas

Fig. 1.21 Condição de ruptura por escorregamento

Quadro 1.6 Classificação dos fatores deflagradores dos movimentos de massa

Ação	Fatores	Fenômenos geológicos / antrópicos
Aumento da solicitação	Remoção de massa (lateral ou da base) (Fig. 1.22)	Erosão Escorregamentos Cortes
	Sobrecarga	Peso da água de chuva, neve, granizo etc. Acúmulo natural de material (depósitos) Peso da vegetação Construção de estruturas, aterros etc.
	Solicitações dinâmicas	Terremotos, ondas, vulcões etc. Explosões, tráfego, sismos induzidos
	Pressões laterais	Água em trincas (Fig. 1.23) Congelamento Material expansivo
Redução da resistência ao cisalhamento	Características inerentes ao material (geometria, estruturas etc.)	Características geomecânicas do material
	Mudanças ou fatores variáveis	Ação do intemperismo provocando alterações físico-químicas nos minerais originais, causando quebra das ligações e gerando novos minerais com menor resistência. Processos de deformação em decorrência de variações cíclicas de umedecimento e secagem, reduzindo a resistência. Variação das poropressões (Fig. 1.24): Elevação do lençol freático por mudanças no padrão natural de fluxo (construção de reservatórios, processos de urbanização etc.). Infiltração da água em meios não saturados, causando redução das pressões de água negativas (sucção). Geração de excesso de poropressão, como resultado de implantação de obras. Fluxo preferencial através de trincas ou juntas, acelerando os processos de infiltração.

Fonte: adaptada de Varnes (1978).

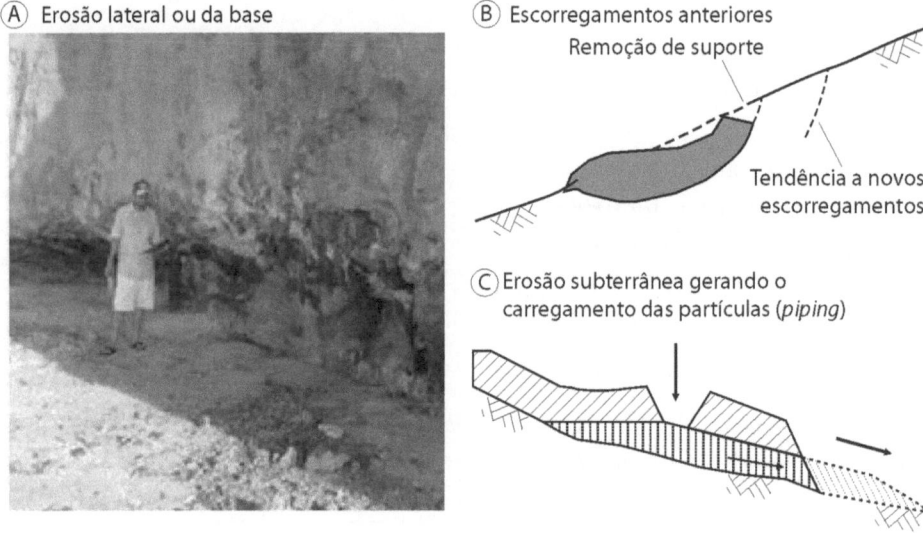

Fig. 1.22 *Remoção de massa (Santos; Severo; Freita Neto; França, 2005)*

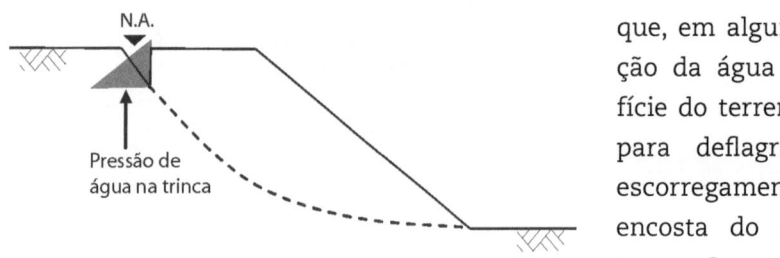

Fig. 1.23 *Pressão lateral*

que, em alguns deles, a infiltração da água através da superfície do terreno não é suficiente para deflagrar a ruptura. O escorregamento ocorrido na encosta do morro dos Cabritos, na Lagoa Rodrigo de Freitas

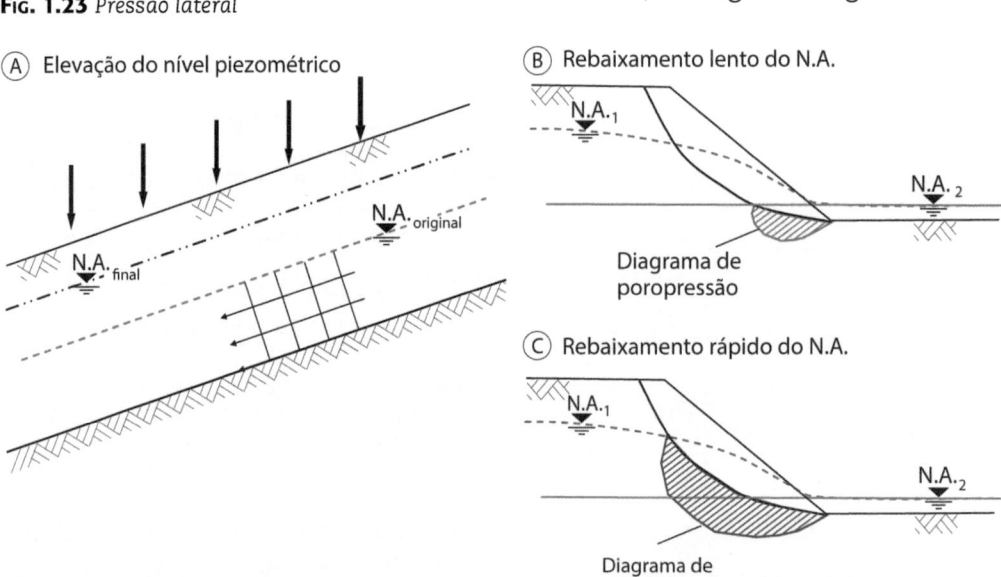

Fig. 1.24 *Variação nas poropressões*

(Rio de Janeiro), é um exemplo (Fig. 1.25). Simulações em 3D do padrão de fluxo na encosta (Gerscovich; Campos; Vargas Jr., 2006), associadas a estudos de estabilidade (Gerscovich, 1994; Gerscovich; Campos; Vargas Jr., 2008), mostraram que o principal mecanismo deflagrador da ruptura não estava associado à infiltração da água de chuva. As variações de poropressão, em virtude de infiltração de água pelas fraturas do embasamento, poderiam justificar todo o processo de movimentação de massa.

Dentre os mecanismos listados no Quadro 1.6, a ação antrópica pode se manifestar tanto como indutora de aumento das tensões cisalhantes mobilizadas, a partir de:

Fig. 1.25 *Escorregamento do morro dos Cabritos, Rio de Janeiro (1988)*

- execução de cortes com geometria incorreta (altura/inclinação);
- execução deficiente de aterros (geometria, compactação e fundação);
- lançamento de lixo nas encostas/nos taludes;

Como na redução da resistência ao cisalhamento, por:
- remoção da cobertura vegetal;
- lançamento e concentração de águas pluviais e/ou servidas;
- vazamentos na rede de abastecimento, esgoto e presença de fossas.

Influência da vegetação

A cobertura vegetal pode produzir efeitos favoráveis ou desfavoráveis na estabilidade das encostas. De uma forma geral, a vegetação protege o solo de vários efeitos climáticos e as raízes podem reforçar o solo, aumentando a resistência do sistema solo/raiz. Portanto, há consenso de que o desmatamento promove condições mais favoráveis para a instabilidade das encostas. A cobertura vegetal atua como um elemento protetor da ação dos agentes climáticos. Superfícies desmatadas podem ficar vulneráveis a processos erosivos, além de receberem maiores volumes de água precipitada sobre a superfície do talude.

Apresentam-se, a seguir, alguns dos efeitos da vegetação na estabilidade das encostas (Guidicini; Nieble, 1983).

Quanto à ação das copas e caules das árvores
- As copas protegem a superfície da ação dos agentes climáticos (raios solares, vento, chuva etc.), minimizando as mudanças bruscas de temperatura e umidade. Com isso, retardam a ação do intemperismo e, com a interceptação da precipitação, reduzem o volume de água que incide sobre a superfície do talude (Fig. 1.26).
- Os caules das árvores geram um caminho preferencial de escoamento de água, concentrando a infiltração dos volumes de água precipitada nessa região.
- Os caules e as copas podem estar sujeitos à força do vento; quando transmitida ao solo, gera uma tensão adicional que pode contribuir para instabilizar a encosta. Estudos em túneis de vento em modelos indicaram que o acréscimo na tensão cisalhante mobilizada é da ordem de:

$$\Delta\tau = \frac{C\rho\mu_s^2}{2} \quad (1.1)$$

Fig. 1.26 Proteção superficial

em que C é o coeficiente de arrasto (0,3 a 0,15), ρ é a densidade da massa de ar (12×10^{-3} KN/m³) e μ_s é a velocidade do vento (km/h). Ao se considerar uma velocidade do vento relativamente alta, de 90 km/h, e coeficiente de arrasto médio de 0,2, chega-se a um acréscimo de tensão cisalhante de 1 kPa, desprezível para fins práticos. Por outro lado, a ação do vento pode derrubar a árvore e, com isso, favorecer a infiltração de água (Fiori; Carmignani, 2009).
- A cobertura vegetal aumenta o peso sobre o talude. Ao se calcular a tensão exercida pela cobertura vegetal dividindo o peso da árvore pela área de abrangência das raízes, registraram-se valores entre 2,5 kPa e 5 kPa (Fiori; Carmignani, 2009).
- A vegetação promove a deposição de matéria orgânica sobre a superfície do talude, a qual absorve parte da água precipitada, protegendo o talude dos efeitos da erosão superficial.

Quanto ao sistema radicular

- Pode atuar como elemento de reforço, favorecendo a estabilidade. Sua influência depende do diâmetro da raiz (Quadro 1.7): raízes com menor diâmetro são mais eficientes no aumento de resistência do sistema solo/reforço.
- Pode representar um caminho preferencial de infiltração, acelerando a variação da poropressão no solo.
- Pode promover a redução de umidade do solo, a qual retorna para a atmosfera por evapotranspiração.

A Fig. 1.27 mostra um modelo de sistema solo/raiz na zona de cisalhamento. Inicialmente, a raiz é vertical e, com o cisalhamento, o ponto d é deslocado e a raiz passa a ser inclinada. Uma vez que a resistência à tração da raiz é dada por τ_R sendo, τ_r e σ_r as componentes nas direções horizontal e vertical, respectivamente. Com isso, a tensão normal no plano de ruptura (σ_v) será acrescida da contribuição da resistência da raiz (σ_r), isto é,

$$\sigma_{rv} = \sigma_r + \sigma_v = \tau_R \cos\Psi + \sigma_v \qquad (1.2)$$

Quadro 1.7 Morfologia do sistema radicular

Tipo	Características	Função
	Tipo H: mais de 80% das raízes se desenvolvem até uma profundidade de cerca de 60 cm; muitas se estendem horizontalmente.	
	Tipo V-H: o desenvolvimento máximo se dá a profundidades maiores, mas a maioria situa-se até 60 cm de profundidade; a raiz central é forte e as laterais crescem horizontalmente, com comprimentos longos.	Indicadas para a estabilização do talude
	Tipo R: o desenvolvimento máximo atinge grandes profundidades e somente 20% situam-se nos 60 cm iniciais; muitas raízes se estendem obliquamente e sua abrangência lateral é extensa.	
	Tipo V: semelhante ao tipo V-H, mas as raízes horizontais são curtas.	Benéfica para resistir ao vento
	Tipo M: mais de 80% das raízes ocorrem na faixa dos 30 cm de profundidade, com extensão lateral pequena.	Aumento de resistência superficial do talude

Fonte: Fiori e Carmignani, 2009.

E a resistência do sistema (τ_{rf}) consistirá na resistência ao cisalhamento do solo (τ_f) acrescida da parcela correspondente à raiz (τ_r), isto é,

$$\tau_{rf} = \tau_r + \tau_f = \tau_r sen\Psi + \tau_f = \tau_R sen\Psi + [c + (\sigma_V + \tau_R cos\Psi)tg\phi] \quad (1.3)$$

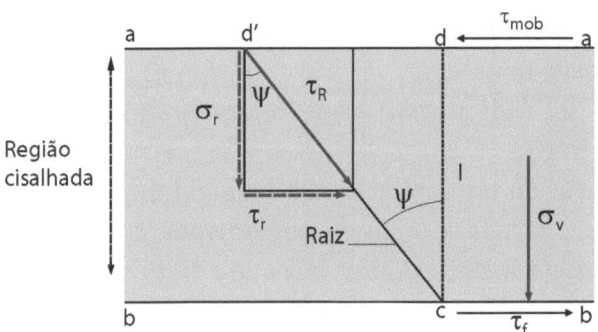

Fig. 1.27 *Sistema solo/raiz (modificado de Fiori e Carmignani, 2009)*

A resistência à tração da raiz pode ser determinada experimentalmente em equipamentos de tração simples. Wu, McKinnell e Swansto (1979) realizaram ensaios em raízes de três tipos de vegetação, e os resultados estão na Fig. 1.28: a curva A representa a média dos resultados das raízes de árvores vivas, e a curva B delimita os resultados de raízes de uma área desmatada há seis anos. O corte das árvores reduz a resistência da raiz e, consequentemente, a resistência do sistema solo/raiz. Com isso, demonstra-se que o desmatamento atua como agente deflagrador da instabilidade do talude.

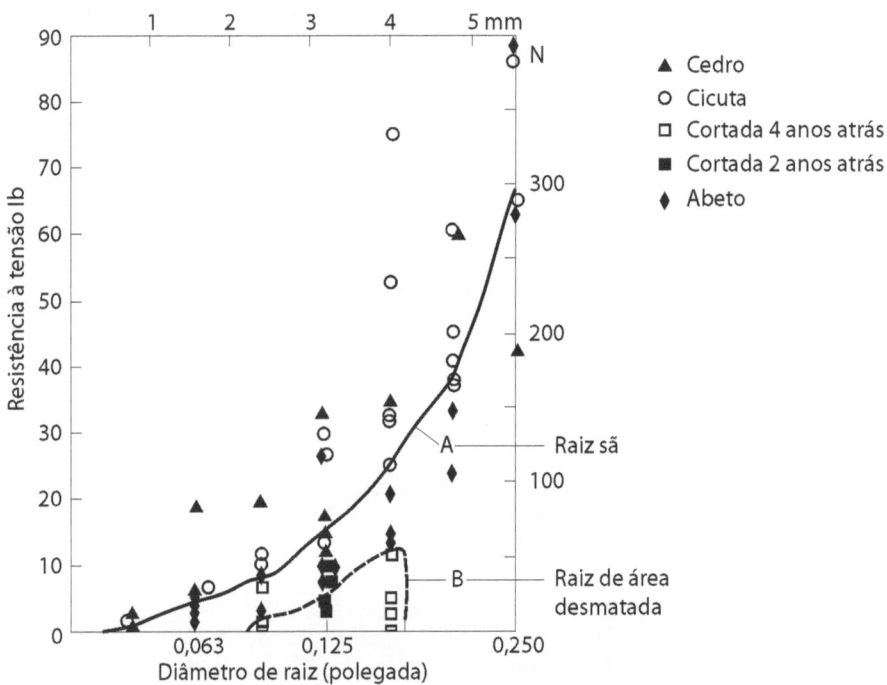

Fig. 1.28 *Sistema solo/raiz (Wu et al., 1979 apud Fiori e Carmignani, 2009)*

CONCEITOS BÁSICOS APLICADOS A ESTUDOS DE ESTABILIDADE 2

Em geral, os estudos de estabilidade de taludes seguem a seguinte metodologia:

- definição da topografia do talude;
- definição das sobrecargas a serem aplicadas sobre o talude, caso existam;
- execução das investigações de campo para definir a estratigrafia e identificar os elementos estruturais eventualmente enterrados na massa e os níveis freáticos;
- definição das condições críticas do talude, considerando diversos momentos da vida útil da obra;
- definição dos locais de extração de amostra indeformada;
- realização de ensaios de caracterização, resistência ao cisalhamento e deformabilidade (para estudos de análise de tensões);
- análise dos resultados dos ensaios para definir os parâmetros de projeto;
- adoção de métodos de dimensionamento para a obtenção do fator de segurança ou das tensões e deformações.

A qualidade do projeto depende da confiabilidade das investigações de campo e laboratório e da capacidade do projetista em interpretar os resultados experimentais, definir os parâmetros de projeto e, principalmente, analisar os diferentes cenários possíveis que possam alterar as condições de resistência ao cisalhamento e reduzir o fator de segurança.

A seguir, apresentam-se os conceitos básicos necessários para a realização de um estudo de estabilidade.

2.1 Conceito de tensão

Qualquer ponto no interior da massa de solo está sujeito a esforços, em razão do peso próprio, além daqueles gerados pela ação de forças externas. Esses esforços podem ser representados por suas resultantes, atuantes nas direções normal (R_α) e tangencial (T_α), a partir das quais, definem-se os estados de tensão normal (σ_α) e cisalhante (τ_α), como mostra a Fig. 2.1.

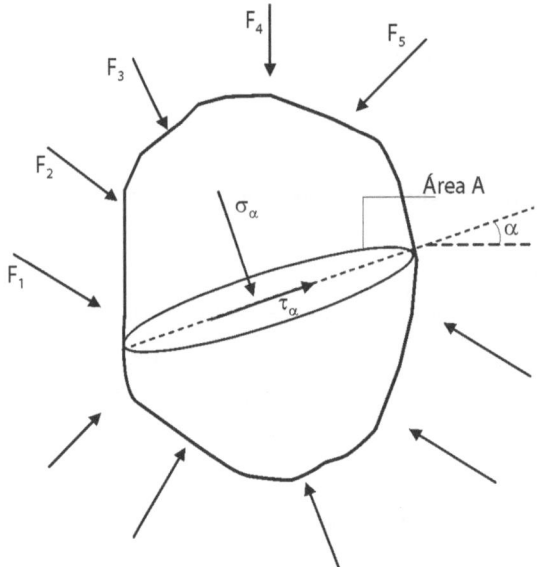

Fig. 2.1 Tensões no ponto P (plano α)

$$\sigma_\alpha = \frac{R_\alpha}{A} \quad (2.1)$$

$$\tau_\alpha = \frac{T_\alpha}{A} \quad (2.2)$$

Ao se ampliar esse conceito para a condição tridimensional, quando um sistema de eixos ortogonais passa por um determinado ponto, as componentes de tensão são definidas por nove parcelas, representadas graficamente na Fig. 2.2.

Conhecidas as componentes das tensões em três planos ortogonais em torno de um ponto, as componentes da tensão em qualquer outro plano podem ser obtidas pelas equações de equilíbrio de forças (Fig. 2.3).

Existem alguns planos e condições com características especiais, descritos a seguir.

- Planos principais ⇒ as tensões cisalhantes são nulas e as tensões normais são designadas por σ1 > σ2 > σ3.
- Invariantes de tensão (I_1, I_2, I_3) ⇒ as direções e magnitudes das tensões principais são independentes das orientações dos eixos X, y e z. Assim,

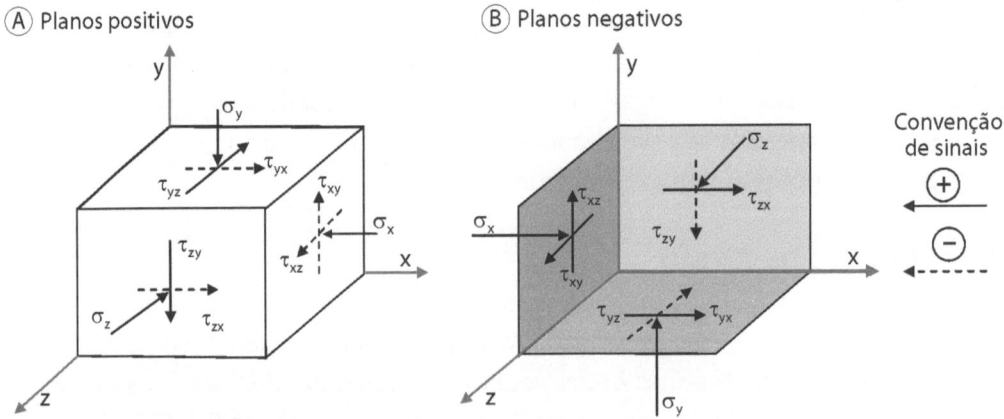

Fig 2.2 Componentes de tensão tridimensional

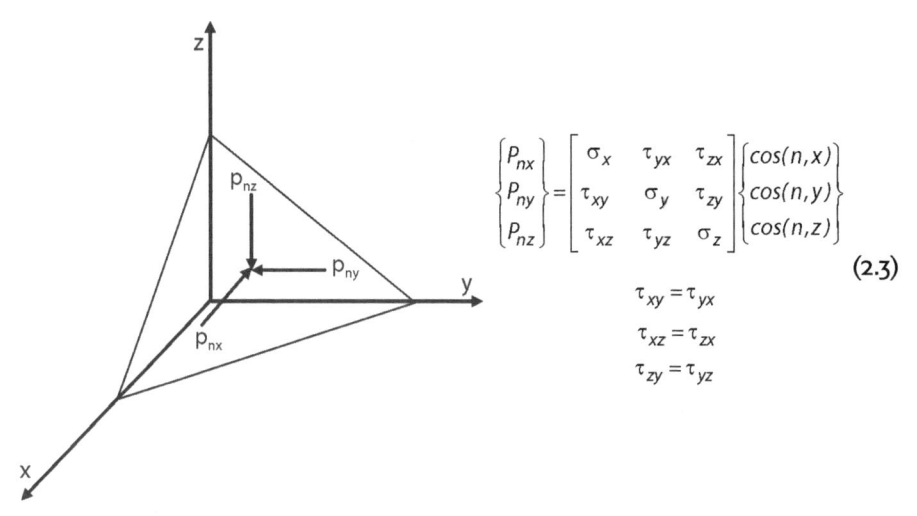

2 | Conceitos básicos aplicados a estudos de estabilidade

$$\begin{Bmatrix} p_{nx} \\ p_{ny} \\ p_{nz} \end{Bmatrix} = \begin{bmatrix} \sigma_x & \tau_{yx} & \tau_{zx} \\ \tau_{xy} & \sigma_y & \tau_{zy} \\ \tau_{xz} & \tau_{yz} & \sigma_z \end{bmatrix} \begin{Bmatrix} cos(n,x) \\ cos(n,y) \\ cos(n,z) \end{Bmatrix} \quad (2.3)$$

$$\tau_{xy} = \tau_{yx}$$
$$\tau_{xz} = \tau_{zx}$$
$$\tau_{zy} = \tau_{yz}$$

Fig. 2.3 *Tensões em um plano qualquer*

$$I_1 = \sigma_x + \sigma_y + \sigma_z = \sigma_1 + \sigma_2 + \sigma_3 \quad (2.4)$$

$$I_2 = \sigma_x\sigma_y + \sigma_y\sigma_z + \sigma_z\sigma_x - \tau_{xy}^2 - \tau_{yz}^2 - \tau_{zx}^2 = \sigma_1\sigma_2 + \sigma_2\sigma_3 + \sigma_3\sigma_1 \quad (2.5)$$

$$I_3 = \sigma_x\sigma_y\sigma_z + 2\tau_{xy}\tau_{yz}\tau_{zx} - \sigma_x\tau_{yz}^2 - \sigma_y\tau_{zx}^2 - \sigma_z\tau_{xy}^2 = \sigma_1\sigma_2\sigma_3 \quad (2.6)$$

- Planos de tensão cisalhante máxima ⇒ apresentam a máxima magnitude de tensão cisalhante, calculada por:

$$\tau_{máx} = \frac{(\sigma_1 - \sigma_3)}{2} \quad (2.7)$$

- Plano octaédrico ⇒ apresenta inclinação constante em relação aos planos principais (Fig. 2.4). As resultantes das tensões normal e cisalhante, aplicadas neste plano, são dadas por:

$$\sigma_{oct} = \frac{\sigma_x + \sigma_y + \sigma_z}{3} = \frac{\sigma_1 + \sigma_2 + \sigma_3}{3} = \frac{I_1}{3} \quad (2.8)$$

$$\tau_{oct} = \frac{1}{3}\left[(\sigma_1 - \sigma_2)^2 + (\sigma_2 - \sigma_3)^2 + (\sigma_3 - \sigma_1)^2\right]^{1/2} =$$
$$= \frac{1}{3}\left[(\sigma_x - \sigma_y)^2 + (\sigma_y - \sigma_z)^2 + (\sigma_z - \sigma_x)^2 + 6(\tau_{xy}^2 + \tau_{yz}^2 + \tau_{zx}^2)\right]^{1/2} \quad (2.9)$$

$$cos(n,1) = cos(n,2) = cos(n,3) = \frac{1}{\sqrt{3}}$$

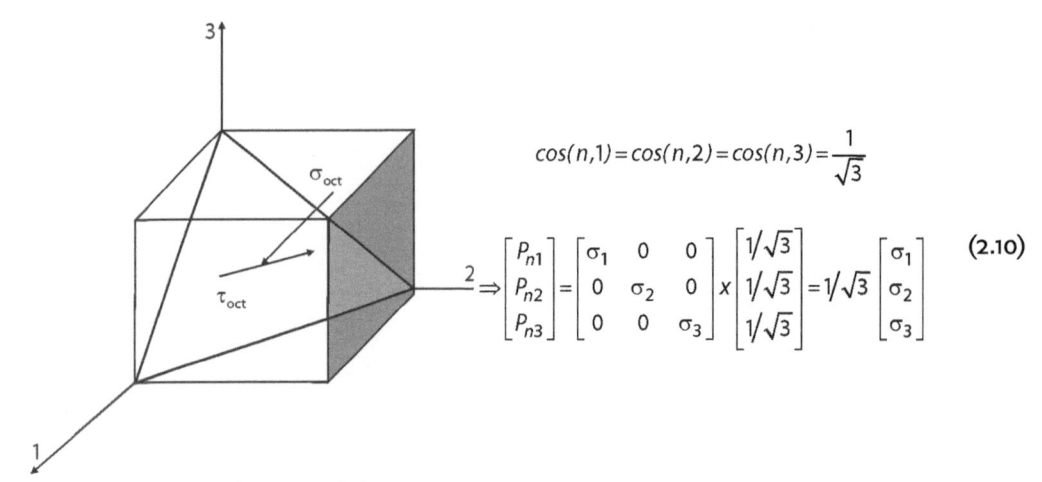

$$\Rightarrow \begin{bmatrix} P_{n1} \\ P_{n2} \\ P_{n3} \end{bmatrix} = \begin{bmatrix} \sigma_1 & 0 & 0 \\ 0 & \sigma_2 & 0 \\ 0 & 0 & \sigma_3 \end{bmatrix} \times \begin{bmatrix} 1/\sqrt{3} \\ 1/\sqrt{3} \\ 1/\sqrt{3} \end{bmatrix} = 1/\sqrt{3} \begin{bmatrix} \sigma_1 \\ \sigma_2 \\ \sigma_3 \end{bmatrix} \quad (2.10)$$

Fig. 2.4 *Tensões no plano octaédrico*

2.1.1 Equilíbrio bidimensional

Muitas obras geotécnicas podem ser tratadas em termos bidimensionais. Projetos de muros de contenção (Fig. 2.5A), por exemplo, são executados admitindo que as deformações ocorram basicamente no plano ortogonal à face do muro, pois a deformação é desprezível na direção longitudinal. Outra condição típica é a axissimétrica (Fig. 2.5B), na qual as deformações no plano horizontal são iguais, e a análise pode ser efetuada considerando exclusivamente os eixos vertical e radial.

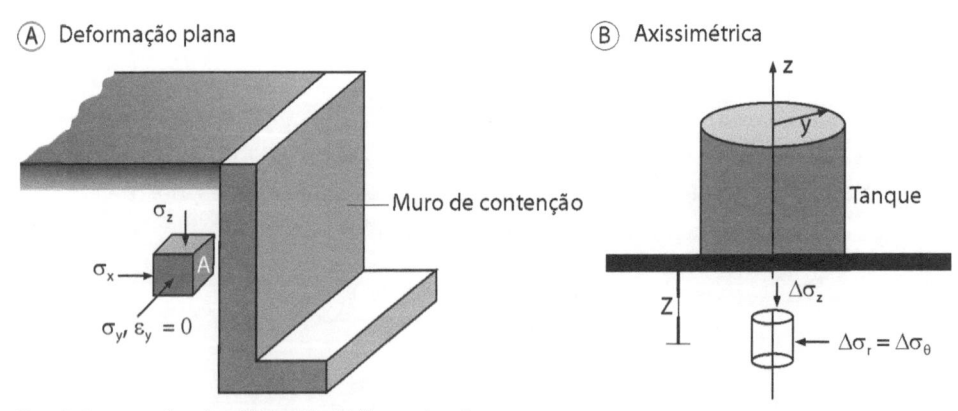

Fig. 2.5 *Exemplos de solicitação bidimensional*

Em condições de análise de tensão bidimensional, o tensor de tensões se reduz a três componentes (σ_x, σ_y e τ_{xy}), como mostra a Fig. 2.6, na qual apresenta-se também a convenção de sinais, em que são positivas as tensões normais de compressão, e tensões cisalhantes, que tendem a girar no sentido anti-horário.

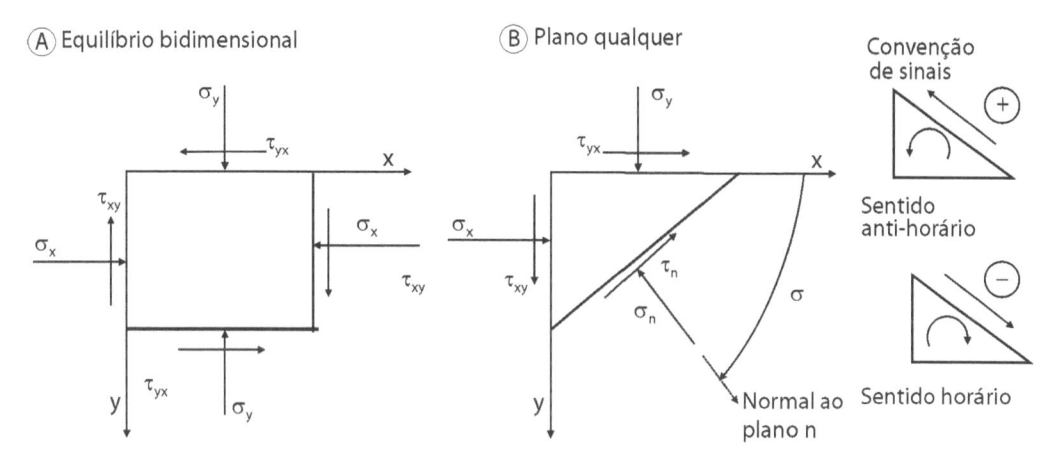

Fig. 2.6 *Componentes de tensão bidimensional*

As tensões em um plano qualquer, cuja normal faz um ângulo α com relação ao eixo x, são calculadas por:

$$\sigma_\alpha = \frac{(\sigma_x + \sigma_y)}{2} + \frac{(\sigma_x - \sigma_y)}{2}\cos 2\alpha + \tau_{xy}\text{sen}2\alpha \qquad (2.11)$$

$$\tau_\alpha = \tau_{xy}\cos 2\alpha - \frac{(\sigma_x - \sigma_y)}{2}\text{sen}2\alpha \qquad (2.12)$$

Círculo de Mohr

Os estados de tensão em todos os planos que passam por um ponto podem ser representados graficamente em sistema de coordenadas, em que as abscissas são as tensões normais e as ordenadas são as tensões de cisalhamento. Essa solução gráfica resulta em um círculo denominado Círculo de Mohr (Fig. 2.7).

Conceito de polo ou origem dos planos

Um ponto notável destaca-se no círculo de Mohr, denominado polo ou origem dos planos. Cada estado de tensão definido no círculo de Mohr corresponde a um determinado conjunto de tensões (σ_α, τ_α) associado a um plano (α). O traçado da paralela a esse plano, passando pelo ponto (σ_α, τ_α), corta o círculo de Mohr no polo, ou seja, toda reta que passa pelo polo corta o círculo em ponto cujas tensões (σ_α, τ_α) atuam no plano de mesma inclinação da reta.

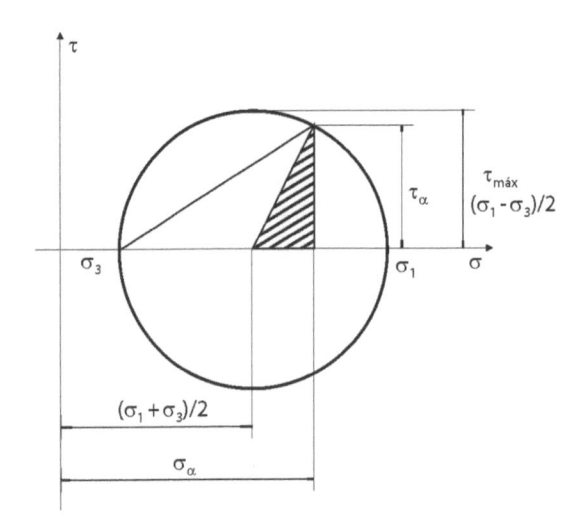

Equação do círculo:

$$\tau^2 + \left\{\sigma - \left(\frac{\sigma_1+\sigma_3}{2}\right)\right\}^2 = \left(\frac{\sigma_1-\sigma_3}{2}\right)^2 \quad (2.13)$$

Coordenadas do centro do círculo:

$$\sigma = \frac{\sigma_x+\sigma_y}{2} = \frac{\sigma_1+\sigma_3}{2} \quad (2.14)$$

$$raio = \tau_{máx} = \frac{\sigma_1-\sigma_3}{2}$$

Fig. 2.7 *Círculo de Mohr*

A grande vantagem do uso desse conceito é que, uma vez definida a posição do polo, é possível determinar não só todos os estados de tensão em um determinado ponto, como também os planos em que atuam. A Fig. 2.8 mostra um exemplo de utilização desse conceito: (i) localiza-se o ponto (σ_x, τ_{xz}) no círculo de Mohr; (ii) como as tensões (σ_x, τ_{xz}) atuam no plano vertical, traça-se uma reta paralela à direção desse plano (vertical); (iii) essa reta corta o círculo de Mohr no Polo. Quando esse processo é repetido com o outro plano (σ_z, τ_{zx}), a reta horizontal corta o círculo de Mohr no mesmo ponto (no Polo).

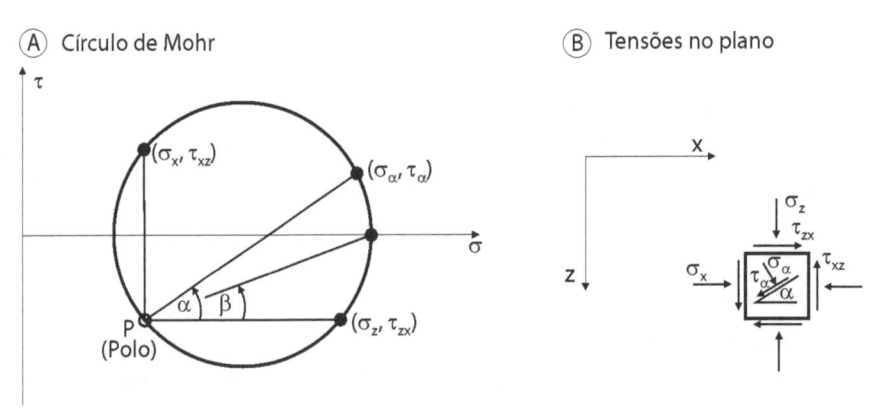

Fig. 2.8 *Conceito de Polo*

Trajetória de tensões

Em muitos casos, é recomendável representar em um único diagrama as variações dos estados de tensão decorrentes de esforços externos; em um mesmo gráfico, os círculos de Mohr podem se tornar confusos. Como alternativa, recomenda-se desenhar somente as tensões associadas à tensão cisalhante máxima, como mostrado na Fig. 2.9. Com isso, o círculo passa a ser representado por um único ponto, nos eixos denominados p × q. Ligando-se os pontos define-se a trajetória de tensões.

$$p = \frac{(\sigma_1 + \sigma_3)}{2}$$
$$q = \frac{(\sigma_1 - \sigma_3)}{2}$$ (2.15)

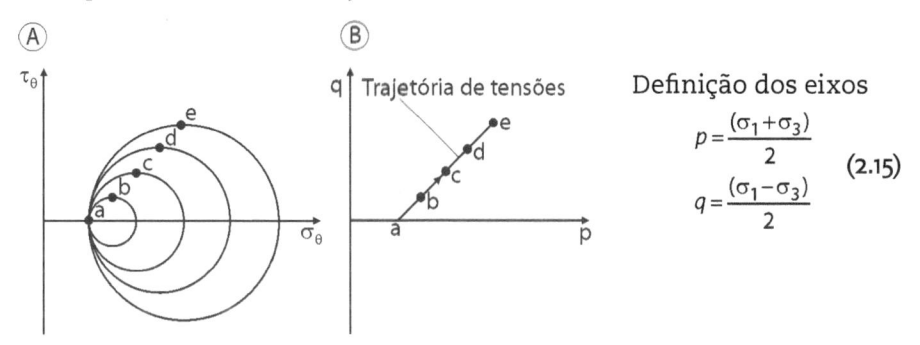

Fig. 2.9 *Equivalência do diagrama p x q com o círculo de Mohr*

De acordo com a direção da trajetória de tensão, é possível avaliar o tipo de carregamento imposto. A Fig. 2.10 mostra diferentes trajetórias e os estados de tensão associados. Na Fig. 2.10A, as tensões vertical e horizontal (principais) são inicialmente iguais (q = 0). Na Fig. 2.10B, o estado inicial corresponde a $\sigma_v = \sigma_h = 0$ e as trajetórias mantêm uma inclinação constante em que $\sigma_h/\sigma_v = k$. Para essa condição de carregamento,

$$tg\alpha = \frac{\Delta q}{\Delta p} = \frac{\Delta(\sigma_v - \sigma_h)/2}{\Delta(\sigma_v + \sigma_h)/2} = \frac{(1-k)\Delta\sigma_v}{(1+k)\Delta\sigma_v} = \frac{1-k}{1+k}$$ (2.16)

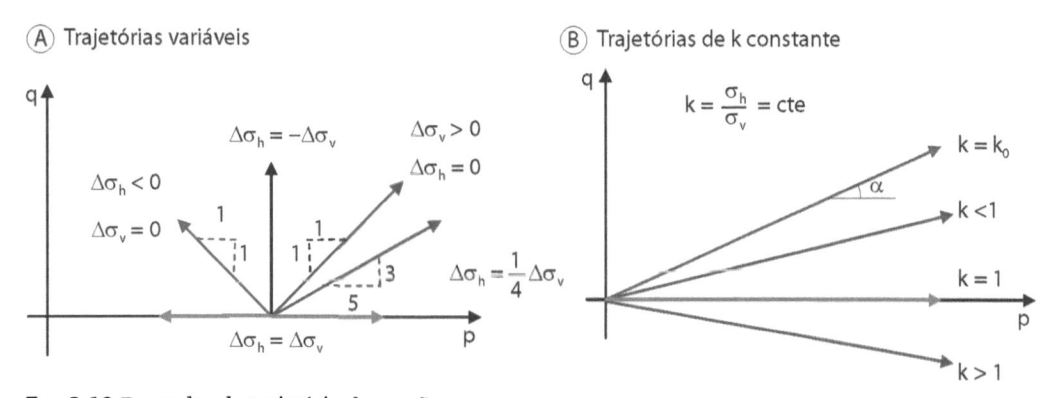

Fig. 2.10 *Exemplos de trajetória de tensões*

Na prática, qualquer elemento no interior da massa de solo encontra-se sob um estado inicial de tensões. Assim, seu estado de tensões,

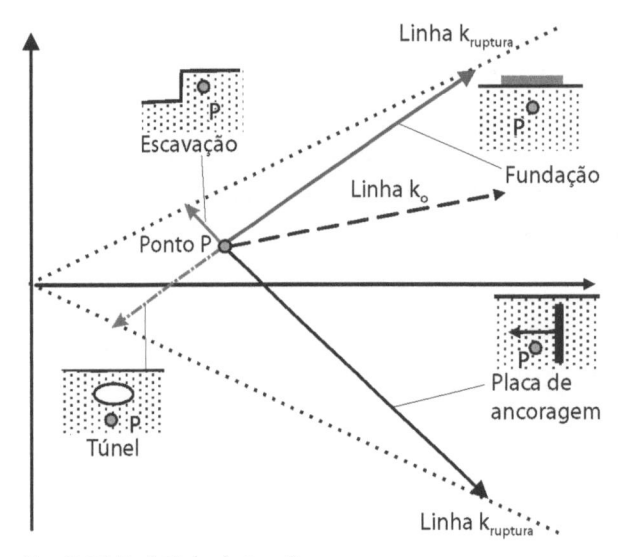

Fig. 2.11 *Trajetória de tensão no campo*

representado no diagrama p × q, normalmente se encontra no primeiro quadrante (Fig. 2.11). Conforme a trajetória de tensão seguida (tipo de carregamento/descarregamento), a capacidade do solo de resistir a determinada variação de seu estado de tensões muda. Por exemplo, a resistência do solo como elemento de fundação é maior do que quando ele é submetido a um processo de escavação.

2.2 Conceito de deformações

As deformações de um elemento originam-se tanto por variações nas tensões normais quanto por tensões cisalhantes. As deformações originadas exclusivamente pelas tensões normais são definidas pelas relações entre as variações de comprimento e o comprimento inicial (Fig. 2.12). A soma das parcelas das deformações normais define a deformação volumétrica, isto é,

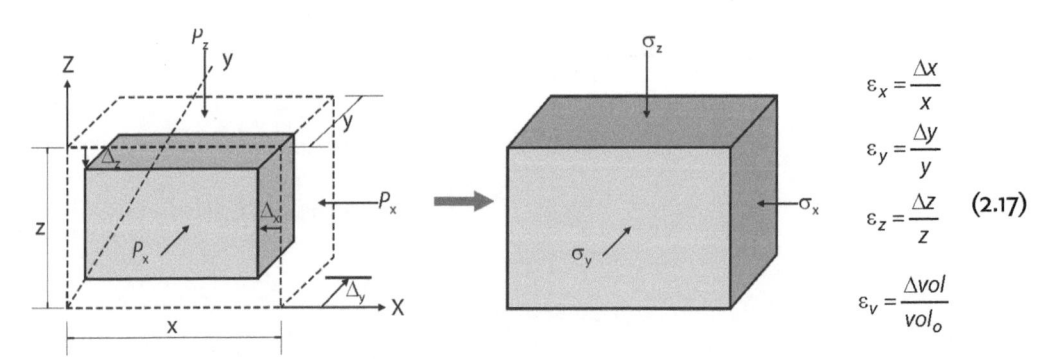

$$\varepsilon_x = \frac{\Delta x}{x}$$

$$\varepsilon_y = \frac{\Delta y}{y}$$

$$\varepsilon_z = \frac{\Delta z}{z} \qquad (2.17)$$

$$\varepsilon_v = \frac{\Delta vol}{vol_o}$$

Fig. 2.12 *Deformação gerada por tensão normal (Budhu, 2000)*

As deformações originadas exclusivamente pelas tensões cisalhantes (γ_{ij}) impõem uma distorção angular, definida pelo ângulo formado entre a configuração inicial e a final. A Fig. 2.13 mostra um exemplo de deformação cisalhante do plano XZ em elemento infinitesimal.

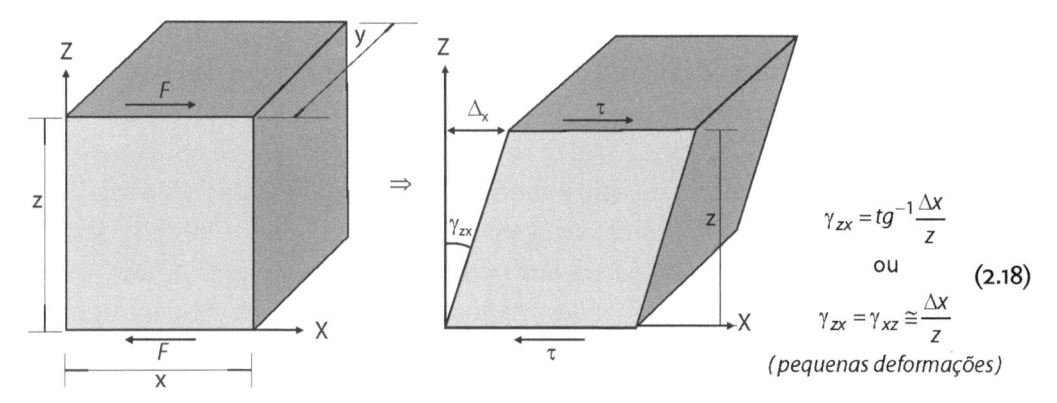

Fig. 2.13 *Deformação cisalhante no plano XZ*

$$\gamma_{zx} = tg^{-1}\frac{\Delta x}{z}$$

ou (2.18)

$$\gamma_{zx} = \gamma_{xz} \cong \frac{\Delta x}{z}$$

(pequenas deformações)

2.3 Comportamento tensão x deformação

Em solos, as relações tensão × deformação são não lineares (Fig. 2.14). Os módulos de elasticidade ou de deformabilidade, ou módulo de Young (E), que caracterizam a inclinação da curva, variam em função do nível de tensões e da sua trajetória de tensões. Quando o solo é descarregado, a inclinação da curva muda, indicando que o módulo de deformabilidade no descarregamento (E_{ur}) é significativamente maior do que no carregamento ($E_{ur} > E$). Após o descarregamento, as deformações não são recuperadas integralmente, permanecendo um resíduo denominado deformação plástica. Com isso, variações no estado de tensões geram deformações totais que podem ser subdivididas numa parcela elástica (ε_e) e outra plástica (ε_p), caracterizando o solo com um comportamento elastoplástico.

A influência da trajetória de tensões no comportamento tensão/deformação evidencia-se quando se comparam as curvas de carregamento com as de descarregamento. O resultado é estendido para qualquer sequência de variação de tensões no solo, isto é, os módulos de deformabilidade variam conforme a trajetória imposta. A Fig. 2.15 mostra resultados de

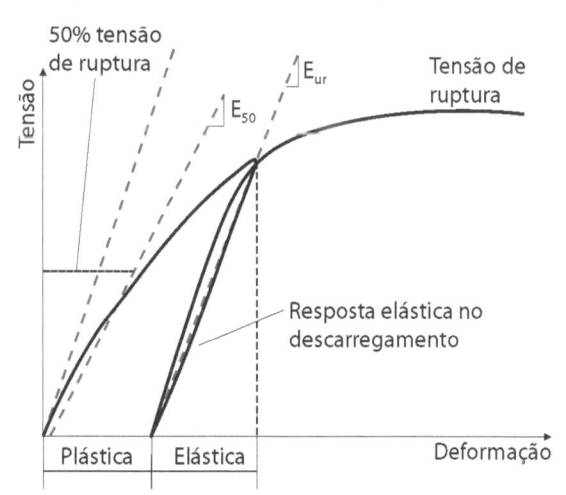

E_i – módulo tangente inicial
E_{50} – módulo secante, passando pela origem e a 50% da tensão na ruptura
E_{ur} – módulo de descarregamento

Fig. 2.14 *Curva tensão x deformação*

ensaios triaxiais em argila, nos quais se verificam claramente os efeitos das trajetórias no módulo de Young. Para o mesmo valor de tensão confinante, as diferentes trajetórias resultam em distintos valores de resistência de pico. A trajetória de extensão lateral (curva II) resulta no menor valor de resistência do solo e num comportamento mais rígido (maiores valores de E). Ressalta-se que a envoltória de resistência foi considerada única, independente da trajetória de tensões seguida, pelo fato de os ensaios terem sido realizados mantendo-se a tensão principal intermediária (σ_2) igual à maior (σ_1) ou menor (σ_3).

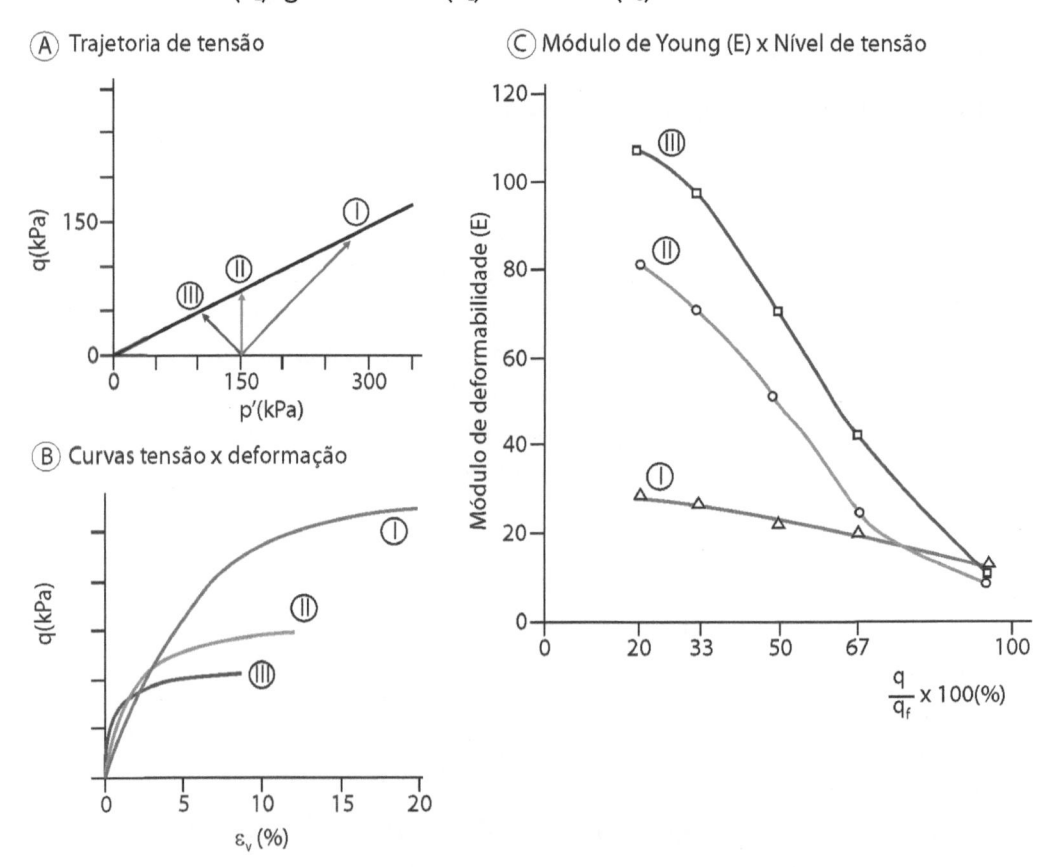

Fig. 2.15 *Influência das trajetórias de tensão no módulo de deformabilidade (Carpio, 1990)*

Ao se comparar os resultados de ensaios triaxiais ($\sigma_2 = \sigma_3$) com os de ensaios de deformação plana, em que a deformação em uma direção foi impedida ($\sigma_2 = n(\sigma_1 + \sigma_3)$), Lambe e Whitman (1969) observaram diferenças significativas no valor do ângulo de atrito (ϕ'). A Fig. 2.16 mostra que, quanto mais densa é a amostra, maior é a diferença no valor de ϕ', ao se comparar ambos os ensaios. Ressalta-se que a adoção de valores de ϕ', obtidos por ensaios triaxiais, leva a soluções de projeto a favor da segurança.

Apesar do comportamento não linear da curva σ × ε, muitos métodos de dimensionamento adotam como hipótese simplificadora o modelo linear e elástico. Nesses casos, cabe ao projetista optar pelo módulo de elasticidade mais adequado para representar os níveis de tensão que serão mobilizados.

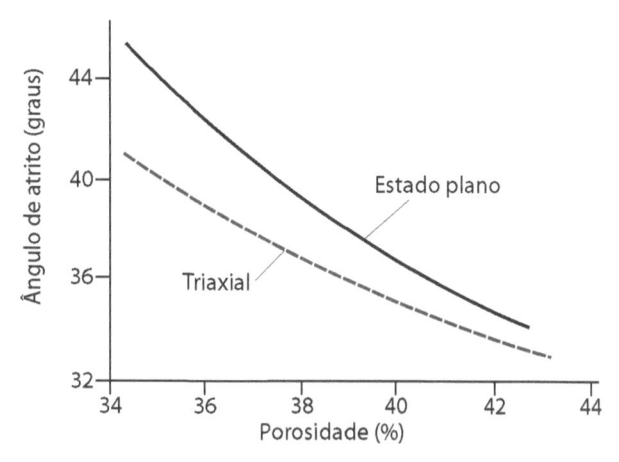

Fig. 2.16 *Valores de ângulos de atrito de ensaios triaxiais e de deformação plana em areias (Lambe; Whitman, 1969)*

2.3.1 Lei de Hooke

O comportamento tensão × deformação de materiais isotrópicos, elásticos e lineares é regido pela Lei de Hooke, segundo a qual o comportamento do material define-se por três constantes elásticas: módulo de elasticidade ou módulo de Young (E), módulo cisalhante (G) e coeficiente de Poisson (ν). O coeficiente de Poisson define a relação entre as deformações em eixos ortogonais, e o módulo cisalhante (G) é função de E e ν:

$$\nu = -\frac{\varepsilon_r}{\varepsilon_z} \quad (2.19)$$

$$G = \frac{E}{2(1+\nu)} \quad (2.20)$$

Para condições tridimensionais, as deformações são calculadas a partir de:

$$\varepsilon_x = \frac{1}{E}\left[\sigma'_x - \nu(\sigma'_y + \sigma'_z)\right] \qquad \gamma_{xy} = \frac{1}{G}\tau_{xy}$$

$$\varepsilon_y = \frac{1}{E}\left[\sigma'_y - \nu(\sigma'_x + \sigma'_z)\right] \qquad \gamma_{yz} = \frac{1}{G}\tau_{yz} \quad (2.21)$$

$$\varepsilon_z = \frac{1}{E}\left[\sigma'_z - \nu(\sigma'_x + \sigma'_y)\right] \qquad \gamma_{zx} = \frac{1}{G}\tau_{zx}$$

$$\varepsilon_v = \varepsilon_x + \varepsilon_y + \varepsilon_z = \frac{(1-2\nu)}{E}(\sigma'_x + \sigma'_y + \sigma'_z) \quad (2.22)$$

Alternativamente, as tensões podem ser definidas em função das deformações, por meio das seguintes equações:

$$\sigma_x = \lambda\varepsilon_v + 2G\varepsilon_x \qquad \tau_{xy} = G\gamma_{xy}$$
$$\sigma_y = \lambda\varepsilon_v + 2G\varepsilon_y \qquad \tau_{yz} = G\gamma_{yz} \qquad (2.23)$$
$$\sigma_z = \lambda\varepsilon_v + 2G\varepsilon_z \qquad \tau_{zx} = G\gamma_{zx}$$

nas quais λ e G são as constantes de Lamé:

$$\lambda = \frac{\nu E}{(1+\nu)(1-2\nu)} \qquad (2.24)$$

$$G = \frac{E}{2(1+\nu)} \qquad (2.25)$$

As equações da Lei de Hooke podem ser simplificadas para a condição de deformação plana, em que a deformação em um dos eixos é nula, ou axissimétrica, que pressupõe que as tensões e deformações são iguais em um determinado plano. Nesses casos, as equações, definidas em termos de planos principais, são:

Deformação plana
$$\begin{cases} \varepsilon_1 = \dfrac{1+\nu}{E}\left[(1-\nu)\sigma'_1 - \nu\sigma'_3\right] \\ \varepsilon_3 = \dfrac{1+\nu}{E}\left[(1-\nu)\sigma'_3 - \nu\sigma'_1\right] \\ \varepsilon_2 = 0 \end{cases} \begin{cases} \begin{bmatrix}\varepsilon_1\\\varepsilon_3\end{bmatrix} = \dfrac{1+\nu}{E}\begin{bmatrix}1-\nu & -\nu\\-\nu & 1-\nu\end{bmatrix}\begin{bmatrix}\sigma'_1\\\sigma'_3\end{bmatrix} \\ \text{ou} \\ \begin{bmatrix}\sigma'_1\\\sigma'_3\end{bmatrix} = \dfrac{E}{(1+\nu)(1-2\nu)}\begin{bmatrix}1-\nu & \nu\\\nu & 1-\nu\end{bmatrix}\begin{bmatrix}\varepsilon_1\\\varepsilon_3\end{bmatrix} \end{cases}$$

(2.26)

Axissimétrica
$$\begin{cases} \varepsilon_1 = \dfrac{1}{E}\left[\sigma'_1 - 2\nu\sigma'_3\right] \\ \varepsilon_3 = \varepsilon_2 = \dfrac{1}{E}\left[(1-\nu)\sigma'_3 - \nu\sigma'_1\right] \end{cases} \begin{cases} \begin{bmatrix}\varepsilon_1\\\varepsilon_3\end{bmatrix} = \dfrac{1}{E}\begin{bmatrix}1 & -2\nu\\-\nu & 1-\nu\end{bmatrix}\begin{bmatrix}\sigma'_1\\\sigma'_3\end{bmatrix} \\ \text{ou} \\ \begin{bmatrix}\sigma'_1\\\sigma'_3\end{bmatrix} = \dfrac{E}{(1+\nu)(1-2\nu)}\begin{bmatrix}1-\nu & 2\nu\\\nu & 1\end{bmatrix}\begin{bmatrix}\varepsilon_1\\\varepsilon_3\end{bmatrix} \end{cases}$$

(2.27)

Apesar de o comportamento dos solos não se ajustar ao modelo isotrópico-elástico-linear, o conceito associado à Lei de Hooke é bastante utilizado na prática. Dependendo da importância do projeto, é possível assumir um comportamento linear-elástico para o solo, definido pelos parâmetros secantes (E_{50}, ν_{50}). Alternativamente, pode-se subdividir o carregamento em etapas e considerar a variação desses parâmetros usando módulos tangentes (E_s e ν_s), admitidos constantes em cada etapa.

2.4 Tensões em solos

O solo é um sistema trifásico constituído por sólidos, água e ar. Parte dos esforços é transmitida pelos grãos e, conforme as condições de saturação, parte é transmitida pela água. No caso de solos secos, todos os esforços são transmitidos pelo arcabouço sólido. Entretanto, para se determinar o estado de tensões, é preciso conhecer não só os esforços, mas também a área considerada, que deveria passar pelos pontos de contato (A_c), conforme mostra a Fig. 2.17. Esse tipo de abordagem torna-se inviável ante a variabilidade de tamanhos de grãos e arranjos estruturais. Em contrapartida, a adoção de um plano horizontal (A) acarretaria a existência de regiões sólidas e regiões que passam pelos vazios.

O somatório da área de contato (A_c) é da ordem de 0,03% da área total (A), o que faz com que o valor da tensão, considerando-se exclusivamente a transmissão dos esforços pelos contatos, seja significativamente mais alto do que o calculado no plano horizontal. Apesar de o conceito de transmissão através dos contatos entre grãos ser fisicamente mais correto, não seria possível desenvolver modelos matemáticos que representassem isoladamente as forças transmitidas. Assim, as tensões normais e cisalhantes são sempre tratadas do ponto de vista macroscópico, considerando a área total (A).

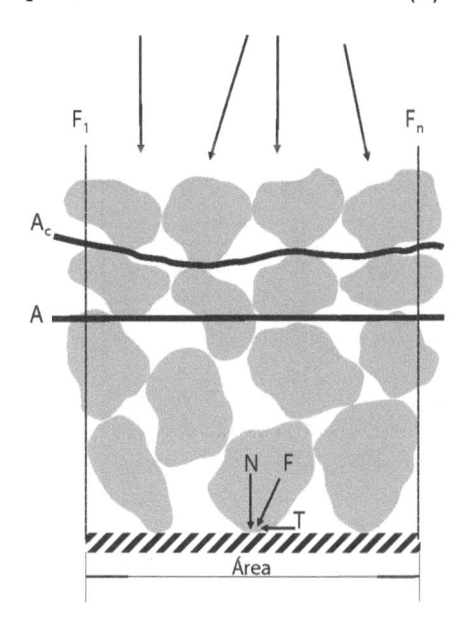

Tensões nos contatos:

$$\sigma_c = \frac{N}{A_c} \quad e \quad \tau_c = \frac{T}{A_c} \quad (2.28)$$

Tensões médias:

$$\sigma = \frac{N}{A} \quad e \quad \tau = \frac{T}{A} \quad (2.29)$$

Fig. 2.17 *Transmissão de esforços em solos*

2.4.1 Princípio da tensão efetiva – solos saturados

O conceito de tensão adotado na geotecnia pressupõe a adoção de um plano que intercepte os grãos e os vazios. No caso dos solos saturados, uma parcela da tensão normal é transmitida aos grãos (σ') e outra parte é transmitida à água (u). Em contraposição, a tensão de cisalhamento é transmitida exclusivamente pela fase sólida, uma vez que a água não resiste a tensões cisalhantes. Com isso, as tensões normais e cisalhantes podem ser reescritas, como mostra o esquema da Fig. 2.18.

Fig. 2.18 *Conceito de tensão efetiva*

O conceito de que parte da tensão normal age nos contatos interpartículas e parte atua na água existente nos vazios deu origem a uma das relações mais importantes da Mecânica dos Solos, proposta por Terzaghi (1943) e conhecida como Princípio da Tensão Efetiva.

A percepção de que somente parte das tensões normais é transmitida aos grãos possibilitou uma melhor compreensão do comportamento de solos saturados, tanto no que diz respeito a sua compressibilidade quanto a sua resistência.

Ao contrário dos materiais usados na engenharia civil, a compressibilidade do solo é consequência do deslocamento relativo entre partículas (Fig. 2.19). A compressão individual do grão é desprezível em comparação com as variações de volume geradas pelos deslocamentos das partículas, que dependem do nível de tensões transmitido entre os grãos, isto é, da tensão efetiva. Sempre que há deformação, o posicionamento dos grãos muda e, consequentemente, a tensão efetiva muda. De modo inverso, qualquer variação de σ' acarreta variações volumétricas (recalque ou expansão). Essas variações podem ser geradas por mudanças na tensão total (carregamentos externos) ou na poropressão (variações nas condições de água no subsolo: elevação ou rebaixamento do NA, variação nas condições de fluxo etc.).

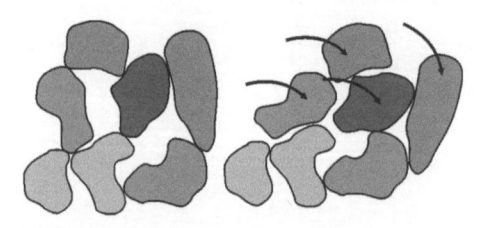

Fig. 2.19 *Compressibilidade de solos*

A resistência dos solos também é controlada pela tensão efetiva. Maiores níveis de tensão efetiva (tensões normais entre grãos) fornecem ao solo uma maior capacidade de resistir às variações das tensões cisalhantes.

Como os solos não resistem a tensões de tração, a tensão efetiva não pode ter valores negativos, mas a poropressão pode ser positiva ou negativa (sucção).

2.4.2 Solos não saturados

Bishop et al. (1960) estenderam o conceito de tensão efetiva para solos não saturados, propondo a seguinte equação:

$$\sigma' = \sigma - u_a + \chi(u_a - u_w) \quad (2.30)$$

na qual σ é a tensão normal; u_a é a pressão no ar; u_w, a pressão na água; e χ, um parâmetro que depende do grau de saturação; para solos saturados $\chi = 1$ e, para solos secos, $\chi = 0$. Resultados experimentais (Fig. 2.20) mostraram que a variação do parâmetro χ com o grau de saturação (S) é não linear. A proposta de Bishop et al. (1960) não teve boa aceitação no meio técnico, por se mostrar inadequada a determinados tipos de solo (por exemplo, solos colapsíveis) e por não fornecer uma relação adequada entre tensão efetiva e variação de volume, no caso de solos não saturados.

A abordagem proposta por Fredlund e Morgenstern (1977), com maior aceitação na prática, sugere separar as relações entre as diversas fases, estabelecendo o que os autores denominam variáveis de estado, que relacionam as diversas fases; isto é:

$$(\sigma - u_a) \times (u_a - u_w) \quad (2.31)$$

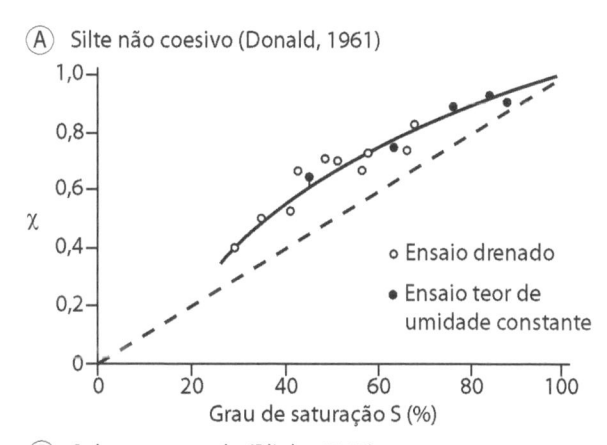

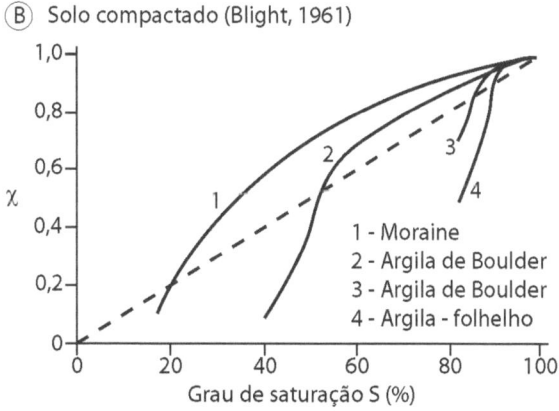

Fig. 2.20 *Variação de χ em função do grau de saturação*

$$(\sigma - u_w) \times (u_a - u_w) \tag{2.32}$$

$$(\sigma - u_a) \times (\sigma - u_w) \tag{2.33}$$

na qual σ é a tensão normal, e u_a e u_w são, respectivamente, a pressão no ar e na água presente nos poros. Dentre as três opções acima, a Eq. (2.31) é a mais conveniente para reproduzir o comportamento do solo não saturado. É interessante observar que a definição de tensão efetiva para solos saturados está de acordo com a proposta de Fredlund e Morgenstern (1977), por se inserir no conceito de uma variável de estado, isto é,

$$\sigma' = (\sigma - u_w) \tag{2.34}$$

Conferir mais detalhes sobre as abordagens aqui apresentadas em Camapun et al. (2015).

2.4.3 Tensões *in situ* – Superfície horizontal

As tensões *in situ* são originadas pelo peso próprio do maciço e sua determinação pode ser bastante complexa em situações de grande heterogeneidade e topografia irregular. No entanto, quando a superfície do terreno, assim como as subcamadas, são horizontais e há pouca variação das propriedades do solo na direção horizontal, a determinação das tensões *in situ* é relativamente simples. A esta situação dá-se o nome de geostática.

Em condição geostática, não existem tensões cisalhantes atuando nos planos verticais e horizontais, razão pela qual esses planos correspondem aos planos principais de tensão. Esse cenário pode ser idealizado a partir da análise do processo de formação de um solo sedimentar, no qual a deposição de sucessivas camadas impõe aos elementos de solo acréscimos de tensão que tendem a gerar deformações verticais e horizontais (Fig. 2.21). Na direção horizontal, as deformações se anulam, uma vez que há uma compensação de tendência de deslocamentos entre elementos adjacentes. Com a inexistência de tendência de deslocamento horizontal, não são mobilizadas tensões cisalhantes nos planos horizontais durante o processo de formação do depósito. Como consequência, os planos horizontais e verticais são planos principais.

Não atender qualquer um dos requisitos da Fig. 2.21 pode acarretar o aparecimento de tensões cisalhantes nos planos horizontais e verticais. No caso de superfícies inclinadas, por exemplo, a tendência de movimentação da massa de solo gera tensões cisalhantes nos planos horizontais e, consequentemente, verticais (Fig. 2.22).

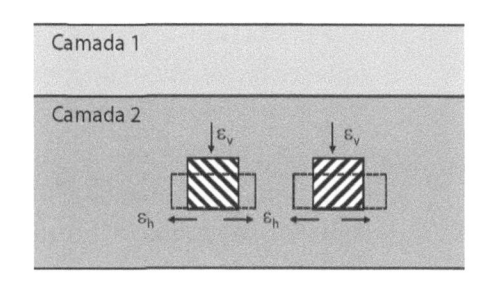

Fig. 2.21 *Condição geostática – solo sedimentar*

Em casos de superfície inclinada, a prática tem mostrado que o cálculo da tensão vertical pode ser feito com a mesma metodologia adotada para a condição geostática; entretanto, a determinação dos demais estados iniciais de tensões é mais complexa.

A tensão geostática vertical é calculada simplesmente considerando o peso de solo acima daquela profundidade, isto é,

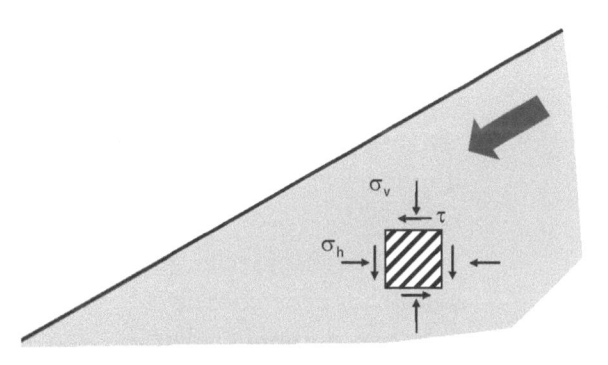

Fig. 2.22 *Superfície inclinada*

$$\sigma_v = \frac{\sum P_i}{A} = \sum \gamma_i z_i \qquad (2.35)$$

em que z representa a espessura da camada e γ, o peso específico do solo.

A tensão horizontal é computada a partir da premissa de que seu valor corresponde ao esforço necessário para anular as deformações horizontais. Assim, sua magnitude depende da tensão vertical aplicada, e, em determinadas situações, da compressibilidade do solo; isto é, da capacidade dos grãos de mudar de posição. Como essa mobilidade depende das tensões aplicadas nos grãos, o cálculo da tensão horizontal é definido em termos de tensão efetiva, isto é,

$$\sigma'_h = k_o \sigma'_v \qquad (2.36)$$

onde k_o é denominado coeficiente de empuxo no repouso.

Determina-se o coeficiente de empuxo no repouso a partir da teoria da elasticidade, por correlações empíricas, ensaios de laboratório e ensaios de campo, mas a determinação experimental é sempre questionável. Além do inevitável alívio de tensões decorrente do descarregamento durante o processo de amostragem, as amostras são submetidas a deformações cisalhantes que ocasionam variações na umidade e distorção no arranjo estrutural dos grãos (amolgamento). No caso de ensaios de campo, a introdução de equipamento do elemento de medida altera o estado inicial de tensões e/ou gera amolgamento.

O Quadro 2.1 resume algumas propostas para a estimativa de k_o. As equações da teoria da elasticidade, sob a condição de deformações horizontais nulas ($\varepsilon_x = \varepsilon_y = 0$), definem o valor de k_o em função do coeficiente de Poisson. As expressões empíricas propostas na literatura foram concebidas para solos sedimentares. Solos residuais e solos que sofreram transformações pedológicas posteriores apresentam tensões horizontais que dependem das tensões internas da rocha ou do processo de evolução sofrido; nesses casos, é muito difícil obter o valor de k_o.

A determinação de k_o a partir de ensaios de laboratório procura simular as condições de campo ou a trajetória de tensões experimentada pelo solo durante a sua formação. Para maiores detalhes sobre o tema, recomendam-se Bishop e Henkel (1962), Moore (1971), Campanella e Vaid (1972), Garga e Khan (1991), Daylac (1994), Senneset, (1989), Mesri e Hayat (1993); Boszczowski (2001).

Quadro 2.1 Correlações para estimativa de k_o

Referência	Equação	Observações
Teoria da elasticidade	$K_o = \dfrac{\sigma'_x}{\sigma'_z} = \dfrac{\nu}{(1-\nu)}$	
Jaky (1944)	$K_o = \left(1 + \dfrac{2}{3}sen\phi'\right) \cdot \left(\dfrac{1-sen\phi'}{1+sen\phi'}\right)$ forma simplificada: $K_o = 1 - sen\phi'$	Areias Argilas normalmente adensadas (Bishop, 1958) ϕ' = ângulo de atrito efetivo
Brooker e Ireland (1965)	$K_o = 0,95 - sen\phi'$	Argilas normalmente adensadas ϕ' = ângulo de atrito efetivo
França (1976)	$K_o = \dfrac{1-sen^2\phi'}{1+2sen^2\phi'}$ $K_o = tg^2\left(45° - \dfrac{\phi'}{3}\right)$	ϕ' = ângulo de atrito efetivo

QUADRO 2.1 Correlações para estimativa de k_0 (cont.)

Ferreira (1982)	$K_o = 0{,}19 + 0{,}11e$ $K_o = 0{,}04 + 0{,}75e$	e = índice de vazios
Alpan (1967)	$K_o = 0{,}19 + 0{,}233 \log I_p$	I_p = índice de plasticidade
Massarsch (1979)	$K_o = 0{,}44 + 0{,}42 \dfrac{I_p}{100}$	I_p = índice de plasticidade
Extensão da fórmula de Jaky	$K_o = (1 - \sin\varphi')(OCR)^{\sin\varphi'}$ forma simplificada: $K_o = 0{,}5(OCR)^{0{,}5}$	Argilas pré-adensadas OCR = razão de pré-adensamento
Alpan (1967)	$K_o(OC) = K_o(NC) \cdot OCR^\eta$	Argilas pré-adensadas K_o (OC) = valor de K_o do material pré-adensado; K_o (NC) = valor de K_o do material normalmente adensado; η = constante, em regra entre 0,4 e 0,5
Holtz e Kovacs (1981)	$K_o = 0{,}44 + 0{,}0042 \cdot I_p$	Argilas normalmente adensadas
Mayne e Kulhawy (1982)	$K_o = K_{onc} \cdot OCR^{\sin\varphi'}$	Argilas e solos granulares

2.4.4 Tensões induzidas por carregamentos

Quando se executam obras civis, vários tipos de solicitações são aplicados no solo. Uma vez calculadas as variações de tensão, as tensões finais são definidas por:

$$\sigma_{vf} = \sigma_{vo} + \Delta\sigma_v \tag{2.37}$$

$$\sigma_{hf} = \sigma_{ho} + \Delta\sigma_h \tag{2.38}$$

Ao se assumir o solo como um semiespaço homogêneo, com comportamento tensão × deformação linear e elástico, é possível utilizar soluções matemáticas, obtidas a partir da teoria da elasticidade (TE), para determinar as variações nos estados de tensão. Apesar de essa teoria não descrever corretamente o real comportamento tensão/deformação dos solos (Fig. 2.14), a experiência tem mostrado que a TE fornece bons resultados no cálculo das tensões, mas as deformações associadas não são confiáveis.

Apresentam-se, a seguir, algumas soluções da teoria da elasticidade linear para a determinação dos acréscimos de tensão em pontos do maciço de solo pela ação de carregamentos superficiais. Essas soluções foram obtidas individualmente, segundo as condições de contorno dos carregamentos (Quadro 2.2). Para um estudo mais completo, sugere-se a obra de Poulos e Davis (1974).

As soluções das equações da TE mostram que um determinado volume do solo, denominado bulbo de tensões, é afetado por carregamentos. Na superfície do terreno fora da área carregada, as variações de tensão são sempre nulas. No caso de cargas uniformemente distribuídas, é razoável considerar que o bulbo de tensões esteja limitado a uma profundidade da ordem de duas vezes a largura média do carregamento.

QUADRO 2.2 Soluções elásticas para sobrecargas

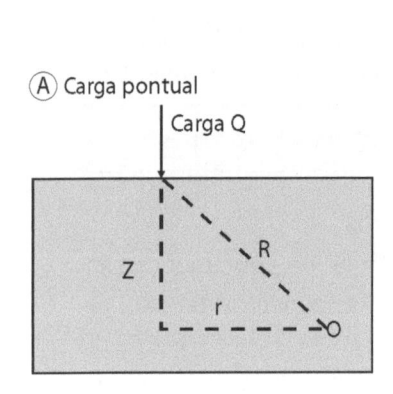

(A) Carga pontual — Carga Q

$$\Delta\sigma_z = \frac{3Qz^3}{2\pi R^5} = \frac{3Q}{2\pi z^2}\left[\frac{1}{1+(r/z)^2}\right]^{5/2}$$

$$\Delta\sigma_r = -\frac{Q}{2\pi}\left[-\frac{3r^2 z}{(r^2+z^2)^{5/2}} + \frac{1-2\nu}{r^2+z^2+z(r^2+z^2)^{1/2}}\right] =$$

$$= -\frac{Q}{2\pi R^5}\left[-\frac{3r^2 z}{R^3} + \frac{(1-2\nu)R}{R+z}\right]$$

$$\Delta\sigma_\theta = -\frac{Q(1-2\nu)}{2\pi}\left[\frac{z}{(r^2+z^2)^{3/2}} - \frac{1}{r^2+z^2+z(r^2+z^2)^{1/2}}\right] =$$

$$= -\frac{Q(1-2\nu)}{2\pi R^2}\left[\frac{z}{R} - \frac{R}{R+z}\right]$$

$$\Delta\tau_{rz} = \frac{3Q}{2\pi}\left[\frac{r^2 z}{(r^2+z^2)^{5/2}}\right] = \frac{3Qr^2 z}{2\pi R^5}$$

(B) Carregamento em linha — Carga Q/ unidade de comprimento

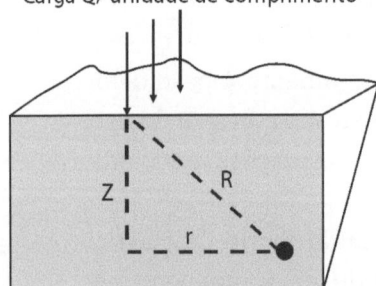

$$\Delta\sigma_z = \frac{2Qz^3}{\pi R^4} = \frac{2Qz^3}{\pi(x^2+z^2)^2}$$

$$\Delta\sigma_x = \frac{2Qx^2 z}{\pi(x^2+z^2)^2}$$

$$\Delta\tau_{zx} = \frac{2Qxz^2}{\pi(x^2+z^2)^2}$$

2 | Conceitos básicos aplicados a estudos de estabilidade

QUADRO 2.2 Soluções elásticas para sobrecargas (cont.)

Ⓒ Carga corrida, perfeitamente flexível

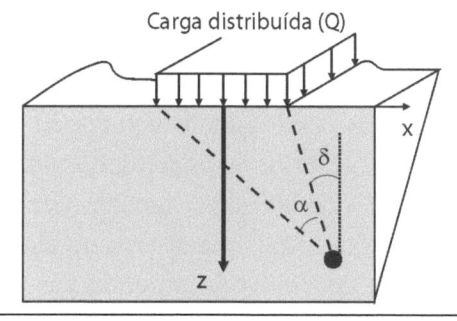

Carga distribuída (Q)

$$\Delta\sigma_z = \frac{Q}{\pi}[\alpha + sen\alpha\cos(\alpha+2\delta)]$$

$$\Delta\sigma_x = \frac{Q}{\pi}[\alpha - sen\alpha\cos(\alpha+2\delta)]$$

$$\Delta\tau_{xz} = \frac{Q}{\pi}[sen\alpha\cos(\alpha+2\delta)]$$

Ⓓ Carga circular, perfeitamente flexível

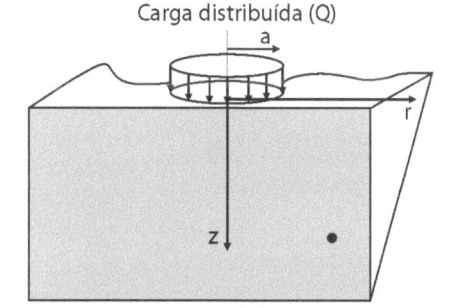

Carga distribuída (Q)

Sob o centro da fundação:

$$\Delta\sigma_z = Q\left\{1-\left[\frac{1}{1+(a/z)^2}\right]^{3/2}\right\}$$

$$\Delta\sigma_r = \Delta\sigma_\theta = \frac{Q}{2}\left[(1+2\upsilon)-\frac{2(1+\upsilon)z}{(a^2+z^2)^{1/2}}+\frac{z^3}{(a^2+z^2)^{3/2}}\right]$$

Rotação dos planos principais

Quando se inicia o cálculo de tensões na condição geostática, os planos verticais e horizontais são planos principais. Essa condição origina-se na hipótese de a formação do solo ter sido feita por deposição sucessiva das diversas camadas de comprimento infinito, resultando em um processo de deformação essencialmente vertical. A inexistência de tendência de movimentação horizontal resulta em tensões cisalhantes nulas no plano horizontal e, consequentemente, no plano vertical.

No caso de solicitações de dimensões limitadas, há tendência de deslocamentos horizontais, que mobilizam tensões cisalhantes no plano horizontal. A Fig. 2.23 mostra, esquematicamente, como ocorre a rotação de tensões principais após o carregamento. Nos pontos fora do eixo de simetria (B e B'), as deformações passam a ter uma componente horizontal, cuja direção varia de acordo com a sua posição em relação ao eixo de simetria. As tensões verticais e horizontais mantêm-se como as principais somente ao longo do eixo de simetria.

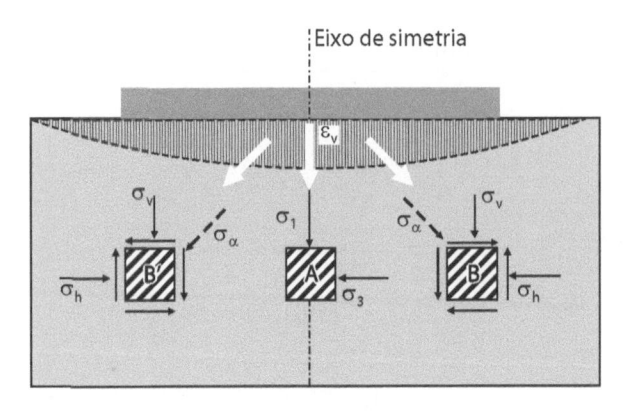

Fig. 2.23 Rotação dos planos principais

É importante observar essa rotação quando se computam as tensões finais. Fora do eixo de simetria, as tensões principais atuam em planos inclinados. Com isso, o valor final de σ_1 é obtido pela soma da variação de σ_1 com a tensão normal inicial ($\sigma_{\alpha a}$), que atuava no plano e, após o carregamento, passou a ser plano principal (Fig. 2.23). A Fig. 2.24 resume as expressões para o cálculo das tensões finais para pontos coincidentes e não coincidentes com o eixo de simetria.

Condição geostática ($\sigma_{vo} = \sigma_{10}$)

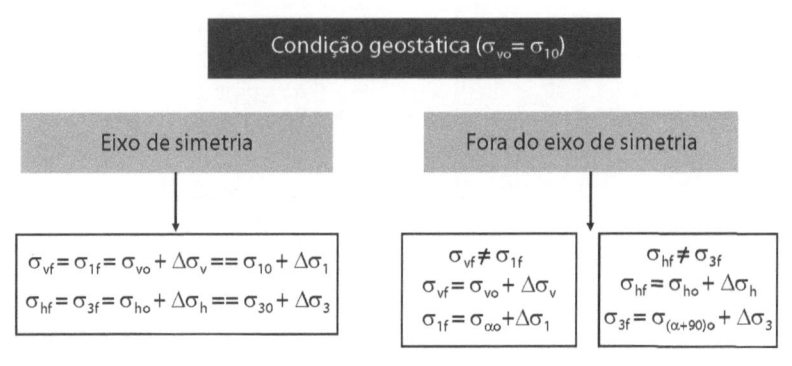

Eixo de simetria:
$\sigma_{vf} = \sigma_{1f} = \sigma_{vo} + \Delta\sigma_v = = \sigma_{10} + \Delta\sigma_1$
$\sigma_{hf} = \sigma_{3f} = \sigma_{ho} + \Delta\sigma_h = = \sigma_{30} + \Delta\sigma_3$

Fora do eixo de simetria:
$\sigma_{vf} \neq \sigma_{1f}$
$\sigma_{vf} = \sigma_{vo} + \Delta\sigma_v$
$\sigma_{1f} = \sigma_{\alpha o} + \Delta\sigma_1$

$\sigma_{hf} \neq \sigma_{3f}$
$\sigma_{hf} = \sigma_{ho} + \Delta\sigma_h$
$\sigma_{3f} = \sigma_{(\alpha+90)o} + \Delta\sigma_3$

Fig. 2.24 Estado final de tensões

2.5 Água no solo

A água no solo origina-se de muitas fontes e é um dos fatores que mais interferem na estabilidade de taludes. A pressão na água pode ser positiva ou negativa e variar conforme a existência ou não de movimentação.

2.5.1 Ciclo hidrológico

Na natureza, existe um sistema de circulação de água denominado ciclo hidrológico, que envolve processos de precipitação (chuva ou neve), condensação e evaporação (Fig. 2.25). No ciclo hidrológico, quando há precipitação, parte do volume de água atinge diretamente o solo, parte cai em rios, lagos e mares, e parte é interceptada pela vegetação. Do volume de água que é interceptado pela vegetação, parte retorna para a atmosfera por evapotranspiração e o restante é absorvido pela própria vegetação ou cai no terreno. Do volume de água que cai na superfície do solo, parte se infiltra e parte flui superficialmente (*runoff*), ou fica retida em depressões superficiais.

A capacidade de interceptação depende do tipo de vegetação, da intensidade e da duração da chuva. Em geral, sua influência é maior no início do período chuvoso, quando a vegetação está seca. Com o passar do tempo, o volume de água interceptado diminui e, em alguns casos, chega a ser desprezível. No caso de vegetação rasteira, a interceptação varia entre 10% e 20% do total precipitado, enquanto em áreas de florestas está entre 5% e 50% (Selby, 1982). Quando as chuvas são de pequena intensidade e pouca duração, o valor pode chegar a 100%. À medida que a capacidade de interceptação diminui, a água chega à superfície do terreno por meio de gotejamento ou escoando pelos troncos (*stemflow*), o que acarreta um aumento significativo de umidade na região próxima às raízes e gera um gradiente de umidade na superfície.

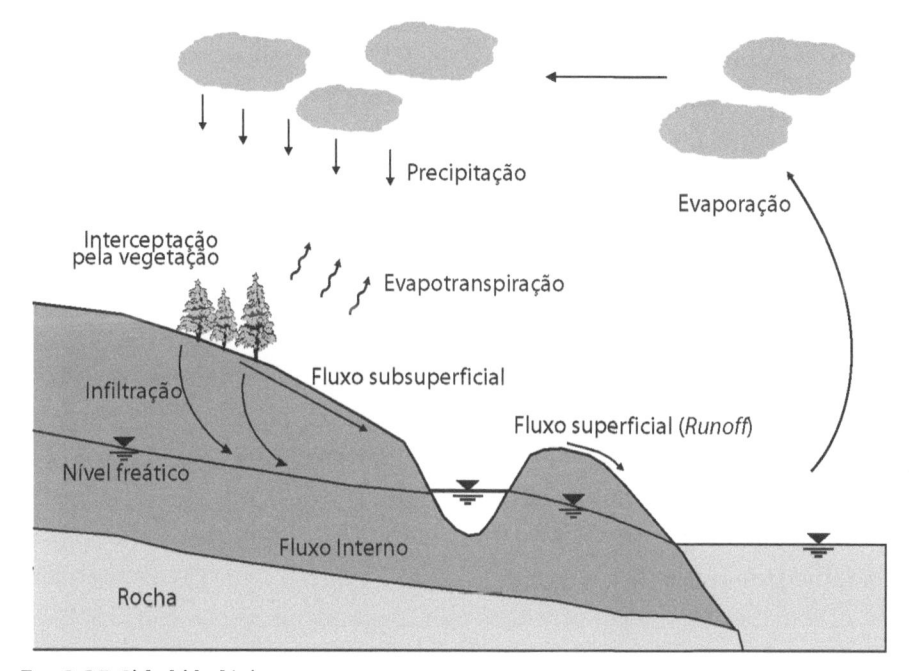

Fig. 2.25 *Ciclo hidrológico*

A máxima vazão que um solo é capaz de absorver, denominada infiltrabilidade ou capacidade de infiltração, depende da condutividade hidráulica na região superficial e das condições iniciais de umidade.

Com isso, dependendo da intensidade e duração da chuva e do ângulo do talude, é possível encontrar situações em que todo o volume de água é absorvido pelo solo, ou situações em que parte desse volume escorre superficialmente (*runoff*). Quando a duração da chuva é prolongada, a parcela de *runoff* tende a se tornar mais significativa, como resultado da perda da capacidade de infiltração do solo (Fig. 2.26).

Em geral, em áreas com vegetação densa, a parcela correspondente ao *runoff* é pequena. Em áreas urbanas densamente ocupadas (por exemplo, área de favelas), o fluxo superficial representa uma elevada porcentagem do volume total de água precipitada.

Na literatura, existem algumas proposições para a estimativa do *runoff*, úteis para entender a influência da topografia na hidrologia de taludes, mas apresentam restrições importantes, uma vez que foram estabelecidas em função de um número limitado de medições de campo (GCO, 1986; Coelho Neto, 1987).

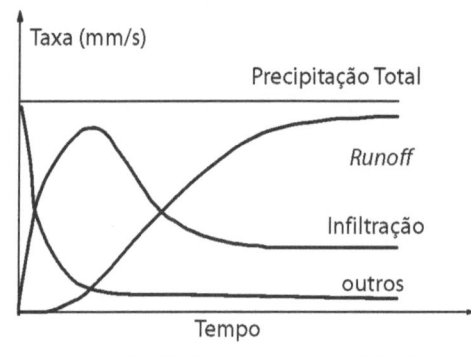

Fig. 2.26 Distribuição da taxa precipitada ao longo do tempo

2.5.2 Infiltração

Infiltração é o processo de entrada de água no solo, um mecanismo contrário à evaporação. Quando uma determinada quantidade de água chega à superfície de um solo não saturado, inicia-se um processo de infiltração, essencialmente vertical, em decorrência da ação conjunta de forças capilares e gravitacionais. Com o fluxo, as condições de umidade da região não saturada são alteradas e, em alguns casos, podem ocorrer mudanças de posição da superfície freática, ou a geração de fluxo subsuperficial.

A taxa de infiltração, ou melhor, a vazão que passa através da superfície de um solo, depende da infiltrabilidade ou capacidade de infiltração, da condutividade hidráulica e da intensidade da chuva. Quando a superfície de um solo não saturado é repentinamente inundada, inicia-se o processo de infiltração a uma taxa elevada. Entretanto, na região imediatamente abaixo da superfície, o valor da condutividade hidráulica permanece baixo, em razão dos baixos teores de umidade de campo. Consequentemente, nessa região os gradientes hidráulicos são pequenos, acarretando baixas velocidades de fluxo. Esse processo de infiltração pode ser mais bem compreendido por meio da Fig. 2.27. Inicialmente, há uma tendência de aumento do teor de umidade na região superficial; em seguida, ocorre o avanço da frente de saturação para profundidades mais elevadas.

Ao se examinar mais detalhadamente um perfil de infiltração sob uma lâmina d'água constante, verifica-se a existência de três regiões distintas (Fig. 2.28): (i) zona saturada, com uma espessura de poucos centímetros; (ii) zona de transmissão, aparentemente uniforme; (iii) zona de umedecimento, onde ocorre uma drástica redução da umidade, limitada pela frente de umedecimento. A zona de transmissão caracteriza-se por uma condição de quase saturação, em decorrência de bolhas de ar retidas nos vazios, que impedem a saturação completa. Em solos finos, a espessura da zona de transição é mais bem definida.

$t < t_1$ - predominância dos gradientes de sucção
$t = t_2$ - saturação superficial
$t > t_3$ - predominância dos gradientes gravitacionais

Fig. 2.27 *Estágios da evolução do teor de umidade com o tempo*

A taxa de infiltração depende da condutividade hidráulica do solo superficial e da intensidade de chuva, entre outros fatores. Quando a intensidade de chuva é inferior à infiltrabilidade, a infiltração é contínua; caso contrário, quando a intensidade de chuva é superior à infiltrabilidade, há um acúmulo de água na superfície e a taxa de infiltração se iguala à infiltrabilidade. A Fig. 2.29 apresenta um esquema das possíveis relações entre taxa de infiltração e intensidade de chuva (R), de acordo com as condições de infiltrabilidade. Sempre que a intensidade de chuva for inferior à condutividade saturada (k_{sat}) da região superficial, o processo de infiltração será contínuo, como mostra a curva A. Se a intensidade de chuva for superior à condutividade saturada (k_{sat}), mas inferior à infiltrabilidade, haverá um processo contínuo de infiltração, até que ocorra a saturação da região superficial; então, haverá uma redução da taxa de infiltração, como mostra a curva B. Por fim, se a intensidade de chuva for superior à infiltrabilidade, o processo de infiltração será semelhante ao caso B, e a saturação superficial ocorrerá instantaneamente (curva C) (Hillel, 1971).

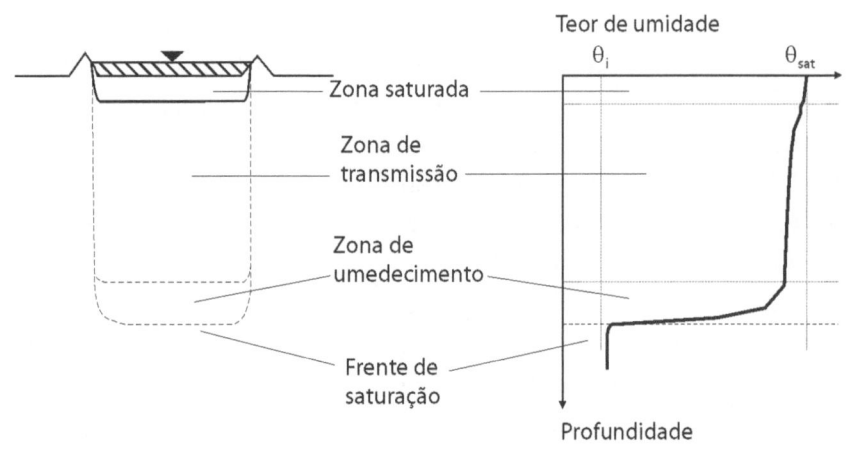

Fig. 2.28 *Perfil de infiltração*

Quando a intensidade de chuva é superior à condutividade saturada (Fig. 2.29B-C), observa-se uma redução da capacidade de infiltração com o tempo, porque à medida que a frente de saturação se movimenta, a condutividade hidráulica na região superficial permanece constante, enquanto os gradientes de sucção decrescem. Como consequência, o fluxo passa a ocorrer exclusivamente por ação da gravidade e, se o solo for homogêneo e de estrutura estável, a taxa de infiltração tenderá assintoticamente para o valor correspondente à condição saturada (k_{sat}) (Hillel, 1971).

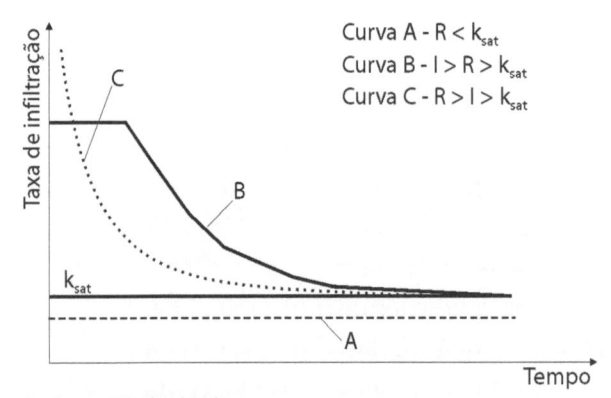

Assim, quando a inclinação do talude não for significativa, sempre que a intensidade de chuva for inferior à infiltrabilidade, o processo de infiltração se dará continuamente, como mostra a Fig. 2.30, e quando a intensidade de chuva for superior à infiltrabilidade, haverá um acúmulo de água na superfície (*runoff*).

R - Intensidade de chuva
I - Capacidade de infiltração (infiltrabilidade)
k_{sat} - Permeabilidade saturada

Fig. 2.29 *Diferentes processos de infiltração (Gerscovich, 1994)*

Convém ressaltar que, quando se avaliam processos de infiltração com o objetivo de observar mudanças nas condições hidrológicas de um talude, deve-se considerar não só a potencialidade de infiltração superficial decorrente das chuvas, como também a influência do embasamento rochoso. Sistemas de fraturas interconectados podem ser saturados em eventos pluviométricos e gerar processos internos de infiltração (Wilson, 1988). Além disso, no que diz respeito à quantificação do runoff, deve-se avaliar a possibilidade de surgência de água na superfície do talude, em virtude da interceptação de linhas freáticas associadas a níveis d'água suspensos (Selby, 1982).

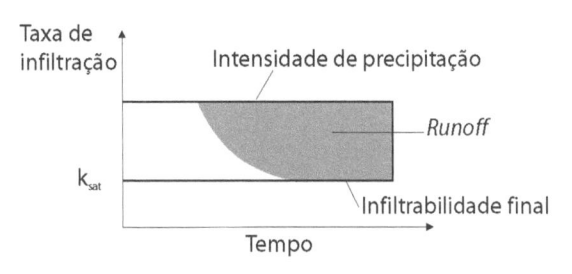

Fig. 2.30 *Dependência da taxa de infiltração com o tempo*

Relação chuva vs. movimentos de massa

Existe uma relação inequívoca entre chuva e movimento de massa. Em períodos de chuvas intensas, ocorre um aumento significativo de ocorrências, como resultado do processo de infiltração. Em análises de estabilidade, quando se pretende relacionar chuva vs. escorregamento, deve-se ter em mente que:

- processos de fluxo interno continuam a ocorrer após as chuvas terem cessado. Com isso, é possível que a ruptura ocorra algum tempo após o evento pluviométrico, em período sem chuva;
- as heterogeneidades de perfis em regiões tropicais pode gerar processos de fluxo preferenciais;
- o horizonte de rocha fraturada atua como camada drenante, mantendo a condição não saturada, e/ou como caminho de infiltração preferencial.

Em áreas urbanas, os movimentos de massa podem causar sérios danos à sociedade, sejam eles materiais ou humanos. Há a necessidade, portanto, do ponto de vista dos órgãos públicos, de estabelecer algum de critério de identificação dos limiares de chuva, capazes de deflagrar os movimentos de massa. Com base nessa informação, surgem metodologias de gerenciamento, mais conhecidas como sistemas de alerta, a serem implantadas em áreas de encosta de forma a proteger a população. Tais sistemas requerem uma instrumentação de campo que no mínimo forneça, em tempo real, as intensidades de chuva incidindo na superfície do terreno (pluviógrafos ou pluviômetros).

Existem, na literatura, várias propostas de correlação chuva vs. escorregamento (Lumb, 1975; Guidicini; Iwasa, 1977; Brand; Premchitt;

Philipson, 1984; Tatizana; Ogura; Cerri, 1987; Premchitt; Brand; Chen, 1994; Pun; Wong; Pang, 2003; D'Orsi, 2011). Há que se ressaltar que a definição do início da chuva varia entre as propostas. Em geral, o início da chuva ocorre quando se registram valores não nulos em pluviômetros. Há, entretanto, propostas mais recentes que definem o início da chuva a partir de determinado valor acumulado de 1h, acumulado de chuva este definido dentro dos critérios de cada modelo. A Tab 2.1 e Fig 2.31 resumem as propostas desenvolvidas para encostas brasileiras, nas quais se observa que há uma tendência de utilização de intensidade de chuva horária e de chuvas de 24h.

TAB 2.1 Resumo das propostas brasileiras de correlação curva *vs.* escorregamento

REFERÊNCIA	LOCAL	PERÍODO	CRITÉRIO PARA DEFINIÇÃO DE EVENTO PLUVIOMÉTRICO	ANÁLISES/ CORRELAÇÃO
Guidicini e Iwasa (1976)	São Paulo (9 áreas) e Rio de Janeiro (1 área)	1928 a 1976 (48 anos)	Acumuladas de chuva a partir de 130 mm ± 7%.	Definição de zonas A, B, C e D em função da média de chuva anual, as precipitações até o dia anterior ao evento (Cc) e a precipitação do evento (Cf).
Tatizana et al. (1987)	Serra do Mar, Cubatão (SP)	1956 a 1986 (30 anos)	1 dia ≥ 100 mm 2 dias ≥ 150 mm 3 dias ≥ 200 mm	Correlação: mm/24h × mm/4 dias $I_{(mm/dia)} = 2.603\, A_c^{-0,933}$
D'Orsi (2011)	Serra dos Órgão, Teresópolis (RJ)	1956 a 1986 (30 anos)	Início: 1h ≥ 20 mm Fim: 4h ≤ 5 mm	mm/h × mm/24h $I_{(mm/h)} = 620{,}7\, I_{(mm/dia)}^{-0,71}$

Fonte: adaptado de Chaves (2016).

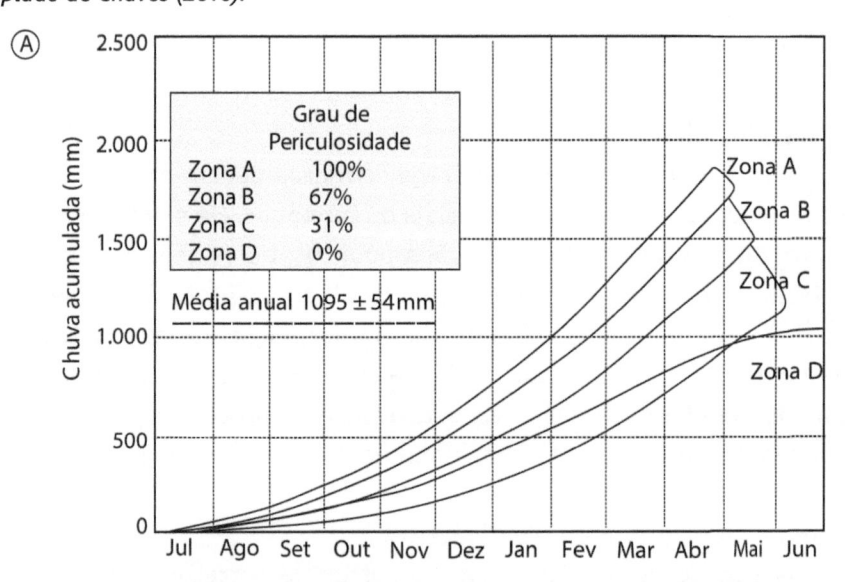

FIG 2.31 *Limiares críticos entre chuvas e escorregamentos: (A) Serra do Mar (SP) (adaptado de Guidicini e Iwasa, 1977)*

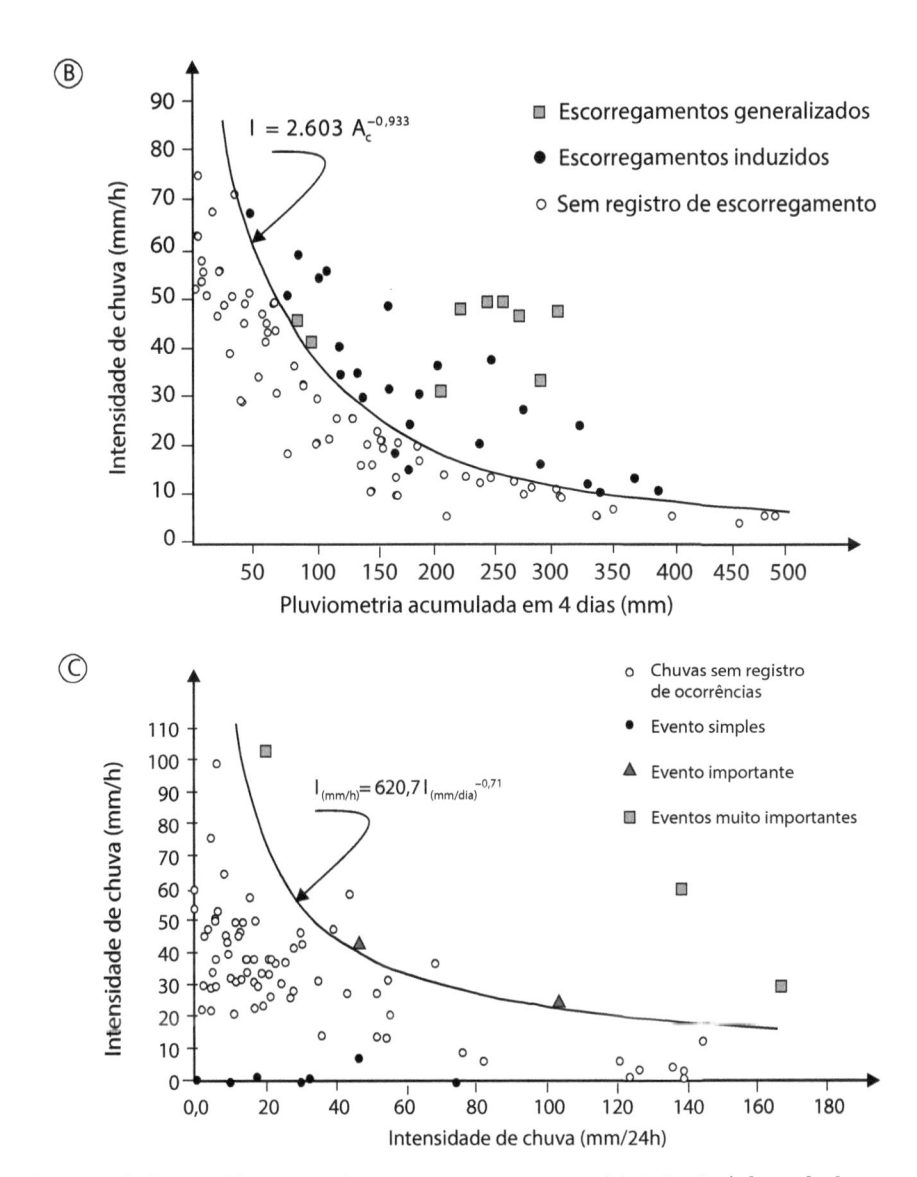

Fig 2.31 *Limiares críticos entre chuvas e escorregamentos: (B) Cubatão (adaptado de Tatizana et al., 1987); (C) Petrópolis (RJ) (adaptado de D'Orsi, 2011)*

O Sistema Alerta-Rio, da Prefeitura do Município do Rio de Janeiro, criado em 1996, foi pioneiro e é referência nacional. Ao longo dos anos, com a ampliação do banco de dados, o histórico de ocorrências, associado à ampliação da rede de pluviômetros automáticos, e os limites operacionais para o estabelecimento dos níveis de alerta foram sendo alterados. A partir de 2005, a probabilidade de ocorrência de escorregamento passou a ser medida em função de três índices pluviométricos, como mostra a Tab. 2.2.

Tab. 2.2 Critérios pluviométricos operacionais em 2015

Intensidade/acumuladas pluviométricas	Probabilidade de ocorrência de escorregamento		
	Média	Alta	Muito alta
mm/h	10 mm a 30 mm	30 mm a 50 mm	> 50 mm
mm/24h	50 mm a 100 mm	100 mm a 175 mm	> 175 mm
mm/96h	100 mm a 175 mm e 10 mm/24h a 30 mm/24h	175 mm a 250 mm e 30 mm/24h a 50 mm/24h	> 250 mm e > 100 mm/24h

Fonte: Alerta Rio (2005).

2.5.3 Pressão na água

Ante todo o processo de movimentação d'água, um perfil de solo pode apresentar diferentes condições de umidade. Como esquematizado na Fig. 2.32, quando se identifica a presença de nível d´água no terreno, o perfil pode ser subdividido em três zonas: não saturada; saturada por capilaridade; e saturada abaixo do nível d'água, onde as pressões de água são positivas. Acima do nível d'água, as pressões são negativas e denominadas sucção. Pressões positivas de água tendem a afastar as partículas sólidas, enquanto as negativas atuam como agentes de atração das partículas. Com isso, na região não saturada, o solo ganha uma resistência adicional, cuja magnitude depende do valor da sucção.

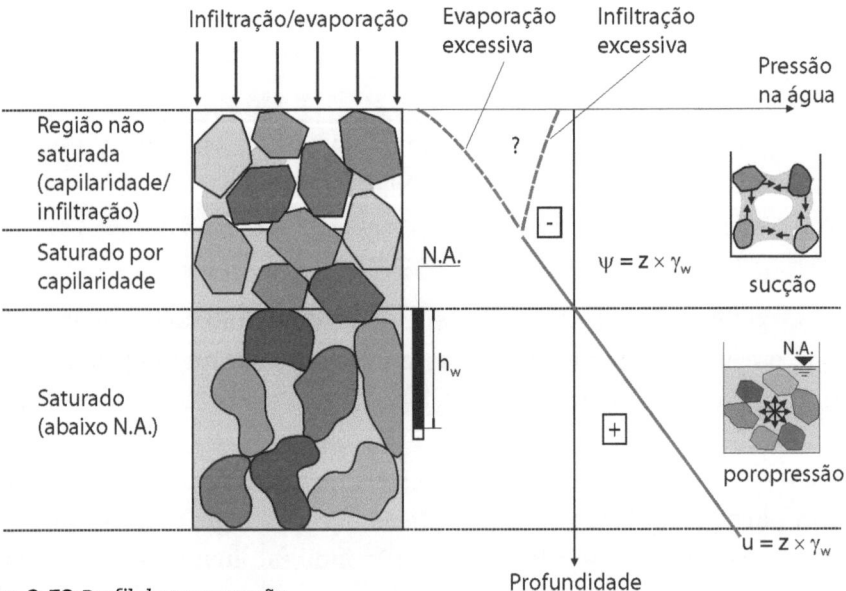

Fig. 2.32 *Perfil de poropressão*

Na região não saturada, a distribuição de poropressão negativa (sucção) é função das condições ambientais e, assim, varia com o tempo. A sucção aumenta durante as épocas secas, conforme a taxa de evaporação, e se reduz nas épocas de chuva, ante os processos de infiltração.

Acima do nível d'água, a saturação pode ocorrer por ação da capilaridade, que promove a ascensão do líquido através dos canalículos formados pelos vazios, como resultado de um desbalanceamento de forças de atração das moléculas de água presentes na superfície. Enquanto no interior do líquido as forças de atração são isotrópicas, na superfície, as forças em direção à fase líquida são maiores do que as que ocorrem em direção à fase gasosa, causando uma contração da superfície do líquido. Com isso, na interface líquido/gás, o líquido se comporta como se estivesse coberto por uma membrana elástica sob tensão superficial (T_s) constante. Quando existe uma diferença de pressão entre as duas fases, a interface líquido/gás torna-se curva, com concavidade voltada para a fase de menor pressão (Fig. 2.33). Assim, um líquido com uma interface côncava, com relação ao ar, está sob pressão inferior à atmosférica.

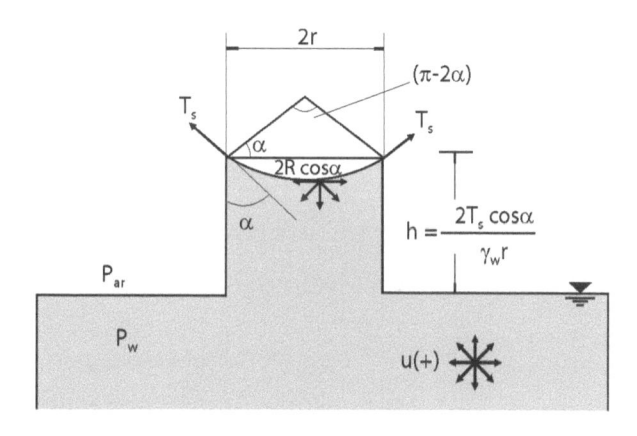

Fig. 2.33 *Tensão superficial e ascensão capilar*

A altura de ascensão capilar é muito variável e inversamente proporcional ao diâmetro dos vazios, como exemplifica a Fig. 2.34. Adicionalmente, como os vazios apresentam diâmetros variados, a altura de ascensão não fica bem caracterizada, e as bolhas de ar podem ficar enclausuradas no interior do solo. Ainda assim, existe uma altura máxima de ascensão capilar, que depende da ordem de grandeza do tamanho representativo dos vazios do solo. Para solos arenosos, a altura de ascensão capilar é da ordem de centímetros, enquanto em terrenos argilosos ela pode atingir dezenas de metros. Convém ressaltar que a água livre não suporta tensões negativas acima de 100 kPa (10 m de coluna d'água), pois ocorre cavitação.

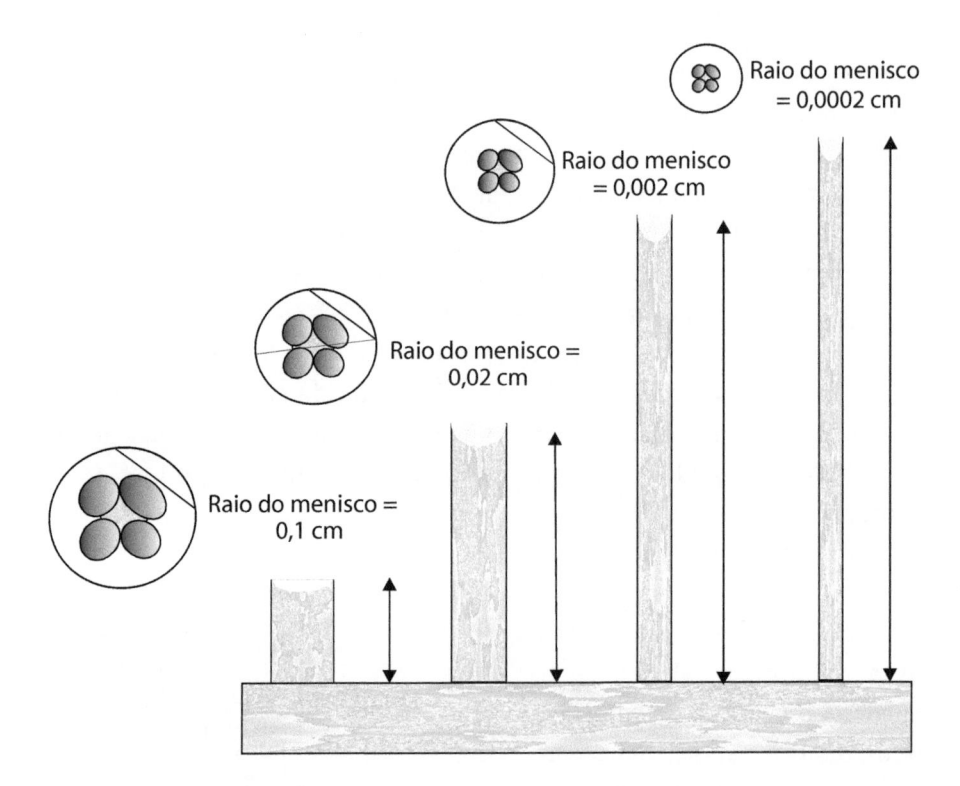

Fig. 2.34 *Tubos capilares com diferentes raios de curvatura*

Pressão negativa (sucção)

Na região saturada por capilaridade, a sucção varia linearmente e corresponde ao produto entre a altura da coluna d'água (h_w) e o peso específico da água (γ_w), isto é,

$$\psi = -(\gamma_w \times h_w) \tag{2.39}$$

Na região não saturada, a sucção está diretamente relacionada ao volume de água presente nos vazios, o qual pode ser quantificado em termos de grau de saturação (S), teor de umidade gravimétrico (ω) ou teor de umidade volumétrico (θ), que é o parâmetro mais adotado na prática, definido como a relação entre o volume de água e o volume de total.

A relação entre $\theta \times \psi$, denominada curva característica ou curva de retenção de água, em geral apresenta uma curva na forma de S (Fig. 2.35), com características que dependem do tipo de solo, da distribuição de tamanhos de vazios e da distribuição das frações granulométricas. Os solos arenosos tendem a apresentar uma perda brusca de umidade quando a sucção ultrapassa um determinado valor; em contrapartida, os solos argilosos tendem a apresentar curvas mais suaves. Comportamento semelhante é observado quando se comparam curvas características de solos uniformes e solos bem graduados.

Na prática, se uma pequena sucção for aplicada a um solo saturado, nenhum fluxo ocorrerá até que ela ultrapasse um determinado valor crítico, capaz de fazer a água presente no maior vazio começar a sair. Essa sucção crítica é denominada sucção de entrada de ar (ψ_b) (Fig. 2.35). Com o aumento gradual da sucção, os vazios de diâmetros menores vão se esvaziando, até que, para altos valores de sucção, somente os vazios de pequeno diâmetro ainda retenham água. Apesar de ser numericamente pequena, essa sucção crítica é facilmente detectável em solos grossos e em solos bem graduados. Em geral, espera-se que ψ_b varie de 0,2 kPa a 1 kPa (2 a 10 cm de coluna d'água) em areias grossas; 1 kPa a 3,5 kPa em areias médias; 3,5 kPa a 7,5 kPa em areias finas; 7 kPa a 25 kPa em siltes e mais de 25 kPa para argilas (Aubertin; Ricard; Chapuis, 1998).

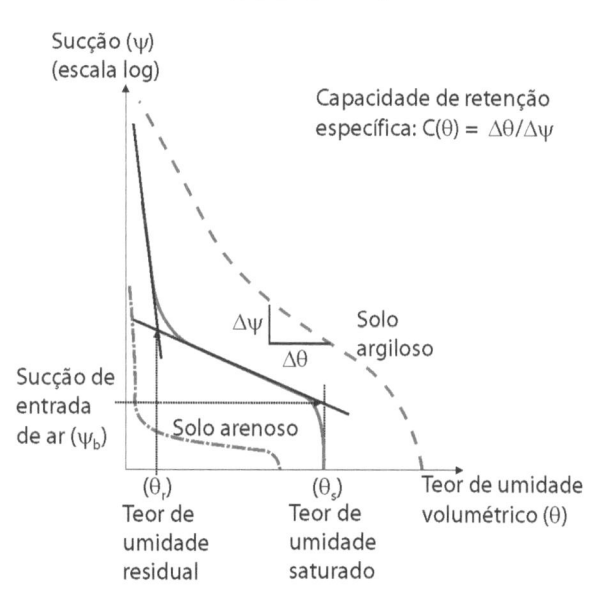

FIG. 2.35 *Curvas características típicas*

Alguns solos argilosos, quando submetidos a secagem, retraem-se a ponto de desenvolver trincas de tração. Esse fenômeno é originado por uma diminuição considerável do raio de curvatura dos meniscos capilares, o que leva a um aumento das pressões de contato e à aproximação das partículas.

A relação entre sucção e teor de umidade não é unívoca, isto é, a curva característica apresenta histerese. Quando se obtém experimentalmente a curva característica, pode-se seguir uma trajetória de secagem a partir de uma amostra inicialmente saturada, ou uma trajetória de umedecimento a partir de uma amostra inicialmente seca. De acordo com o sentido adotado, para uma dada sucção, os teores de umidade no equilíbrio serão diferentes, como exemplifica a Fig. 2.36.

A histerese da curva característica decorre de três fatores:
- Não uniformidade geométrica dos vazios
  – Sem se afastar muito da realidade, é possível admitir que os vazios constituem-se de poros de diâmetros maiores (R) intercalados com outros de diâmetros menores (r), conforme apresentado na Fig. 2.37, e que as forças de adsorção são desprezíveis. Em um processo de secagem (Fig. 2.37A), a drenagem da água ocorre em um valor de sucção igual a ψ_r. Entretanto, para que ocorra a saturação desse poro (Fig. 2.37B), a sucção deve ser reduzida a um valor ψ_R. Como a sucção é inversamente proporcional ao diâmetro do poro (Fig. 2.33), $\psi_r > \psi_R$. Portanto, o tramo de secagem depende do menor diâmetro do vazio, enquanto o de umedecimento, do maior. Esse fenômeno, denominado *ink-bottle effect*, faz com que, a um determinado valor de sucção, a quantidade de água retida no solo, quando submetida a um processo de secagem, seja superior à observada durante o processo de umedecimento. Esse efeito é mais pronunciado em solos arenosos, com baixos valores de sucção, onde a influência da geometria dos poros é mais relevante.

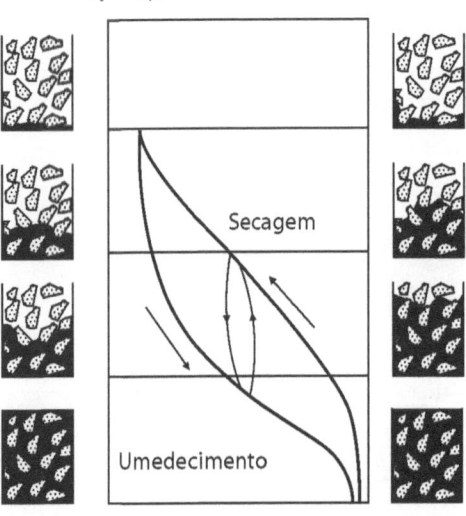

Fig. 2.36 *Curva característica: processos de secagem e umedecimento*

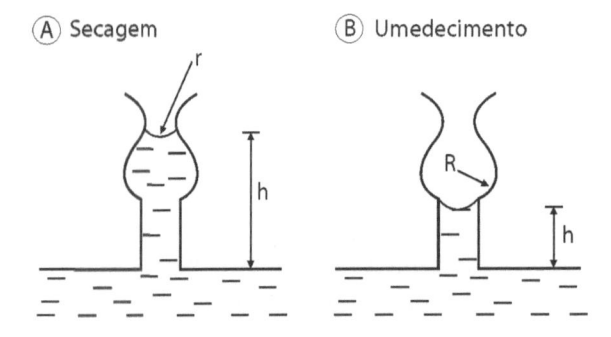

Fig. 2.37 *Efeito ink-bottle (Hillel, 1971)*

- Presença de ar
  – O ar que eventualmente fica retido no solo quando este é submetido a um processo de umedecimento reduz seu teor de umidade. Explica-se a retenção de ar nos vazios por dois aspectos: (i) o fato de alguns vazios serem preenchidos primeiro pode tornar variável a velocidade de movimentação da frente de infiltração; (ii) a existência de altas sucções adiante da frente de saturação

pode inibir o preenchimento dos vazios maiores à medida que esta se movimenta.
- ⊡ Mudança da estrutura
  - Processos cíclicos de secagem e umedecimento podem propiciar fenômenos de inchamento e ressecamento, dentre outros, que acarretam mudanças na estrutura do solo, alterando a forma da curva característica.

Pressão positiva – poropressão

Hidrostática

Na região saturada, quando não há a movimentação da água, a distribuição de poropressão é linear, isto é,

$$u = \gamma_w \times h_w \qquad (2.40)$$

Sob condição de fluxo

Na natureza, a água pode estar em movimento em decorrência de um fluxo regional, que se desenvolve em função de características geológicas, topográficas e hidráulicas (Fig. 2.38). Solos e rochas possuem poros e, quando permitem a passagem da água, são denominados aquíferos. A permeabilidade do material não determina se este se torna um aquífero. O que importa é o contraste de permeabilidades com os materiais circundantes, isto é, uma camada de solo siltoso pode se tornar um aquífero se estiver contida entre camadas argilosas.

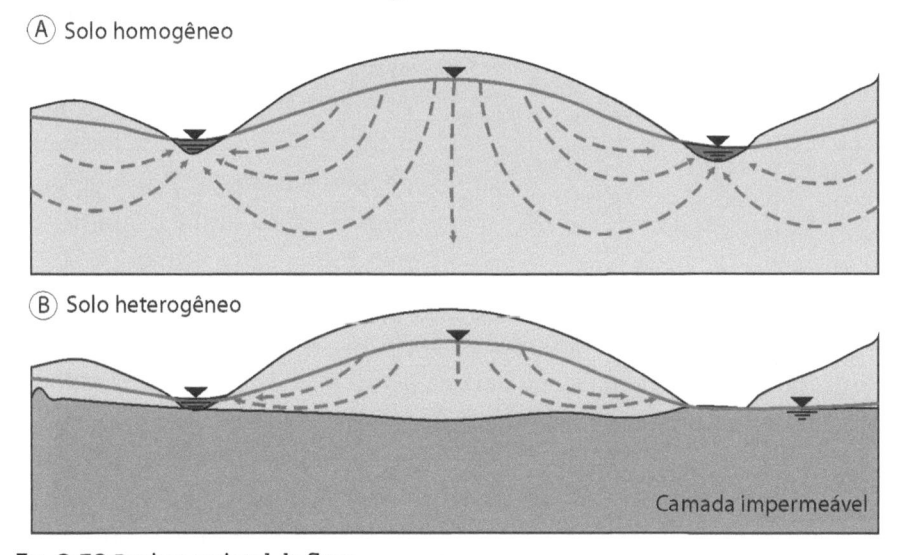

Fig. 2.38 *Regime regional de fluxo*

Os aquíferos podem estar confinados entre duas camadas impermeáveis ou não confinados. Em geral, os aquíferos confinados são saturados, enquanto os não confinados podem estar parcialmente saturados ou não apresentar nível d´água.

Aquíferos em que a carga piezométrica é superior à cota de sua extremidade superior são denominados aquíferos artesianos. Em alguns casos, a elevada carga piezométrica associada a determinadas estratigrafias acarreta surgências d´água na superfície do terreno. Esse padrão de fluxo é particularmente importante para os estudos de estabilidade, pois geram tensões efetivas muito baixas no pé do talude e ainda podem promover erosão interna.

As camadas consideradas não aquíferos representam barreiras para a movimentação da água. Assim, é possível encontrar situações em que um determinado perfil apresenta mais de um nível d´água, denominado nível d´água suspenso (Fig. 2.39).

Como a velocidade de fluxo no aquífero é lenta e laminar, considera-se válida a adoção da lei de Darcy, a qual estabelece que o fluxo (q) ocorre pela ação de gradientes hidráulicos (i = $\Delta h/L$), isto é,

$$q = v.A = k\frac{\Delta h}{L}A \qquad (2.41)$$

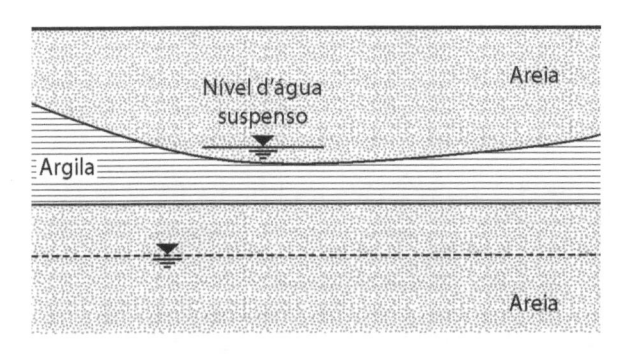

Fig. 2.39 *Nível d´água suspenso*

onde k_i é a condutividade hidráulica ou permeabilidade; Δh, a perda de carga total durante a movimentação da água; L, a distância percorrida; e A, a área através da qual passa o fluxo. Com isso, a velocidade de percolação (v) fica definida pelo produto entre o gradiente hidráulico e a condutividade hidráulica (k). Convém ressaltar que a carga total é definida pela soma das cargas de pressão (h_p), de elevação (h_e) e de velocidade (h_v); entretanto, como as velocidades são baixas, a parcela de carga de velocidade pode ser desprezada para fins práticos, ou seja,

$$h = h_e + h_p + \underbrace{h_v}_{\approx nulo} = z + \frac{u}{\gamma_w} + \underbrace{\frac{v^2}{2g}}_{\approx nulo} \qquad (2.42)$$

2 | Conceitos básicos aplicados a estudos de estabilidade

Com base nas equações de continuidade, que determinam que a diferença entre a vazão que sai do interior de um elemento e a vazão que entra é igual à variação de volume de água no tempo transcorrido, e na validade da lei de Darcy, a equação geral de fluxo bidimensional em meios porosos fica definida como:

$$k_x \frac{\partial^2 h}{\partial x^2} + k_z \frac{\partial^2 h}{\partial z^2} = \frac{1}{1+e}\left(e\frac{\partial S}{\partial t} + S\frac{\partial e}{\partial t}\right) \qquad (2.43)$$

onde k_i é a condutividade hidráulica ou permeabilidade na direção i; h, a carga total; e, o índice de vazios; S, o grau de saturação; e t, o tempo.

A equação aplica-se a vários problemas geotécnicos que envolvem movimentação de água, como, por exemplo, recalques por adensamento, infiltração em solos não saturados, fluxo estacionário (sob gradiente constante) etc.

O fluxo interno em encostas (Fig. 2.25) ocorre na região saturada ($\partial S/\partial t = 0$), sob gradiente hidráulico razoavelmente constante (fluxo estacionário). Com isso, ao se desprezar os efeitos de capilaridade, e assumindo que grãos e água são incompressíveis, que a movimentação da água não promove variações volumétricas (isto é, $\partial e/\partial t = 0$) e que há isotropia com relação à condutividade ($k_x = k_y$), a Eq. (2.43) reduz-se à equação de Laplace:

$$\frac{\partial^2 h}{\partial x^2} + \frac{\partial^2 h}{\partial z^2} = 0 \qquad (2.44)$$

A equação de Laplace é muito conhecida na engenharia, pois descreve matematicamente vários fenômenos físicos. Sua solução geral é constituída por dois grupos de funções, as quais podem ser representadas, na zona de fluxo em estudo, por duas famílias de curvas ortogonais entre si, denominadas linhas de fluxo e linhas equipotenciais.

Há vários métodos de solução da equação de Laplace: i) solução analítica (casos simples); ii) modelos analógicos; iii) modelos físicos reduzidos; iv) métodos gráficos (rede de fluxo), e v) métodos numéricos. Na prática, os mais usados são os traçados gráficos de rede de fluxo e os métodos numéricos, ferramentas acessíveis na prática da engenharia e eficazes para simular as condições reais de campo.

A Fig. 2.40 mostra um exemplo de rede de fluxo em um talude, na qual se identificam as linhas de fluxo e as linhas equipotenciais. Na superfície freática, a poropressão é nula e representa o limite entre a zona saturada e a não saturada. Observa-se que os piezômetros instalados no talude indicam uma altura de carga de pressão que não coincide com a superfície freática.

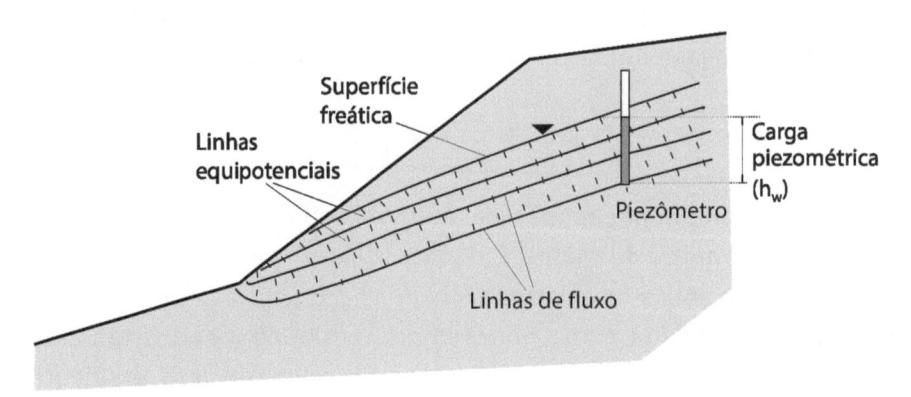

Fig. 2.40 *Carga de pressão em rede de fluxo*

De fato, a superfície freática é uma linha de fluxo a partir da qual as linhas equipotenciais partem ortogonalmente. No caso da Fig. 2.40, a carga de pressão é menor do que a distância vertical até a linha freática (h_w). A Fig. 2.41A mostra, em detalhes, que a equipotencial que passa pelo ponto A possui uma carga total igual à cota do ponto B. A diferença de altura entre A e B corresponde à carga de pressão no ponto A, ou seja,

$$h_{pA} = (h_w \cos\alpha)\cos\alpha = h_w \cos^2\alpha \tag{2.45}$$

A partir da definição da carga de pressão em diferentes pontos, é possível traçar outra linha, denominada linha piezométrica. Com isso, a carga de pressão define-se diretamente pela distância do ponto considerado à linha piezométrica (Fig. 2.41B).

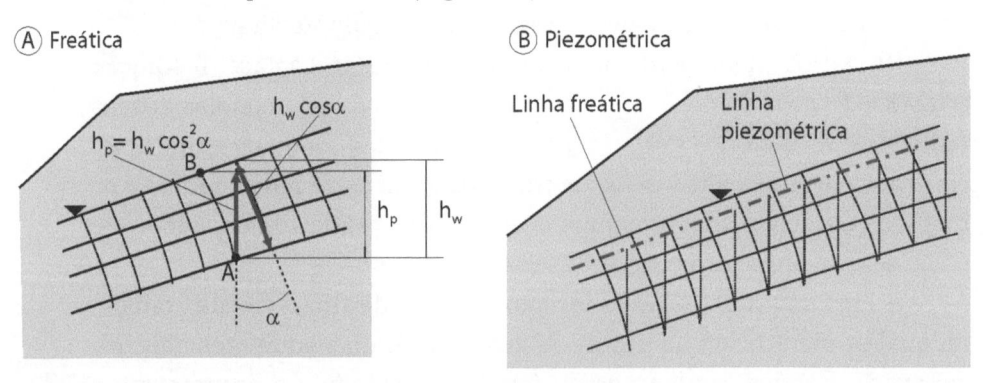

Fig. 2.41 *Comparação entre superfície freática e piezométrica*

As análises de estabilidade devem considerar diferentes hipóteses de fluxo, pois diversas hipóteses podem ocorrer durante a construção e vida útil do talude. A Fig. 2.42 mostra um exemplo de diferentes modelos de padrão de fluxo (solo arenoso × solo argiloso), quando se impõe um processo de rebaixamento rápido do reservatório. No caso da argila, a baixa permeabilidade retarda o estabelecimento do equilíbrio hidráulico (regime permanente), havendo um excesso de poropressão a ser dissipado; no solo não coesivo, o equilíbrio ocorre rapidamente, e a linha freática tende, quase instantaneamente, para o pé do talude.

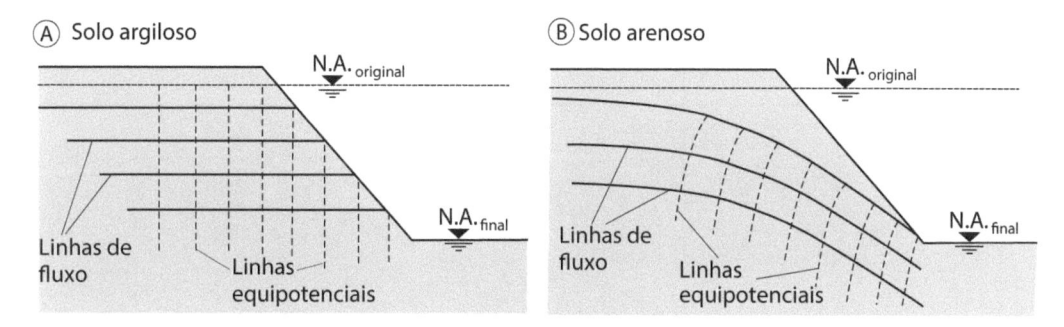

Fig. 2.42 *Condição imediatamente após o rebaixamento rápido*

Razão de poropressão

Em algumas situações, torna-se conveniente tratar a poropressão em relação à tensão vertical, isto é, pela razão de poropressão (r_u):

$$r_u = \frac{u}{\sigma_v} = \frac{\gamma_\omega h_p}{\gamma_t z} \qquad (2.46)$$

Pela facilidade de implementação, essa alternativa sempre está presente em planilhas de cálculo ou em programas de estabilidade de taludes. Tendo em vista a importância da definição correta das cargas piezométricas na estimativa do fator de segurança, avaliar a estabilidade com base em um único valor de r_u pode resultar numa avaliação incorreta das condições de estabilidade, porque, dependendo das condições de distribuição de poropressão, é praticamente impossível definir um valor constante, válido para todo o talude.

Só ocorrem valores constantes de r_u quando a superfície freática é paralela à superfície do talude. O Quadro 2.3 mostra alguns exemplos em que a razão de poropressão é constante, tendo sido adotada a relação da ordem de 0,5 entre os pesos específicos da água e do solo. Genericamente, se as linhas de fluxo forem retas, o valor da razão de poropressão pode ser escrito como (Abramson et al., 1996):

$$r_u = \frac{\gamma_\omega \cos i \cos\theta}{\gamma_t \cos(i-\theta)} \qquad (2.47)$$

em que i e θ são, respectivamente, a inclinação do talude e das linhas de fluxo. Quando o fluxo é essencialmente vertical (θ = 90°), o valor da poropressão é nulo.

Quadro 2.3 Valores de razão de poropressão (r_u)

Valor de r_u $\left(\gamma_\omega/\gamma_t \cong 0,5\right)$	Condição de fluxo
$r_u \cong \dfrac{1}{2(1+tg\theta\,tg\,i)}$ se $(\theta+i) = \dfrac{\pi}{2} \therefore$ $\therefore r_u \cong \dfrac{1}{4}$	$h_p = \dfrac{z}{1+tg\theta\,tg\,i}$
$r_u \cong \dfrac{\cos^2 i}{2}$	$h_p = z\cos^2 i$
$r_u \cong \dfrac{1}{2}$	$h_p = z$, $\theta = 0$

Para casos em que r_u é variável, Bishop e Morgenstern (1960) recomendam uma ponderação com relação aos volumes de solo (Fig. 2.43), descrita a seguir:

- dividir a geometria do problema em fatias a, b, c e d;
- subdividir a fatia em regiões e calcular r_u no centro de cada região;
- calcular o valor médio por fatia, segundo a equação:

$$(\overline{r_u})_{fatia\ i} = \frac{r_{u1}h_1 + r_{u2}h_2 + \ldots + r_{un}h_n}{\sum h} \qquad (2.48)$$

- calcular o r_u médio, usando a média ponderada das áreas das fatias, isto é,

$$(\overline{r_u})_{fatia\ i} = \frac{\sum (r_u A)_{area\ i}}{\sum A_i} \qquad (2.49)$$

Poropressão induzida por carregamentos

Em projetos que envolvam solos de baixa permeabilidade, é fundamental prever a variação da poropressão que se dá em decorrência de variações nos estados de tensão da massa de solo. Nesse tipo de solo, o processo de fluxo gerado pelo desequilíbrio hidráulico ocorre mesmo após o término da obra. Dado que o comportamento do solo depende da tensão efetiva, não só os recalques, como também a capacidade do solo de resistir às solicitações impostas irá variar ao longo do tempo.

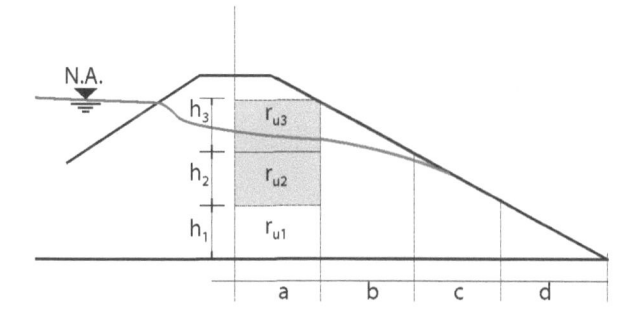

Fig. 2.43 Situação de r_u variável

É difícil determinar os excessos de poropressão (Δu) gerados por carregamentos ou descarregamentos, por envolver uma série de simplificações. A proposta mais adotada na prática é a de Skempton, que tem como base os conceitos descritos a seguir:

- Ao se admitir a validade da lei de Hooke, isto é, comportamento do solo elástico, isotrópico e linear, e que as variações nas tensões efetivas sejam iguais ($\Delta\sigma'_1 = \Delta\sigma'_2 = \Delta\sigma'_3 = \Delta\sigma'$), a Eq. (2.22) pode ser reescrita como

$$\varepsilon_v = \frac{3(1-2\nu)\Delta\sigma'}{E} \qquad (2.50)$$

- Ao se definir a compressibilidade do arcabouço (C_c) pela relação entre a deformação volumétrica e a variação de tensão efetiva, tem-se:

$$C_c = \frac{\varepsilon_v}{\Delta\sigma'} \qquad (2.51)$$

- Ao se reescrever a Eq. (2.51) em termos de tensão total, chega-se a:

$$\varepsilon_v = \frac{C_c}{3}(\Delta\sigma_1 + \Delta\sigma_2 + \Delta\sigma_3 - 3\Delta u) \qquad (2.52)$$

- Ao se considerar a drenagem nula e admitir que os grãos sólidos sejam incompressíveis, as variações volumétricas somente poderão ocorrer no volume de água nos poros como resultado de variações na poropressão. Com isso,

$$\varepsilon_v = \frac{\Delta V_{poros}}{V} = nC_\omega \Delta u \qquad (2.53)$$

em que n é a porosidade; V, o volume total; e C_ω, a compressibilidade da água, que é:

$$C_\omega = \frac{\Delta V_{água}/V_{água}}{\Delta u} \therefore \Delta V_{água} = C_\omega \times \Delta u \times V_{água} = C_\omega \times \Delta u \times n \times V$$

- Ao se combinar as Eqs. (2.52) e (2.53) e assumir a igualdade nas variações de $\Delta\sigma_2$ e $\Delta\sigma_3$, tem-se:

$$nC_\omega \Delta u = \frac{C_c}{3}(\Delta\sigma_1 + 2\Delta\sigma_3 - 3\Delta u + \Delta\sigma_3 - \Delta\sigma_3) \qquad (2.54)$$

- Com o rearranjo dos termos, chega-se à equação de Skempton:

$$\Delta u = B\left[\Delta\sigma_3 + A(\Delta\sigma_1 - \Delta\sigma_3)\right] \qquad (2.55)$$

onde B é definido por:

$$B = \frac{1}{\left(1 + n\dfrac{C_\omega}{C_c}\right)} \qquad (2.56)$$

Uma vez que a compressibilidade da água (5×10^{-5} cm^2/kg) é muito inferior à do solo, o valor do parâmetro B pode ser considerado igual a 1, no caso de solo saturado. O parâmetro A, teoricamente igual a 1/3, varia em uma faixa de -1 a 1, conforme o tipo de solo; o nível, a história; e a trajetória de tensões etc.

Em algumas situações práticas, as tensões principais intermediária ($\Delta\sigma_2$) e menor ($\Delta\sigma_3$) não são iguais; consequentemente, a proposta de Skempton não é adequada para estimar a variação da poropressão. Henkel (1960) sugeriu uma proposta de cálculo, introduzindo as tensões octaédricas (Eqs. 2.8 e 2.9), dadas pela expressão:

$$\Delta u = \Delta\sigma_{oct} + 3a\Delta\tau_{oct} \qquad (2.57)$$

em que a é um parâmetro da equação que pode ser associado ao parâmetro A (Eq. 2.55). Ao se admitir $\Delta\sigma_2 = \Delta\sigma_3$, a expressão de Henkel fica:

$$\Delta u = \frac{\Delta\sigma_1 + 2\Delta\sigma_3}{3} + a\sqrt{2}(\Delta\sigma_1 - \Delta\sigma_3) \qquad (2.58)$$

Em ensaios triaxiais, a variação σ_3 é nula. Com isso, é possível estabelecer uma relação analítica entre o parâmetro A de Skempton e o parâmetro a de Henkel, o que possibilita o uso prático da equação de Henkel:

$$\Delta u = \left[\frac{1}{3} + a\sqrt{2}\right]\Delta\sigma_1 = \underbrace{\left[\frac{1}{3} + a\sqrt{2}\right]}_{A}\Delta(\sigma_1 - \sigma_3) \qquad (2.59)$$

ou

$$\Delta u = \Delta\sigma_{oct} + \frac{3}{\sqrt{2}}\left(A - \frac{1}{3}\right)\Delta\tau_{oct} \qquad (2.60)$$

2.6 Resistência ao cisalhamento

A capacidade dos grãos de resistir a esforços de cisalhamento possibilita que carregamentos e/ou descarregamentos sejam executados sem causar instabilidades. De fato, uma camada de solo saturado difere de uma lâmina de água pela presença de grãos sólidos. Não é possível uma pessoa manter-se em pé sobre líquidos, porque estes não resistem a esforços cisalhantes.

2.6.1 Mecanismos de resistência

Os solos são capazes de resistir a esforços cisalhantes em decorrência da mobilização da resistência no contato entre grãos, e pela interferência que o arranjo estrutural impõe quando se promove um deslocamento relativo entre partículas. Assim, a resistência ao cisalhamento dos solos é função de duas componentes: resistência entre partículas e imbricamento (Fig. 2.44). A resistência entre partículas depende do atrito entre grãos e da existência ou não de ligações físico-químicas entre partículas (coesão). Por sua vez, o imbricamento refere-se à resistência adicional causada pelas diferenças nos arranjos entre partículas.

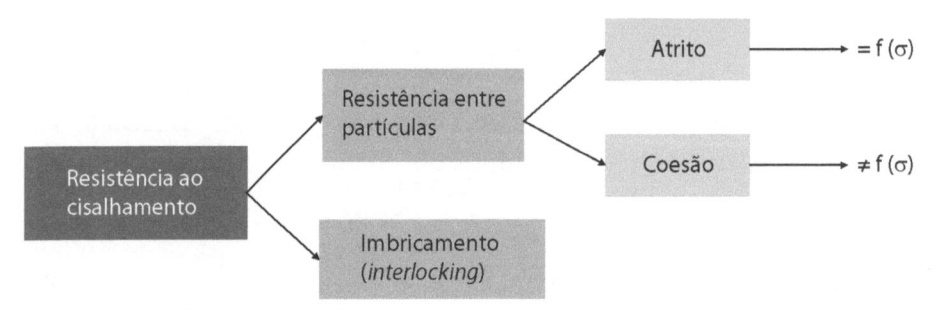

Fig. 2.44 *Mecanismos de resistência*

Resistência entre partículas

A mobilização da resistência ao atrito entre partículas é análoga ao deslizamento de um corpo rígido sobre uma superfície plana (Fig. 2.45A). A tensão tangencial necessária para provocar o deslizamento do corpo (τ_{fa}) depende da tensão normal e do coeficiente de atrito entre o corpo e o plano. Matematicamente, essa relação pode ser escrita assim:

$$\tau_{fa} = \sigma \, tg\phi' \qquad (2.61)$$

em que σ é a tensão normal, definida como a relação entre o peso W e a área de contato, e ϕ' é o ângulo de atrito, que depende do tipo de solo, da compacidade etc.

O mecanismo de coesão equivale à existência de uma ligação efetiva entre partículas, como se fosse uma cola (Fig. 2.45B). A tensão tangencial necessária para provocar o deslizamento do corpo (τ_{fc}) tem um valor definido, função das ligações físico-químicas e independente da tensão normal. A coesão real é observada em solos argilosos (argilominerais) e em solos cimentados. Matematicamente, essa relação pode ser escrita:

$$\tau_{fa} = c' \qquad (2.62)$$

em que c' é a coesão real.

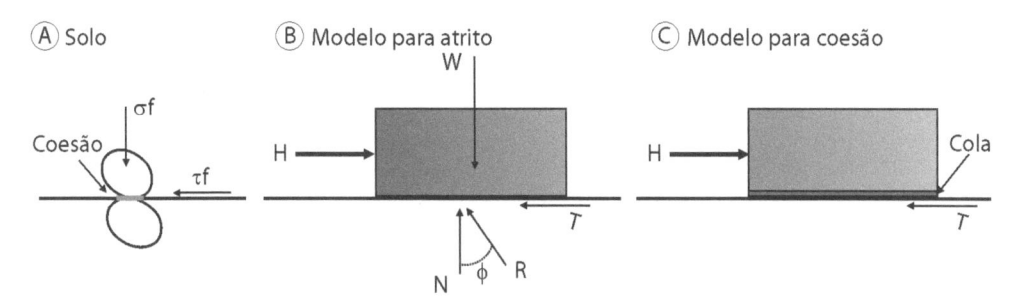

Fig. 2.45 *Analogia física da resistência entre partículas (Budhu, 2000)*

Imbricamento

Define-se imbricamento como o trabalho adicional necessário para movimentar uma partícula ascendentemente, quando se provoca um deslizamento horizontal nas partículas. No caso do solo fofo (Fig. 2.46A), por exemplo, quando os grãos movimentam-se horizontalmente ao longo da linha a-a, o esforço realizado tem de vencer exclusivamente a resistência entre grãos. No caso do solo denso (Fig. 2.46B), existe um trabalho adicional para superar o imbricamento entre partículas e uma tendência de expansão volumétrica (dilatância) durante o cisalhamento. Assim, quanto mais denso for o solo, maior será a parcela de imbricamento e, consequentemente, maior será a resistência do solo.

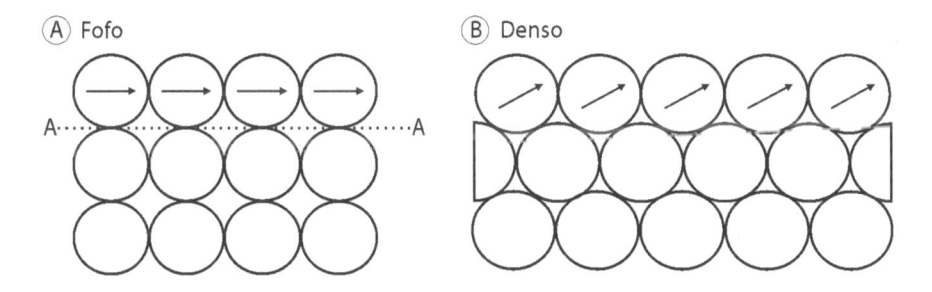

Fig. 2.46 *Imbricamento*

A Fig. 2.47 esquematiza os mecanismos de resistência ao atrito e imbricamento característicos de um solo denso, em que α é a inclinação do plano inclinado; ou melhor, ângulo de dilatância. Nesse caso, considerando-se o esforço horizontal $H = T_f$, o equilíbrio pode ser escrito como:

$$\sum F_x = T_f - N sen\alpha - T cos\alpha = 0 \qquad (2.63)$$

Estabilidade de taludes

em que
$$\sum F_y = N\cos\alpha - T\sin\alpha - W = 0 \quad (2.64)$$

$$T_f = N tg\phi \quad (2.65)$$

E a solução do sistema resulta nas seguintes equações:

$$T_f = N(sen\alpha + tg\phi\cos\alpha) \quad (2.66)$$

$$W = N(\cos\alpha - tg\phi sen\alpha) \quad (2.67)$$

$$T_f = W\frac{(sen\alpha + tg\phi\cos\alpha)}{(\cos\alpha - tg\phi sen\alpha)} = W\frac{(tg\phi + tg\alpha)}{1-(tg\phi-tg\alpha)} = Wtg(\phi+\alpha) \quad (2.68)$$

$$\tau_f = \sigma tg(\phi+\alpha) \quad (2.69)$$

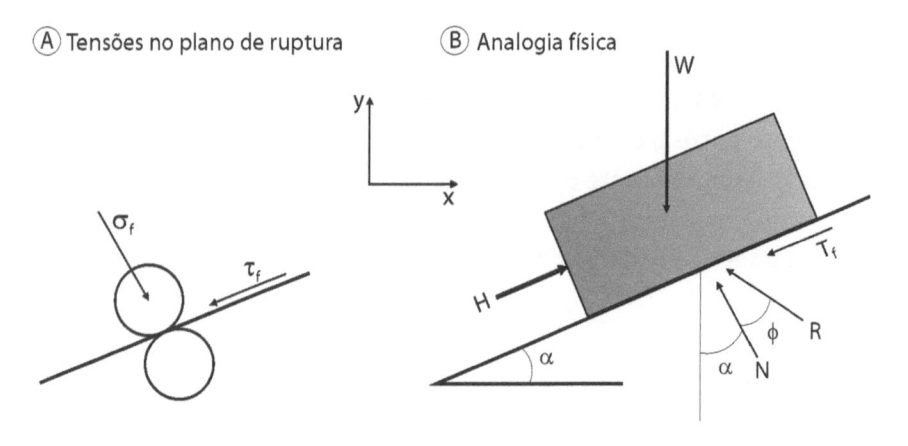

Fig. 2.47 *Mecanismos de atrito e imbricamento (modificado de Budhu, 2000)*

A Fig. 2.48 esquematiza o comportamento tensão × deformação e a variação volumétrica de um solo arenoso com diferentes graus de densidade relativa. O solo denso apresenta um acréscimo de resistência, em razão da parcela de imbricamento. Após o pico, que corresponde à ascensão das partículas com relação aos grãos subjacentes, a parcela de imbricamento deixa de existir e o solo perde a resistência. Para grandes deformações, ambas as curvas tendem ao mesmo valor residual. Em termos de variação de volume, o solo fofo tende a comprimir, enquanto o denso dilata.

O ganho de resistência ao cisalhamento decorrente da parcela de imbricamento também depende do valor da tensão normal. Altos valores de tensão normal representam tensões excessivamente elevadas nos contatos, que podem acarretar a quebra nos contatos entre os grãos. Nesses casos, a estrutura do solo muda e, consequentemente, a contribuição do imbricamento se reduz. Como regra geral, se a tensão normal aumenta, a tendência de movimento ascendente diminui; reduz-se o efeito de dilatância, assim como a sua contribuição para aumentar a resistência do solo. É possível imaginar uma tensão normal alta o suficiente para impedir a dilatância. Assim, o valor de α varia com o nível de tensão normal.

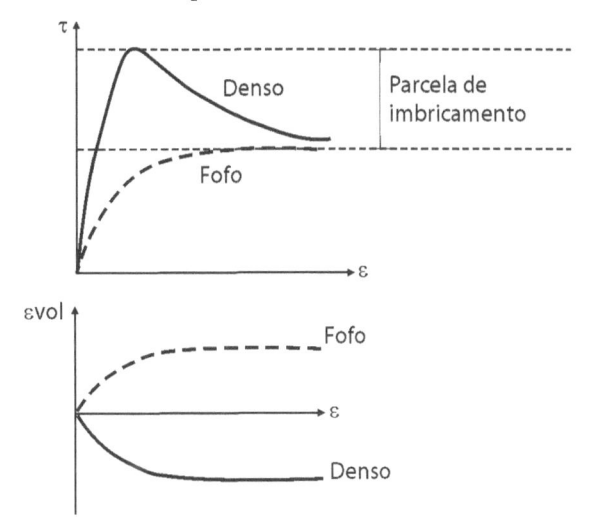

Fig. 2.48 *Influência da parcela de imbricamento na tensão cisalhante*

2.6.2 Critério de ruptura

A ruptura é um estado de tensões arbitrário, definido pela curva tensão × deformação e que varia segundo o critério adotado.

O Quadro 2.4 mostra alguns exemplos de critérios de ruptura conhecidos na prática da engenharia. Os critérios de Rankine e Tresca se assemelham no estabelecimento da curva tensão × deformação, mas diferem na definição dos estados de tensão possíveis. Para Rankine, as tensões são estáveis, desde que as tensões normais sejam inferiores a um valor máximo. Tresca estabelece a tensão cisalhante máxima como limite de ruptura. No caso do critério de Mohr, a ruptura depende de uma combinação das tensões normal e cisalhante.

Independentemente do critério adotado, trabalha-se com o conceito de envoltória de ruptura (ou de resistência), que define o lugar geométrico dos estados de tensão na condição de ruptura. Em outras palavras, estados de tensão inferiores aos contidos na envoltória correspondem a situações de estabilidade; estados de tensão coincidentes com a envoltória caracterizam ruptura; e pontos acima da envoltória correspondem a estados de tensão impossíveis de ocorrer. Nos critérios de Rankine e Tresca, as envoltórias são representadas por linhas retas e, no de Mohr, a envoltória é curva (Mendelson, 1968).

Quadro 2.4 Critérios de ruptura

Critério	Condição	Determinação experimental	Envoltória de ruptura
Rankine	A ruptura ocorre quando a tensão de tração se iguala à tensão normal máxima ($\sigma_{máx}$) observada em ensaio de tração não confinada		
Tresca	A ruptura ocorre quando a tensão de cisalhamento se iguala à tensão de cisalhamento máxima ($\sigma_{máx}$) observada em ensaio de tração não confinada		
Morh	A ruptura ocorre quando no plano de ruptura a combinação das tensões normais e cisalhantes (σ,τ) é tal que a tensão de cisalhamento é máxima; isto é, $(\sigma_1-\sigma_3)_{máx} = f(\sigma)$		

Solo saturado

Em geotecnia, adota-se o critério de Mohr-Coulomb, que lineariza a envoltória de Mohr (Fig. 2.49). Assim, a envoltória de resistência passa a ser definida por uma reta:

$$\tau = c' + \sigma' tg\phi' \qquad (2.70)$$

em que c' é o intercepto e ϕ', a inclinação da reta.

A determinação da envoltória é feita a partir do traçado da reta que melhor envolve as tensões de ruptura determinadas experimentalmente (ensaio de cisalhamento direto, triaxial etc.). A Fig. 2.49 mostra

um exemplo de traçado da envoltória de resistência, a partir de círculos de Mohr correspondentes à ruptura nas condições de pico e residual. Cabe ressaltar que c' e ϕ' variam com:
- as condições de drenagem;
- a velocidade de ensaio (argilas);
- a direção do ensaio (solo anisotrópico);
- a trajetória de tensões (variação de σ_2);
- a compacidade da amostra.

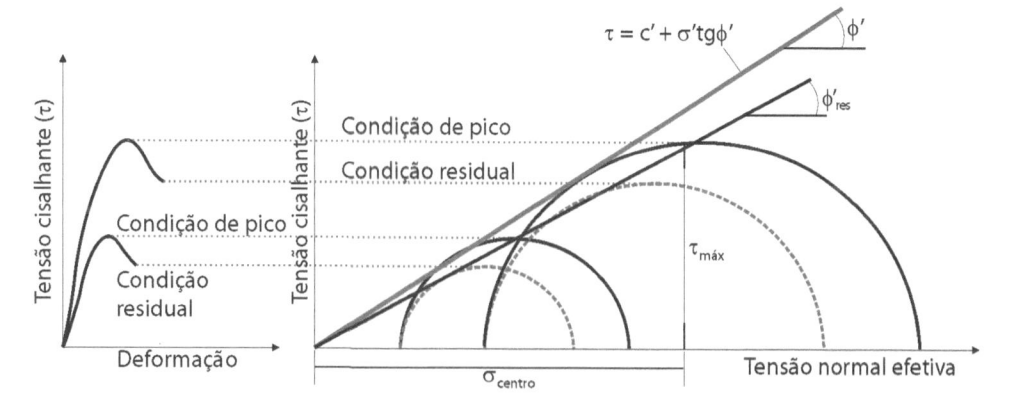

Fig. 2.49 *Determinação da envoltória*

Ao se comparar a equação da envoltória de Mohr-Coulomb (Eq. 2.70) com as que definem os mecanismos de resistência (Eqs. 2.61, 2.62, 2.69), observam-se algumas semelhanças, mas que não são suficientes para associar o intercepto (c') ao fenômeno físico de coesão e o ângulo de inclinação da reta (ϕ') aos ângulos de atrito e dilatância. Assim, apesar de ser usual na prática, é conceitualmente incorreto denominar c' de coesão e ϕ' de ângulo de atrito do solo.

Solo não saturado

Para determinar a resistência de solos não saturados, Fredlund e Morgenstern (1977) propuseram um novo critério, que considera a influência da sucção:

$$\tau = c + (u_a - u_w) \cdot tg\phi^b + (\sigma - u_a) \cdot tg\phi' \qquad (2.71)$$

em que σ é a tensão normal total; u_a, a pressão no ar; u_w, a pressão na água; c' e ϕ', os parâmetros efetivos de resistência de solo saturado; e ϕ^b,

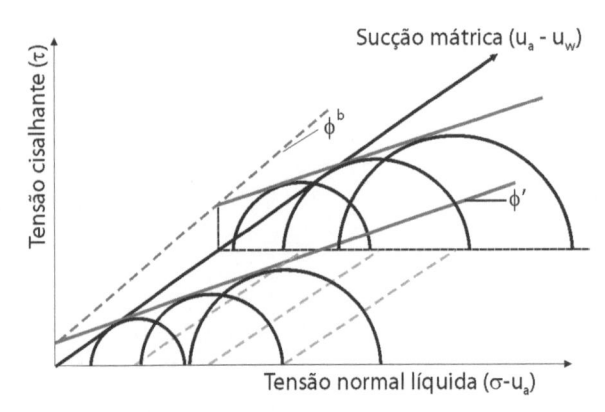

Fig. 2.50 Envoltória de resistência de solos não saturados

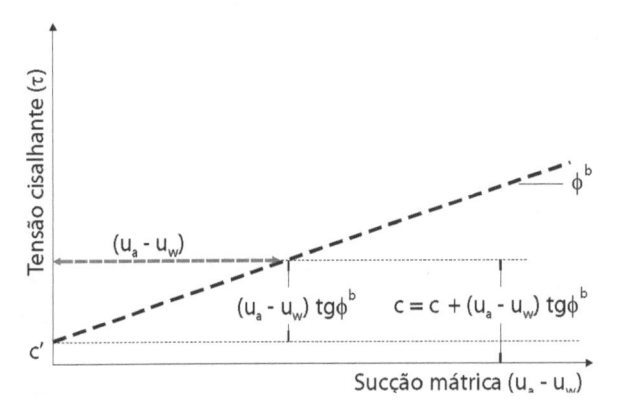

Fig. 2.51 Plano $\tau \times (u_a - u_w)$

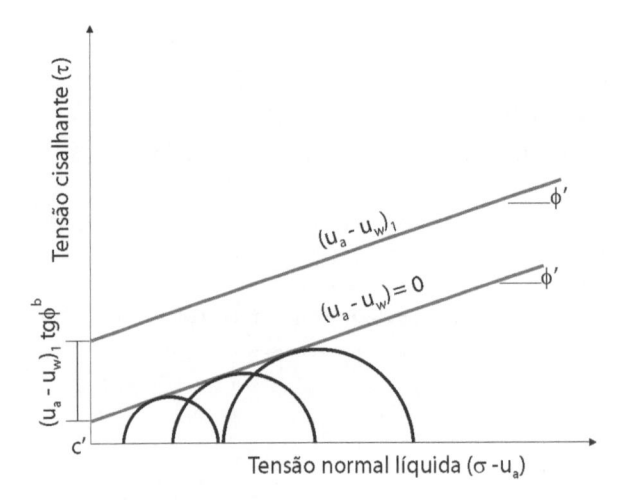

Fig. 2.52 Projeção horizontal no plano $\tau \times (u_a - u_w)$ para diferentes valores de sucção

o parâmetro que denota o ganho de resistência em decorrência do aumento da sucção.

A envoltória de ruptura do solo é representada em um espaço tridimensional (Fig. 2.50), e tem como ordenada a tensão cisalhante τ_f e, como abscissas, as variáveis de estado de tensão $(\sigma - u_a)$ e $(u_a - u_w)$. Analogamente à envoltória dos solos saturados, o intercepto coesivo no plano $\tau \times (\sigma - u_a)$ pode ser representado por um parâmetro c (Fig. 2.51), definido por

$$c = c + (u_a - u_w) \cdot tg\phi^b \qquad (2.72)$$

A projeção da envoltória de resistência no plano $\tau \times (u_a - u_w)$, para diferentes valores de sucção, resulta em uma série de contornos (Fig. 2.52). As linhas interceptam o eixo de tensões em posições crescentes, como resultado do acréscimo da parcela do intercepto de coesão correspondente à sucção mátrica.

Os resultados experimentais mostram que a envoltória de ruptura de solos não saturados é não linear, ou seja, os parâmetros ϕ' e ϕ^b não são constantes. Para mais detalhes, recomenda-se Camapun et al. (2015).

CONCEPÇÃO DE PROJETO DE ESTABILIDADE 3

O objetivo da análise de estabilidade é avaliar a possibilidade de ocorrência de escorregamento de massa de solo presente em talude natural ou construído. Em geral, as análises são realizadas pela comparação das tensões cisalhantes mobilizadas com a resistência ao cisalhamento. Com isso, define-se um fator de segurança dado por:

$$FS = \frac{\tau_f}{\tau_{mob}} \quad \begin{array}{l} > 1 \Rightarrow \text{obra estável} \\ = 1 \Rightarrow \text{ocorre ruptura} \\ < 1 \Rightarrow \text{não tem significado físico} \end{array} \quad (3.1)$$

Esse tipo de abordagem é denominado determinístico, pois estabelece um determinado valor para o FS. O FS_{adm} de um projeto corresponde a um valor mínimo a ser atingido e varia em função do tipo de obra e vida útil. A definição do valor admissível para o fator de segurança (FS_{adm}) depende, entre outros fatores, das consequências de uma eventual ruptura em termos de perdas humanas e/ou econômicas.

A norma NBR 11682 (ABNT, 2008) estabelece que, dependendo dos riscos envolvidos, deve-se inicialmente enquadrar o projeto em uma das classificações de Nível de Segurança, definidas a partir dos riscos de perdas humanas (Quadro 3.1) e perdas materiais (Quadro 3.2). A qualificação de risco deve considerar não somente as condições atuais do talude, como também o uso futuro da área, preservando-se o talude contra cortes na base, desmatamento, sobrecargas e infiltração excessiva.

Quadro 3.1 Nível de segurança desejado contra perdas humanas

Nível de segurança	Critérios
Alto	Áreas com intensa movimentação e permanência de pessoas, como edificações públicas, residenciais ou industriais, estádios, praças e demais locais urbanos, ou não, com possibilidade de elevada concentração de pessoas Ferrovias e rodovias de tráfego intenso
Médio	Áreas e edificações com movimentação e permanência restrita de pessoas Ferrovias e rodovias de tráfego moderado
Baixo	Áreas e edificações com movimentação e permanência eventual de pessoas Ferrovias e rodovias de tráfego reduzido

Quadro 3.2 Nível de segurança desejado contra danos materiais e ambientais

Nível de segurança	Critérios
Alto	Danos materiais: locais próximos a propriedades de alto valor histórico, social ou patrimonial, obras de grande porte e áreas que afetem serviços essenciais. Danos ambientais: locais sujeitos a acidentes ambientais graves, tais como nas proximidades de oleodutos, barragens de rejeito e fábricas de produtos tóxicos
Médio	Danos materiais: locais próximos a propriedades de valor moderado. Danos ambientais: locais sujeitos a acidentes ambientais moderados
Baixo	Danos materiais: locais próximos a propriedades de valor reduzido. Danos ambientais: locais sujeitos a acidentes ambientais reduzidos

A Tab. 3.1 apresenta uma recomendação da NBR 11682 (ABNT, 2008) para valores de fator de segurança admissível (FS_{adm}), que leva em conta os níveis de segurança estabelecidos para o projeto. A norma também ressalta que, no caso de grande variabilidade dos resultados dos ensaios geotécnicos, os fatores de segurança da referida tabela devem ser majorados em 10% ou, alternativamente, deve-se usar um enfoque probabilístico.

Nos últimos anos, a abordagem determinística tem sido criticada, e vários projetistas sugeriram que os estudos de estabilidade incorporassem um tratamento estatístico para a representação das incertezas decorrentes de um número limitado de amostras e da variabilidade dos parâmetros geotécnicos determinados em ensaios de campo e/ou laboratório. Esse tipo de abordagem, denominada probabilística, permite quantificar algumas incertezas inerentes ao fator de segurança (FS) obtido pelos métodos determinísticos tradicionais. Os métodos probabilísticos não serão tratados neste livro; para mais informações sobre o tema, recomenda-se o livro de Harr (1987).

Um aspecto fundamental a ser observado é que, independentemente da forma de estabelecer o grau de segurança de um talude, é sempre recomendável, além das investigações geotécnicas, a instalação de instrumentação de campo, com o objetivo de acompanhar as movimentações horizontais e verticais do talude e os níveis piezométricos. Esse monitoramento

Tab. 3.1 Fatores de segurança mínimos para escorregamentos

Nível de segurança contra danos materiais e ambientais	Nível de segurança contra danos a vidas humanas		
	Alto	Médio	Baixo
Alto	1,5	1,5	1,4
Médio	1,5	1,4	1,3
Baixo	1,4	1,3	1,2

deve ser feito durante ou após a execução da obra. De posse dessas informações, o projetista tem condições de avaliar as premissas de projeto e/ou sugerir correções no modelo original.

3.1 Quanto à geometria da ruptura

Uma massa de solo pode se romper segundo diferentes formas: circular, planar, multiplanar, mista etc. Em geral, a previsão dos possíveis modos de ruptura está condicionada à presença de heterogeneidades ao longo do perfil do talude. Camadas com contrastes elevados de resistência ou a existência de descontinuidades acarretam mudanças bruscas na superfície de ruptura, tornando-a multiplanar ou mista. As descontinuidades na massa podem ter origem em fissuras, juntas preservadas da rocha-mãe, veios ou camadas de baixa resistência, camadas de preenchimento de juntas etc.

Em muitos casos, a ruptura envolve superfícies de ruptura tridimensionais (Fig. 3.1), e as análises de estabilidade são realizadas para as diferentes seções transversais. Lambe e Whitman (1969) sugerem que o FS para o conjunto seja feito por ponderação das áreas.

$$FS = \frac{\sum (Área \times FS)_{seção\,i}}{\sum (Área)_{seção\,i}} \quad (3.2)$$

Se o estudo envolver a análise de um talude já rompido, é importante observar se ocorreram rupturas ou movimentações de massa anteriores.

3.2 Quanto ao método de análise

Existem dois tipos de abordagem para determinar o FS do ponto de vista determinístico: teoria de equilíbrio limite e análise de tensões.

3.2.1 Equilíbrio limite

O método consiste na determinação do equilíbrio de uma massa ativa de solo, a qual pode ser

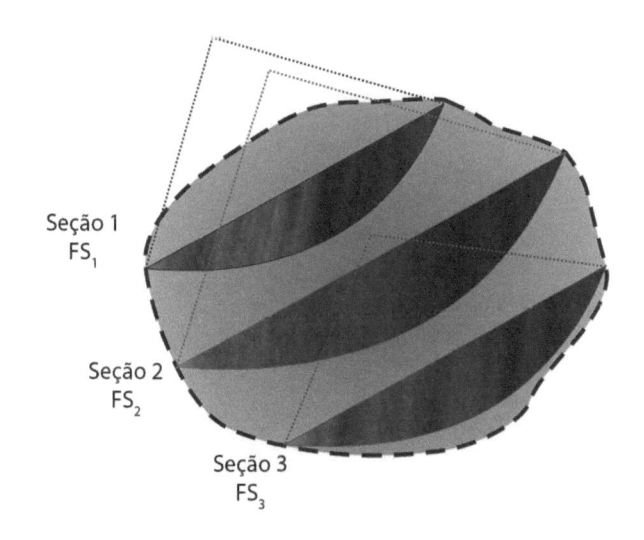

Fig. 3.1 *Condição tridimensional*

delimitada por uma superfície de ruptura circular, poligonal ou de outra geometria qualquer. O método assume que a ruptura se dá ao longo de uma superfície e que todos os elementos ao longo dessa superfície atingem simultaneamente a mesma condição de FS = 1. Assumem-se as seguintes premissas:

- Postula-se um mecanismo de ruptura, isto é, arbitra-se uma determinada superfície potencial de ruptura (circular, planar etc.). O solo acima da superfície é considerado um corpo livre e é subdividido em fatias (Fig. 3.2).
- O equilíbrio é calculado pelas equações da estática (Fig. 3.3). O equilíbrio de forças é feito por meio da análise do equilíbrio de cada fatia. O equilíbrio de momentos é feito comparando o somatório dos momentos estabilizantes e instabilizantes, e a tensão cisalhante mobilizada (τ_{mob}) é uma das incógnitas do problema.

Ao se examinar as equações disponíveis e as incógnitas, descritas no Quadro 3.3, observa-se que o problema é estaticamente indeterminado.

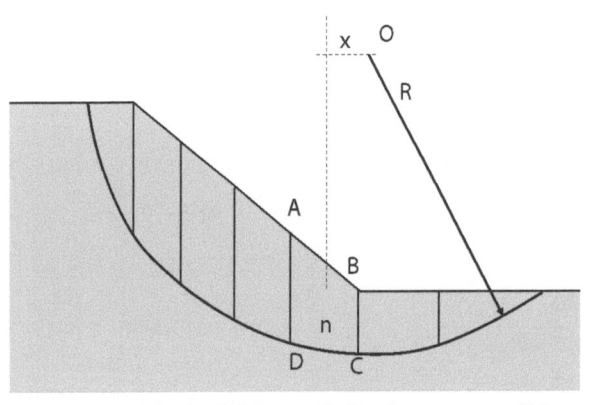

FIG. 3.2 *Exemplo de divisão em fatias de uma superfície circular*

(A) Equilíbrio de forças na fatia

(B) Equilíbrio de momentos

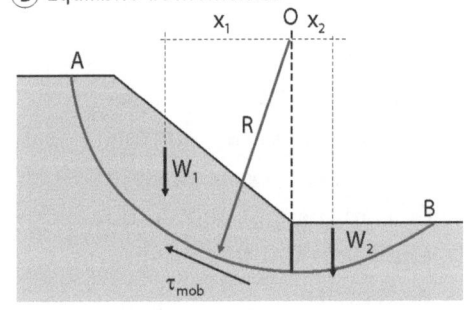

Momento instabilizante: $M_{Inst.} = W_1 x_1$
Momento estabilizante:
$M_{est.} = W_2 x_2 + (\tau_{mob} \times arco\,AB) \times Raio$

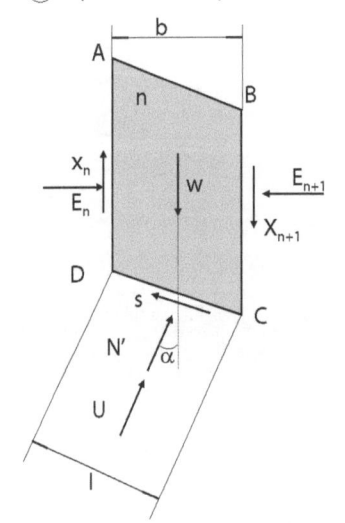

FIG. 3.3 *Equações de equilíbrio*

As equações de equilíbrio e de resistência ao cisalhamento são aplicadas a todas as fatias, num total de 4n equações, sendo n o número de fatias. As incógnitas envolvem não só o FS, como também os esforços atuantes na base e no contato entre as fatias, além do ponto de aplicação dessas resultantes. Com isso, o número de incógnitas (6n-2) é superior ao de equações (4n). Para resolver esse problema, vários métodos de cálculo foram propostos, com diferentes hipóteses simplificadoras para reduzir o número de incógnitas. Uma hipótese comum a todos os métodos é assumir que o esforço normal na base da fatia atua no ponto central, reduzindo as incógnitas a (5n-2). Assim, os métodos adotam alternativas de cálculo de forma a eliminar as (n-2) incógnitas e tornar o problema estaticamente determinado.

Quadro 3.3 Equações x Incógnitas

	Equações
2n	Equilíbrio de forças
n	Equilíbrio de momentos
n	Envoltória de resistência (T = f(N))
4n	TOTAL DE EQUAÇÕES
	Incógnitas
1	Fator de segurança
n	Força tangencial na base da fatia (s)
n	Força normal na base da fatia (N')
n	Localização de N' na base da fatia
n-1(*)	Força tangencial entre fatias (T)
n-1(*)	Força normal entre fatias (E)
n-1(*)	Ponto de aplicação da força entre fatias (E e T)
6n-2	TOTAL DE INCÓGNITAS

(*) Não existe força na extremidade

- Nas análises, a tensão cisalhante mobilizada (τ_{mob}) ao longo da superfície de ruptura é determinada de forma que a massa esteja em estado de equilíbrio limite. Essa abordagem estabelece que o FS seja o valor ao qual os parâmetros de resistência devam ser reduzidos, de forma a tornar o talude no limite da instabilidade, isto é,

$$\tau_{mob} = \frac{\tau_f}{FS} \qquad (3.3)$$

No caso de solo saturado, tem-se:

$$\tau_{mob} = \frac{c'}{FS} + \sigma' \frac{tg\phi'}{FS} \qquad (3.4)$$

e, para a condição não saturada:

$$\tau_{mob} = \frac{c}{FS} + (\sigma - u_a) \cdot \frac{tg\phi'}{FS} + (u_a - u_w) \cdot \frac{tg\phi^b}{FS} \qquad (3.5)$$

- O FS é admitido constante em toda a superfície, isto é, todos os pontos ao longo da superfície de ruptura atingem simultaneamente a resistência ao cisalhamento (FS = 1).

- A superfície potencial de ruptura, associada ao FS mínimo, é determinada por um processo de procura, como exemplifica a Fig. 3.4. A procura da superfície crítica mostra os contornos de mesmo FS. Em geral, os contornos tendem a apresentar uma forma elíptica, com o eixo maior aproximando-se da superfície do talude. Essa superfície potencial de ruptura é única, e não é possível encontrar FS mínimos associados a mais de uma superfície. A convergência do processo pode ser verificada a partir do traçado de curvas de mesmo FS, o que auxilia significativamente no estabelecimento da região a ser pesquisada.

A vantagem do método de Equilíbrio Limite está na sua simplicidade e precisão de resultados; entretanto, as premissas adotadas assumem um comportamento da massa de solo não compatível com a realidade, com os seguintes pontos principais:

- A hipótese de que todos os elementos ao longo da superfície de ruptura atingem, simultaneamente, a condição de FS = 1, implica a adoção de um modelo constitutivo rígido plástico, incompatível com o modelo elastoplástico do solo (Fig. 3.5). Adicionalmente, é inviável ter qualquer informação sobre as deformações, isto é, não há como verificar se estão na faixa admissível para o projeto.
- As hipóteses simplificadoras adotadas pelos métodos de cálculo acarretam diferentes distribuições de tensão normal ao longo da superfície de ruptura e, consequentemente, resultam em FS diferentes. A Fig. 3.6 compara a distribuição de tensão normal ao longo da superfície de ruptura obtida por um dos métodos de equilíbrio limite

Fig. 3.4 *Procura da superfície crítica*

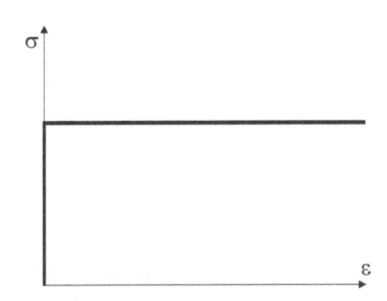

Fig. 3.5 *Curva tensão x deformação rígido-plástica*

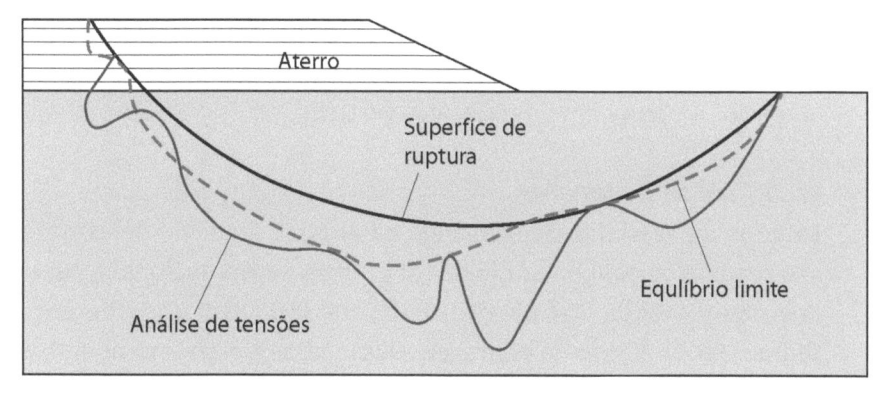

Fig. 3.6 *Distribuição da tensão normal: equilíbrio limite x análise de tensões (Gerscovich, 1983)*

(método de Bishop), com a correspondente determinada por outro método que incorpora um modelo constitutivo elástico/não linear (método dos elementos finitos). As diferenças nas distribuições de tensão efetiva ao longo da superfície de ruptura resultam em diferenças na resistência mobilizada e, consequentemente, na previsão do FS.

⊡ A definição do FS a partir do confronto entre a resistência ao cisalhamento e a tensão cisalhante mobilizada equivale a assumir uma trajetória de tensão vertical (Tavenas; Trak; Leroueil, 1979). Na prática, dependendo das condições de variação no estado de tensões e da velocidade de dissipação de poropressão, as trajetórias de tensão são muito distintas. A Fig. 3.7 mostra um exemplo em que, caso o momento critico seja final de construção (condição não drenada), a resistência ao cisalhamento (q_{ND}) será inferior à adotada pelo método de equilíbrio limite (q_f); e resultado inverso será obtido em condição de longo prazo, drenada (q_D); a dissipa-

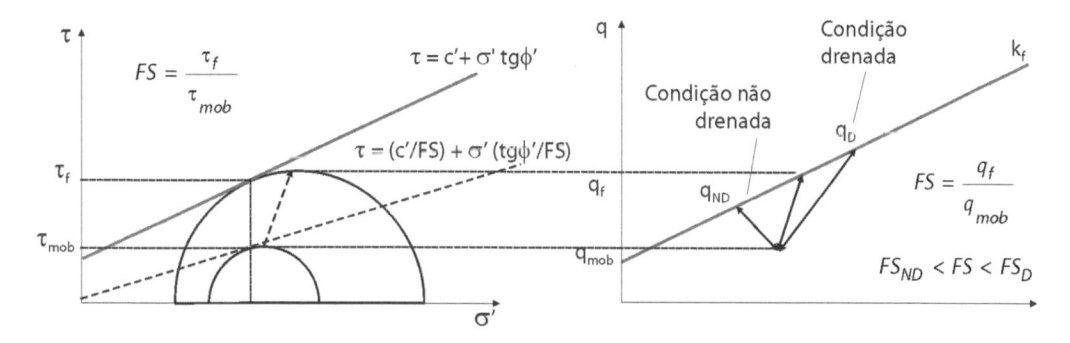

Fig. 3.7 *Influência da trajetória de tensões na resistência ao cisalhamento*

ção dos excessos de poropressão resulta em tensões efetivas mais elevadas e, consequentemente, resistência ao cisalhamento superior à obtida com a trajetória vertical.

3.2.2 Análise de tensões

Estudos de estabilidade baseados na análise tensão × deformação são realizados com o auxílio de programas computacionais, baseados nos métodos dos elementos finitos (MEF) ou das diferenças finitas (MDF). A grande vantagem dessa abordagem está no fato de que os programas disponíveis no mercado possibilitam a incorporação de várias características dos materiais envolvidos, como, por exemplo:

- não linearidade da curva $\sigma \times \varepsilon$;
- anisotropia;
- não homogeneidade;
- influência do estado inicial de tensões;
- etapas construtivas.

A análise das condições de estabilidade pode ser feita pela comparação das tensões cisalhantes mobilizadas, determinadas numericamente, com a resistência ao cisalhamento. Com isso, é possível:

- estabelecer áreas rompidas (plastificadas), em que $\tau_{mob} = \tau_{resistência}$, mesmo sem se estabelecer uma superfície de ruptura (indicando ruptura progressiva);
- estabelecer níveis de tensão de interesse para a realização de ensaios de laboratório;
- conhecer a magnitude das deformações, que podem ser mais determinantes do que o próprio FS na concepção do projeto.

A Fig. 3.8 mostra os resultados do uso de um programa comercial de elementos finitos (PLAXIS©) em estudos de estabilidade. Os vetores de deslocamento permitem delimitar a região de ruptura, e as confrontações dos estados de tensão com a resistência ao cisalhamento mostram as regiões de plastificação e as zonas em que houve tendência ao desenvolvimento de tensões de tração. No caso do programa PLAXIS, há uma rotina de análise das condições de estabilidade, cuja metodologia se assemelha à adotada pelo método de equilíbrio limite, isto é, os parâmetros de resistência são minimizados até se atingir a condição $\tau_{mob} = \tau_{resistência}$ e, com isso, especifica-se o FS.

Ⓐ Vetores de deslocamento   Ⓑ Região plastificada

FS = 2,2

Região plastificada

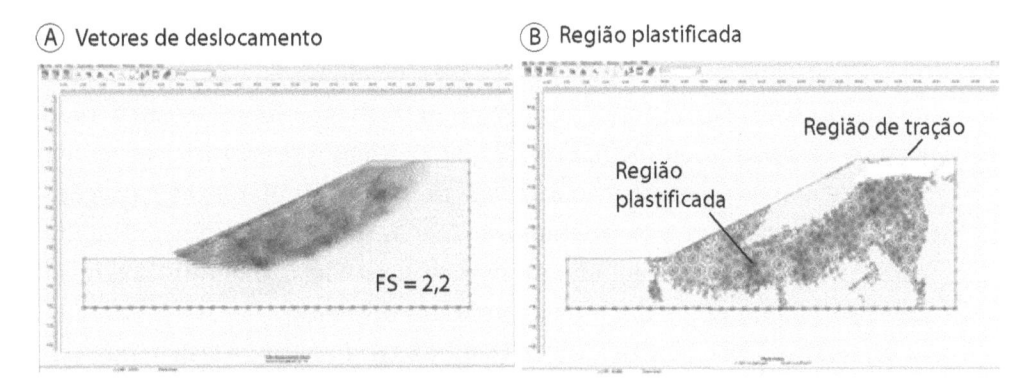

Região de tração

Fig. 3.8 *Resultados de estudos de análise de tensões*

3.3 Quanto à escolha da condição crítica: final de construção x longo prazo

A execução de carregamentos ou descarregamentos provoca variações nas tensões transmitidas aos grãos e nas pressões da água presente nos vazios. Com isso, gera-se um desequilíbrio hidráulico que deflagra um processo de fluxo (transiente), o qual ocorre até que as poropressões retornem à condição de equilíbrio. Durante o processo de fluxo (drenagem ou embebimento), os excessos de tensão transmitidos à água são integralmente transferidos aos sólidos, e o valor da tensão efetiva varia com o tempo. A esse processo dá-se o nome de adensamento ou consolidação primária, particularmente relevante em solos de baixa permeabilidade, pois em solos de elevada permeabilidade (areias e pedregulhos), o processo de fluxo ocorre simultaneamente à execução da obra e, dessa forma, considera-se a dissipação instantânea. Em argilas, o processo de adensamento pode atingir tempos muito prolongados e, em alguns casos, dezenas de anos.

A capacidade do solo de resistir a uma determinada variação em seu estado de tensões é diretamente proporcional à tensão efetiva. Com isso, a resistência ao cisalhamento do solo não é uma grandeza fixa, pois podem ocorrer variações na tensão total ou na poropressão. No caso da geração de excesso de poropressão, esse desbalanceamento se equilibra com o desenvolvimento de processo de fluxo. Como em determinadas situações esse processo não é instantâneo, a variação da poropressão ao longo do tempo produz variações na tensão efetiva e, consequentemente, na resistência ao cisalhamento do solo.

Quando se estuda a estabilidade de uma obra, compara-se a resistência ao cisalhamento com as tensões cisalhantes transmitidas aos grãos do solo. Portanto, o projeto de estabilidade deve ser elaborado com o completo conhecimento de como a poropressão irá responder durante e após a construção. No caso de solos granulares, as variações nas pressões na água são instantaneamente transmitidas aos grãos. Em solos de baixa permeabilidade (argilas) a situação mais desfavorável deve ser previamente definida a partir das opções:

- Ao final de construção (ou não drenada): aquela que ocorre imediatamente após a variação das tensões, quando nenhum excesso de poropressão foi dissipado; ou melhor, quando nenhuma variação de volume ocorreu na massa de solo.
- No longo prazo (ou drenada): aquela que ocorre posteriormente à dissipação dos excessos de poropressão, ou melhor, quando se atinge o equilíbrio hidráulico, ao final do processo de transferência de carga entre a água e o arcabouço sólido. Esse momento é sempre o mais crítico em casos em que o excesso de poropressão é negativo.

A Fig. 3.9 apresenta um exemplo da evolução das tensões no ponto P, em decorrência da construção de aterro sobre um solo argiloso normalmente adensado. Excessos de poropressão positivos são gerados e, com a dissipação, há um aumento na tensão efetiva e na resistência ao

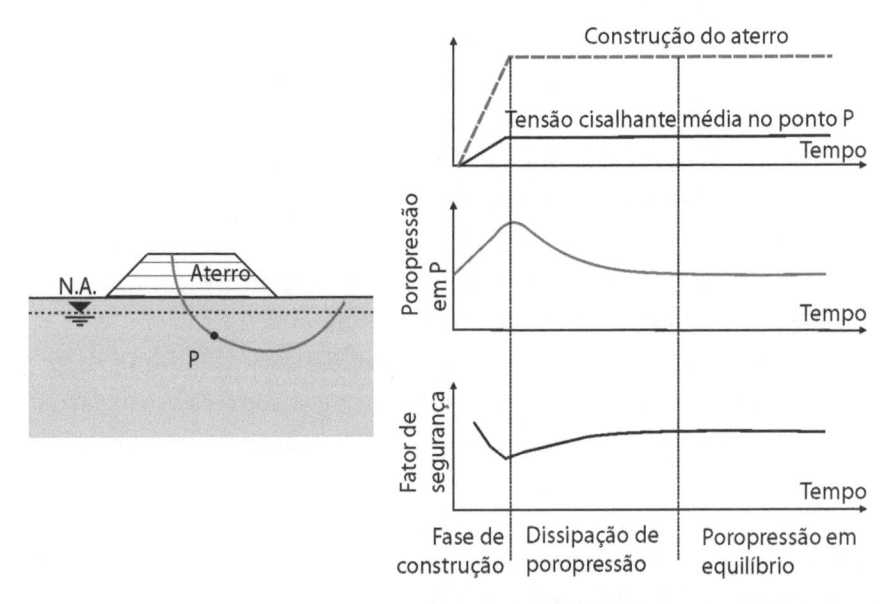

Fig. 3.9 *Evolução das tensões e FS com o tempo (modificado de Lambe e Whitman, 1969)*

cisalhamento do solo. Dado que FS é definido pela relação entre a resistência ao cisalhamento do solo e as tensões cisalhantes mobilizadas (Eq. 3.1), com o aumento na resistência há também um aumento gradativo do FS. Com isso, o momento mais crítico da obra ocorre no final de construção.

Na Fig. 3.10, há um exemplo em que ocorre o comportamento inverso do apresentado na Fig. 3.9. A execução de uma escavação em solo argiloso promove um excesso negativo de pressão na água dos poros. Inicialmente, a poropressão no ponto P é dada por $\gamma_\omega \, h_{p\,inicial}$ (u_o) e, após o equilíbrio, a poropressão reduz-se a $\gamma_\omega \, h_{p\,final}$ (u_f). A variação entre os valores inicial e final de poropressão depende do tipo de argila. Na figura, cada curva exemplifica um tipo de argila associado a um determinado valor do parâmetro A de poropressão (Eq. 2.56). Ao final da dissipação do excesso de poropressão, atinge-se $FS_{mín}$, o qual deve ser confrontado com o valor admissível para projeto.

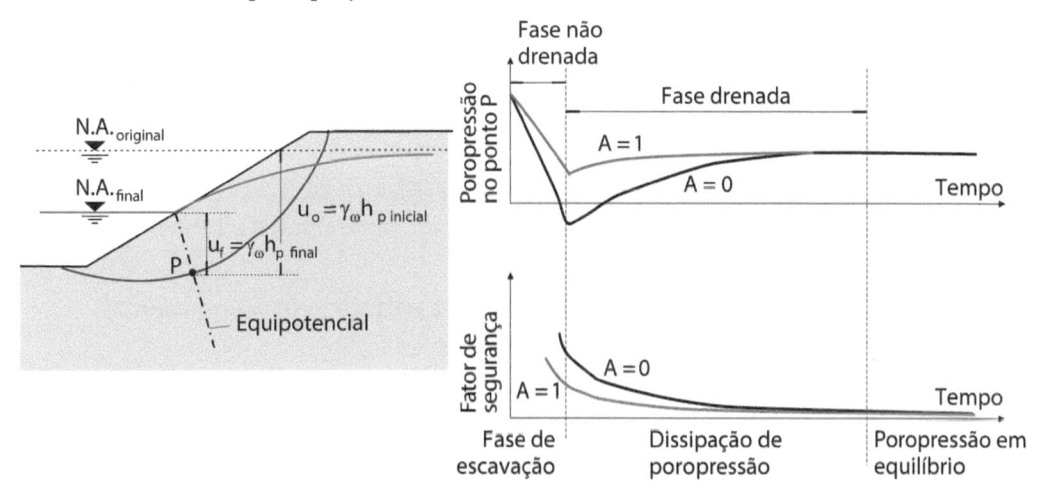

Fig. 3.10 *Evolução da poropressão e FS com o tempo – escavação em argila (modificado de Lambe e Whitman, 1969)*

3.4 Quanto ao tipo de análise
3.4.1 Tensões efetivas

Como o comportamento dos solos é regulado pelas tensões nos grãos, a forma correta de realizar os estudos de estabilidade é pela análise do comportamento em termos de tensão efetiva. Com isso, a definição da tensão cisalhante mobilizada é feita com base nas envoltórias de resistência, e escrita, no caso saturado:

$$\tau = \frac{c'}{FS} + (\sigma - u)\frac{tg\phi'}{FS} \qquad (3.6)$$

É necessário determinar os parâmetros: c', ϕ' e u (u₀+Δu). Na condição não saturada, a expressão torna-se:

$$\tau_{mob} = \frac{c}{FS} + (\sigma - u_a) \cdot \frac{tg\phi'}{FS} + (u_a - u_w) \cdot \frac{tg\phi^b}{FS} \qquad (3.7)$$

com a necessidade de determinar novos parâmetros: ϕ^b e a parcela de sucção ($u_a - u_w$).

3.4.2 Tensões totais ($\phi = 0$)

Em algumas situações, a análise em função das tensões totais fornece resultados confiáveis e, como requerem um menor número de parâmetros, torna-se uma alternativa interessante do ponto de vista de custo do projeto. Essa abordagem pode ser realizada em situações de:

- solo saturado;
- condição crítica correspondente ao final de construção (excessos positivos de poropressão);
- argilas normalmente adensadas ou levemente pré-adensadas. Argilas muito pré-adensadas (OCR > 4) geram excessos de poropressão negativa; portanto, a condição mais crítica passa a ser a longo prazo.

A tensão cisalhante mobilizada é estimada pela equação:

$$(s_u)_{mob} = \frac{s_u}{FS} \qquad (3.8)$$

A análise em termos efetivos é teoricamente mais correta, pois a resposta do solo a qualquer tipo de solicitação depende da tensão efetiva. Quando se opta por análises em termos totais ($\phi = 0$), o projetista está automaticamente assumindo que as poropressões geradas na obra são idênticas às desenvolvidas nos ensaios.

3.5 QUANTO AOS PARÂMETROS DOS MATERIAIS

A norma NBR 11682 (ABNT, 2008) preconiza que a caracterização geotécnica dos materiais que compõem a estratigrafia da encosta e os terrenos envolvidos (empréstimos e/ou aterros) deve englobar ensaios para a determinação de:

- umidade natural;
- curva granulométrica;

- limites de liquidez e plasticidade;
- envoltória de resistência ao cisalhamento.

Recomenda-se uma quantidade mínima de doze ensaios (corpos de prova) para cada camada de solo que compõe o perfil geotécnico a ser adotado em projeto, e as amostras devem ser coletadas em três locais do mesmo tipo de solo. No caso de taludes rompidos, as amostras devem ser representativas da zona de ruptura.

3.5.1 Parâmetros de resistência

Conforme o momento crítico da obra e o tipo de análise (tensões totais ou efetivas), o tipo de envoltória de resistência muda, assim como o número de parâmetros requeridos. O Quadro 3.4 resume os ensaios típicos de laboratório adequados para cada análise em solo saturado.

Quadro 3.4 Parâmetros e ensaios em solo saturado

Situação crítica	Tipo de análise	Parâmetros e envoltória de resistência	Ensaios de laboratório
Final de construção (não drenado)	Tensões efetivas	c', ϕ' e $u (= u_o + \Delta u)$ $\tau = c' + (\sigma - u)tg\phi'$	Triaxial CU com medida de poropressão
	Tensões totais	s_u $\tau = s_u$ ($\phi = 0$)	Triaxial UU
A longo prazo (drenado)	Tensões efetivas	c', ϕ' e u $\tau = c' + (\sigma - u)tg\phi'$	Triaxial CD Cisalhamento direto Triaxial CU com medida de poropressão Ensaio de torção

No caso de solos não saturados, a condição drenada é a mais usual. É possível que a condição mais crítica seja a não drenada, no caso de barragens que envolvam a utilização de solos argilosos com elevado grau de saturação (S>85%). É importante observar que um solo não saturado sujeito a processo de umedecimento perde a contribuição da parcela de sucção, e a adoção de uma hipótese de saturação completa é a condição mais segura. Os ensaios adequados para as análises em solos não saturados estão resumidos no Quadro 3.5. Para mais detalhes, recomenda-se consultar Camapun et al. (2015).

Em um mesmo caso, pode haver solos saturados e não saturados e/ou condição drenada e não drenada ocorrendo simultaneamente nos diferentes materiais envolvidos na análise. Nesses casos, é necessário usar a envoltória adequada para cada situação identificada em cada camada.

Quadro 3.5 Parâmetros e ensaios em solo não saturado

Situação crítica	Tipo de análise	Parâmetros/envoltória de resistência	Ensaios de laboratório
Final de construção (não drenado em solos compactados)	Tensões efetivas	c', ϕ', u $\tau = c' + (\sigma - u)tg\phi'$	Triaxial CD, Cisalhamento direto, Triaxial CU com medida de poropressão, para determinação de c', ϕ' Triaxial PN (ensaio mantendo-se $k = \sigma_h/\sigma_v$ = constante), para a obtenção do parâmetro de poropressão r_u
	Tensões totais	c_U, ϕ_U $\tau = c_u + \sigma tg\phi_u$	Triaxial CU em amostras não saturadas
Longo prazo (drenado)	Tensões efetivas	$c', \phi', \phi^b, (u_a - u_w)$ $\tau = c' + (u_a - u_w)tg\phi^b + (\sigma - u_a)tg\phi'$	Ensaio com sucção controlada

Independentemente da condição de saturação, a definição dos parâmetros de resistência pode estar sujeita a incertezas, em razão da qualidade dos ensaios ou mesmo da representatividade das amostras, isto é, se elas efetivamente traduzem o comportamento de todo talude. Nesses casos, recomenda-se reduzir os parâmetros de resistência por fatores de segurança, que podem variar entre 1 e 1,5, dependendo da importância da obra e do grau de confiança nos ensaios. Por exemplo:

$$\phi'_d = arc\, tg\left(\frac{tg\phi'_p}{FS_\phi}\right) \qquad (3.9)$$

$$c'_d = \left(\frac{c'_p}{FSc}\right) \qquad (3.10)$$

em que ϕ'_d e c'_d são, respectivamente, o ângulo de atrito e o intercepto de coesão para projeto; ϕ'_p e c'_p são, respectivamente, o ângulo de atrito e o intercepto de coesão de pico; e FS_ϕ e FS_c são os fatores de redução para atrito e coesão, respectivamente.

A Tab. 3.2 apresenta uma indicação de valores típicos dos parâmetros geotécnicos de solos da região do Rio de Janeiro.

Tab. 3.2 Valores típicos de parâmetros geotécnicos

Tipo de solo	γ (kN/m³)	ϕ' (graus)	c' (kPa)
Aterro compactado (silte arenoargiloso)	19 - 21	32 - 42	0 - 20
Solo residual maduro	17 - 21	30 - 38	5 - 20
Colúvio *in situ*	15 - 20	27 - 35	0 - 15
Areia densa	18 - 21	35 - 40	0
Areia fofa	17 - 19	30 - 35	0
Pedregulho uniforme	18 - 21	40 - 47	0
Pedregulho arenoso	19 - 21	35 - 42	0

Ruptura progressiva

Na abordagem por equilíbrio limite, o FS é admitido constante em toda a superfície; entretanto, é raro um talude romper de modo abrupto. Adicionalmente, é pouco provável que a ruptura ocorra simultaneamente em todos os pontos da superfície potencial de ruptura (exceto em pequenos volumes de massa).

A ruptura progressiva é uma consequência da distribuição não uniforme de tensões e deformações no interior do talude. A ruptura pode ocorrer em determinados pontos da massa em que a tensão cisalhante se iguala à resistência do solo ($\tau_{mob} = \tau_f$) ou em locais em que as deformações são excessivas. Nesses casos, há uma transferência de esforços para os pontos adjacentes, que leva a ruptura local a ser progressiva. A ruptura global da massa ocorre quando houver a formação de uma região contínua a ligar os pontos com ruptura local.

A hipótese de ruptura progressiva deve ser aplicada em casos em que a curva tensão × deformação apresenta um pico de resistência (Fig. 3.11) ou quando há a possibilidade de já terem ocorrido pontos de ruptura local. A ocorrência de superfícies de ruptura preexistentes no interior da massa de solo, por exemplo, pode indicar a movimentação prévia. Nesses casos, recomendam-se parâmetros de resistência correspondentes à envoltória residual (Fig. 3.12).

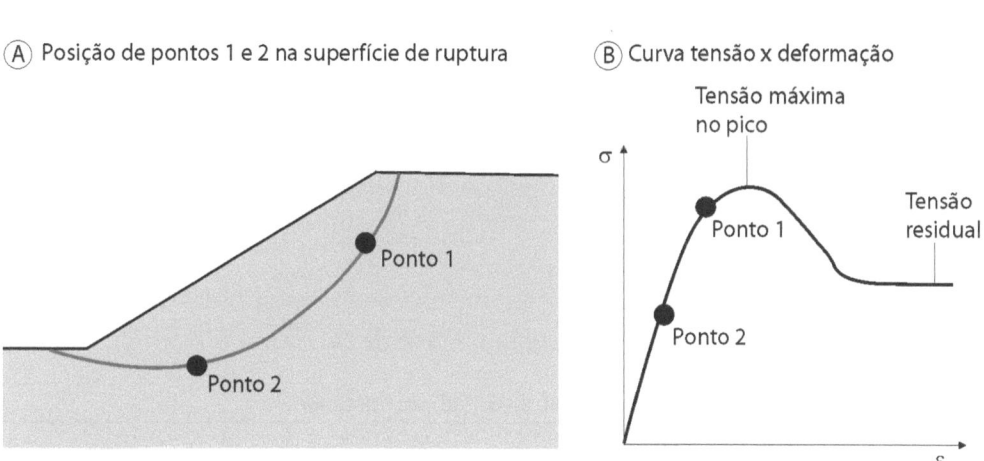

Fig. 3.11 *Pontos com diferentes condições de mobilização de tensões*

3.5.2 Papel da água

Como agente de instabilização de encostas, o papel da água pode ser atribuído a (Aubertin; Ricard; Chapius, 1998):

- mudança nas pressões da água, alterando a tensão efetiva e, consequentemente, a resistência do solo;
- variações do peso da massa, em função das mudanças no peso específico natural para condição saturada;
- geração de erosões internas e/ou externas pela força de percolação;
- atuação como agente no processo de intemperismo, promovendo alterações nos minerais constituintes.

A poropressão a ser introduzida na análise de estabilidade deve considerar as condições de pressão da água na condição de equilíbrio, bem como prever a resposta do solo em termos de geração de excesso de poropressão. Como a pressão da água nos poros tem papel fundamental na avaliação da estabilidade de taludes, o projeto deve contemplar diferentes hipóteses de padrão de fluxo e/ou condições de drenagem, de forma a esgotar todas as possibilidades possíveis que possam ocorrer durante, após a construção e ao longo da vida útil do projeto.

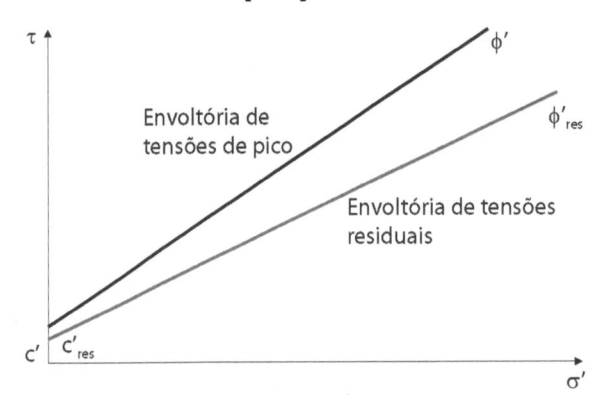

Fig. 3.12 *Envoltória Residual x Envoltória de Pico*

Há ainda a alternativa de acompanhar as poropressões por meio da instalação de piezômetros no campo. As profundidades e os locais de instalação devem possibilitar a definição de níveis piezométricos globais, porque é necessário o conhecimento prévio da distribuição de poropressão ao longo da superfície de ruptura para a realização da análise de estabilidade.

O Quadro 3.6 resume as formas mais usuais de estabelecer a poropressão em projetos de estabilidade de taludes.

Quadro 3.6 Alternativas de definição da poropressão

Poropressão	Alternativa
Inicial	Superfície freática ou nível d'água (condição hidrostática) Traçado de rede de fluxo Monitoramento com piezômetros Soluções numéricas
Induzida	Proposta de Skempton ou Henkel (Eq. 2.56) Monitoramento com piezômetros Soluções numéricas

MÉTODOS DE ESTABILIDADE 4

Os métodos apresentados a seguir baseiam-se na abordagem por Equilíbrio Limite e foram desenvolvidos para análises em 2D. Todos os métodos pressupõem estado plano de deformação e sua validade está associada à forma da da superfície de ruptura.

Independentemente do mecanismo de ruptura, em solos coesivos é comum uma formação de trincas de tração na superfície do terreno antes do escorregamento. Quando isso ocorre, a superfície potencial de ruptura na região da trinca deixa de contribuir para a estabilidade global, como mostra a Fig. 4.1. Adicionalmente, eventuais sobrecargas contidas no trecho não afetam mais os momentos instabilizantes. A trinca pode ser preenchida por água e, com isso, gerar esforços adicionais (há projetistas que consideram a fatia limitada pela trinca para fins de cálculo dos momentos instabilizantes, como forma de compensar a possibilidade de esta ser preenchida por água). Portanto, é aconselhável estimar a profundidade da trinca.

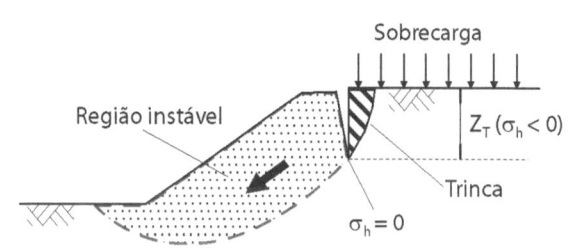

Fig. 4.1 Trinca de tração

4.1 Talude vertical – solos coesivos

4.1.1 Trinca de tração

Com base na teoria de equilíbrio limite, Rankine verificou que, em maciços com superfície plana, a menor tensão horizontal suportada pelo solo poderia ser definida pelo círculo de ruptura e envoltória de Mohr-Coulomb (Fig. 4.2).

$$\sigma'_f = \frac{\sigma'_1 + \sigma'_3}{2} - \frac{\sigma'_1 - \sigma'_3}{2} \operatorname{sen} \phi'$$

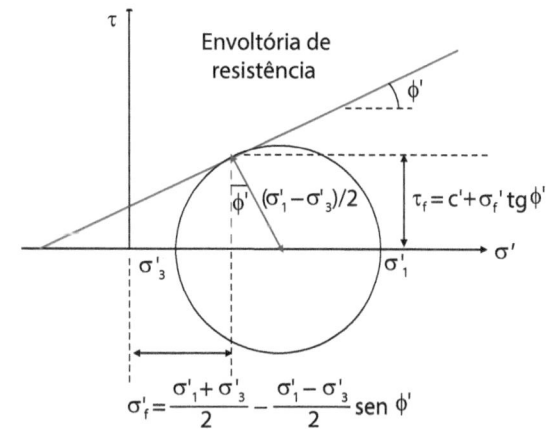

Fig. 4.2 Círculo de Mohr para solo coesivo

Ao se substituir a tensão normal (σ'_f) na equação da envoltória de resistência, chega-se a

$$\frac{\sigma_1-\sigma_3}{2}\cos^2\phi' = c'\cos\phi' + \left(\frac{\sigma_1+\sigma_3}{2}\right)sen\phi' - \frac{\sigma_1-\sigma_3}{2}sen^2\phi' \quad (4.1)$$

Ao se multiplicar ambos os lados por $\cos\phi'$ e assumindo que as tensões principais maior (σ'_1) e menor (σ'_3) correspondem, respectivamente, às tensões vertical ($\sigma'_v = \gamma z$) e horizontal (σ'_h), tem-se:

$$\sigma'_h = \gamma z k_a - 2c'\sqrt{k_a} \quad (4.2)$$

onde k_a é o coeficiente de empuxo ativo, dado por:

$$\text{superfície do terreno horizontal} \Rightarrow k_a = \frac{1-sen\phi'}{1+sen\phi'} = tg^2(45-\frac{\phi'}{2})$$

$$\text{superfície do terreno inclinada }\beta \Rightarrow K_a = \frac{\cos\beta-\sqrt{\cos^2\beta-\cos^2\phi'}}{\cos\beta+\sqrt{\cos^2\beta-\cos^2\phi'}} \quad (4.3)$$

A distribuição de tensões horizontais varia com a profundidade, e é negativa no trecho mais superficial. Nessa região surgem trincas de tração, até a profundidade equivalente à condição de tensão horizontal nula; abaixo desse ponto, o primeiro termo da Eq. (4.2) supera a parcela negativa. Com isso, a profundidade da trinca (z_T) fica definida, em termos efetivos, por:

$$z_T = \frac{2c'}{\gamma\left[tg(45-\frac{\phi'}{2})\right]} \text{ ou } z_T = \frac{2c'}{\gamma\left[tg(45-\frac{\phi'}{2})\right]} = \frac{2c'}{\gamma}tg(45+\frac{\phi'}{2}) \quad (4.4)$$

E, em termos de tensão total ($\phi = 0$), por:

$$z_T = \frac{2s_u}{\gamma} \quad (4.5)$$

4.1.2 Cortes verticais

As estruturas de contenção de taludes são necessárias quando os esforços instabilizantes são superiores aos estabilizantes. Dado que os solos coesivos têm capacidade de resistir à tração, até a profundidade da trinca, a resultante dos esforços (estabilizante) é negativa (Fig. 4.3). Com isso, segundo a teoria de Rankine, enquanto a profundidade de escavação (H_c) não superar o dobro da profundidade da trinca (z_T), a resultante dos esforços estabilizantes será maior do que os instabilizantes.

A teoria de estado limite de Rankine pressupõe que a superfície de ruptura seja plana. Na prática, porém, observações de rupturas em cortes verticais mostraram que os escorregamentos ocorrem ao longo de superfícies curvas. Fellenius (1948 apud Tchebotarioff, 1978) recomendou uma redução de 3,5% para o cálculo da altura crítica de escavação

$$H_c \leq \frac{4c'}{\gamma} tg(45 + \frac{\phi'}{2})$$

ou

$$H_c \leq \frac{4c'}{\gamma \left[tg(45 - \frac{\phi'}{2}) \right]}$$

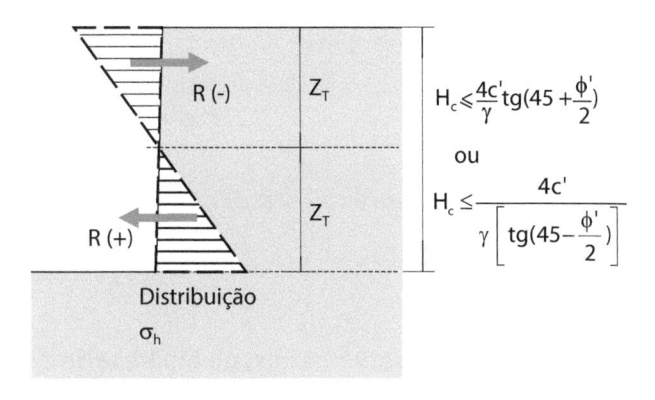

Fig. 4.3 Distribuição de σ_h em taludes verticais – estado ativo de Rankine

sem escoramento. Em outras palavras, o fator multiplicador 4, mostrado na Fig. 4.3, seria reduzido para 3,8. Apesar dessa redução, evidências de campo ainda apontavam o fato de essa redução ser insuficiente para garantir a estabilidade do corte. As tensões de tração próximas à superfície, bem como as trincas de tração, observadas no campo, eliminam a contribuição desta região na resistência do maciço e afastam ainda mais o comportamento real do previsto por Rankine (Fig. 4.4). Com isso, Terzaghi e Peck (1967) sugeriu uma expressão ainda mais conservadora dada por:

$$H_c = \frac{2,67c'}{\gamma \left[tg(45 - \frac{\phi'}{2}) \right]} \quad \text{ou} \quad H_c = \frac{2,67c'}{\gamma} tg(45 + \frac{\phi'}{2}) \qquad (4.6)$$

E, em termos de tensão total, para:

$$H_c = \frac{2,67 s_u}{\gamma} \qquad (4.7)$$

4.2 Blocos rígidos

A estimativa do FS de blocos rígidos talvez seja o caso mais simples de uso da teoria de equilíbrio limite. Uma vez definidos os esforços atuantes no bloco, o FS é calculado por meio das equações de equilíbrio de forças nas direções normal e tangencial ao plano (Fig. 4.5). Mas,

$$s = \frac{c'A}{FS} + \underbrace{\sigma A}_{N'} \frac{tg\phi'}{FS} \qquad (4.8)$$

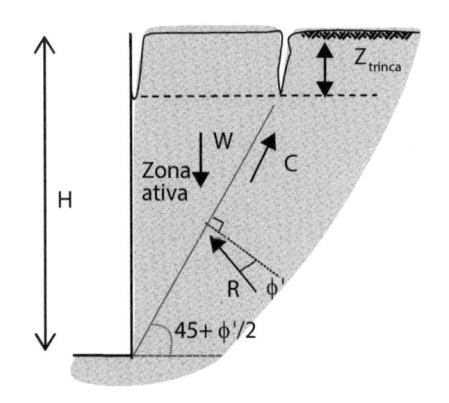

Fig. 4.4 Superfície de ruptura plana com trinca de tração

em que A é a área da base do bloco. Então,

$$Wsen\psi = \frac{c'A}{FS} + \underbrace{\sigma A}_{N'}\frac{tg\phi'}{FS} = \frac{c'A}{FS} + \frac{W\cos\beta tg\phi'}{FS} \quad (4.9)$$

Ao se explicitar FS, chega-se a:

$$FS = \frac{c'A + (W\cos\beta)tg\phi'}{W\sen\beta} \quad (4.10)$$

Observa-se que, na hipótese de c'= 0, o FS torna-se independente do peso do bloco, isto é,

$$FS = \frac{tg\phi'}{tg\beta} \quad (4.11)$$

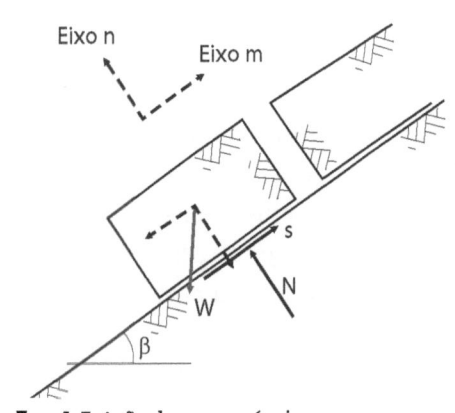

Equilíbrio na direção normal ao plano

$$\Rightarrow N = W\cos\beta$$

Equilíbrio na direção tangencial ao plano

$$\Rightarrow s = W\sen\beta$$
$$(4.12)$$

Fig. 4.5 *Ação do peso próprio*

O Quadro 4.1 resume a expressão para o cálculo do FS, incluindo os esforços adicionais gerados pela presença de água e por tirante.

Quadro 4.1 Equilíbrio de bloco sob diferentes condições

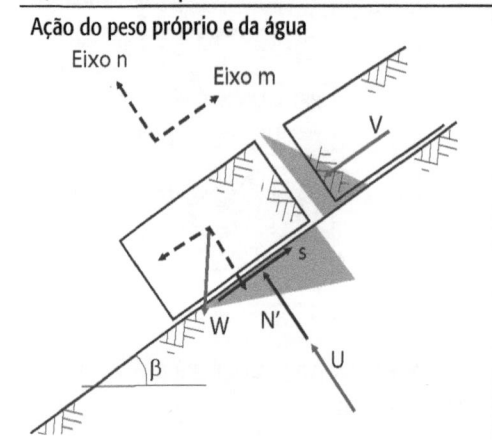

Ação do peso próprio e da água	Equilíbrio na direção normal ao plano
	$\Rightarrow N = N' + U = W\cos\beta$
	Equilíbrio na direção tangencial ao plano
	$\Rightarrow s = W\sen\beta + V$
	Mas, $s = \frac{c'A}{FS} + (N-u)\frac{tg\phi'}{FS}$
	Então, $FS = \frac{c'A + (W\cos\beta - u)tg\phi'}{W\sen\beta + V}$ (4.13)

Quadro 4.1 Equilíbrio de bloco sob diferentes condições (cont.)

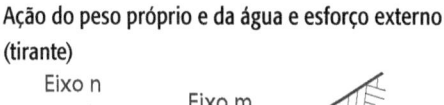

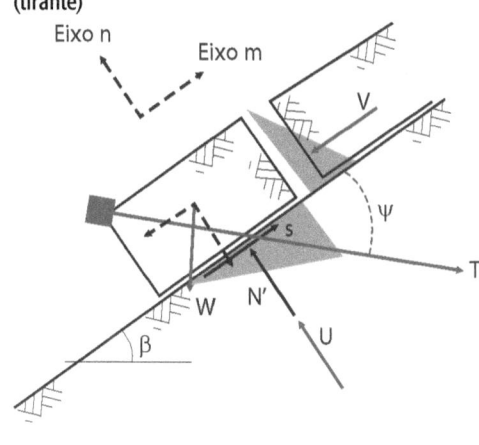

Ação do peso próprio e da água e esforço externo (tirante)	Equilíbrio na direção normal ao plano
	$\Rightarrow N' + U = W\cos\beta + T\sin\psi$
	Equilíbrio na direção tangencial ao plano
	$\Rightarrow s + T\cos\psi = W\sin\beta + V$
	Mas,
	$$s = \frac{c'A}{FS} + (N-u)\frac{\tan\phi'}{FS}$$
	Então,
	$$FS = \frac{c'A + (W\cos\beta + T\sin\psi - u)\tan\phi'}{W\sin\beta + V - T\cos\psi} \quad (4.14)$$

Exercício resolvido – Estabilidade de bloco

Após a inspeção de uma encosta rochosa, observou-se a possibilidade de ruptura de um bloco de 1,5 m de largura e 10 m de extensão (Fig. 4.6). Pede-se que seja feita uma avaliação expedita das condições de estabilidade do bloco para os seguintes cenários:

a) sem água;
b) trinca saturada;

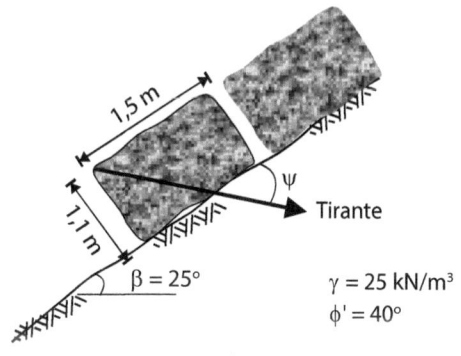

Fig. 4.6 Bloco rochoso

c) instalação de tirantes, inclinados de 10° com a horizontal, para as duas condições anteriores, estabelecendo-se um FS de projeto de 1,5;
d) adotando-se a condição mais desfavorável, avaliar os efeitos da inclinação do tirante, para FS = 1,5.

Solução

a) Sem água:

$$FS = \frac{\tan\phi'}{\tan\beta} = \frac{\tan 40°}{\tan 25°} = 1,8$$

b) Trinca saturada ($\gamma_\omega = 9,81$ kN/m³):

As pressões de água na trinca e na base do bloco produzem as forças:

$$V = \frac{(\gamma_\omega\, h)\, h}{2} = \frac{9{,}81\,(1{,}1\,\cos 25)^2}{2} = 4{,}88 \text{ kN/m}$$

$$U = \frac{b\,(\gamma_\omega\, h)}{2} = \frac{1{,}5\,(9{,}81\,(1{,}1\,\cos 25))}{2} = 7{,}33 \text{ kN/m}$$

Com isso:

$$W = 1{,}5 \times 1{,}1 \times 1 \times 25 = 41{,}25 \text{ kN/m}$$

$$FS = \frac{c'A + (W\cos\beta - U)\,\mathrm{tg}\phi'}{W\,\mathrm{sen}\beta + V}$$

$$FS = \frac{[41{,}25\,\cos 25 - 7{,}33]\,\mathrm{tg}40}{41{,}25\,\mathrm{sen}25 + 4{,}88} = \frac{25{,}22}{22{,}31} = 1{,}13$$

c) Comparar os esforços em tirantes, estabelecendo-se um FS de projeto de 1,5:

- Sem água

$$FS = \frac{[41{,}25\,\cos 25 + T\,\mathrm{sen}(10+25)]\,\mathrm{tg}40}{41{,}25\,\mathrm{sen}25 - T\,\cos(10+25)} = 1{,}5$$

$$FS = \frac{31{,}37 + 0{,}481T}{17{,}43 - 0{,}82T} = 1{,}5$$

$$T = 3{,}04 \text{ kN/m}$$

- Com água

$$FS = \frac{(41{,}25\,\cos 25 + T\,\mathrm{sen}(10+25) - 7{,}33)\,\mathrm{tg}40}{41{,}25\,\mathrm{sen}25 + 4{,}88 - T\,\cos(10+25)} = 1{,}5$$

$$FS = \frac{31{,}37 + 0{,}481T - 6{,}15}{17{,}43 - 0{,}82T + 4{,}88} = 1{,}5$$

$$T = 4{,}64 \text{ kN/m}$$

d) Avaliar os efeitos da inclinação do tirante, para FS = 1,5:

$$FS = \frac{(41{,}25\,\cos 25 + T\,\mathrm{sen}\psi - 7{,}33)\,\mathrm{tg}40}{41{,}25\,\mathrm{sen}25 + 4{,}88 - T\,\cos\psi} = 1{,}5$$

$$FS = \frac{25{,}52 + 0{,}839T\,\mathrm{sen}\psi}{22{,}31 - T\,\cos\psi} = 1{,}5$$

$$T = \frac{7{,}945}{0{,}839\,\mathrm{sen}\psi + 1{,}5\,\cos\psi}$$

Observa-se na Fig. 4.7 a existência de um ângulo ótimo, que resulta em menores valores de carga no tirante, da ordem de 5°.

De fato esse ângulo pode ser calculado analiticamente. Dado c' = 0, tem-se:

$$FS = \frac{(W\cos\beta + T\,\mathrm{sen}\psi - U)\,\mathrm{tg}\phi'}{W\,\mathrm{sen}\beta + V - T\,\cos\psi}$$

$$T = \frac{FS(W\,\mathrm{sen}\beta + V) - (W\cos\beta - U)\,\mathrm{tg}\phi'}{\mathrm{sen}\psi\,\mathrm{tg}\phi' + FS\,\cos\psi} = \frac{A}{B\,\mathrm{sen}\psi + FS\,\cos\psi}$$

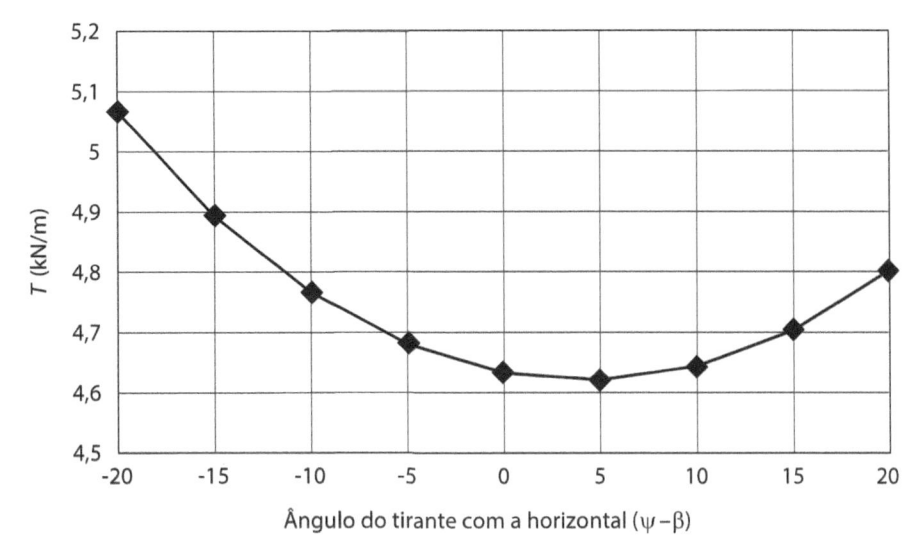

Fig. 4.7 Carga vs. inclinação do tirante

Dado que A, B e FS são constantes, o valor mínimo da derivada da força no tirante é dada por

$$FS = \frac{(W\cos\beta + T\sen\psi - U)\tg\phi'}{W\sen\beta + V - T\cos\psi}$$

$$\frac{dT}{d\psi} = -\frac{A}{(B\sen\psi + FS\cos\psi)^2}(B\cos\psi - FS\sen\psi) = 0$$

Então, para a inclinação ótima:

$$(B\cos\psi - FS\sen\psi) = 0$$

$$\psi = \arctg\left(\frac{B}{FS}\right)$$

Nesse caso, $\psi = 29{,}2°$, o que corresponde a um ângulo com a horizontal de $4{,}8°$.

4.3 Talude Infinito

Quando o escorregamento é predominantemente translacional, paralelo à superfície do talude, desprezam-se os efeitos de extremidades e a análise pode ser feita pelo método de talude infinito. Nesse caso, os esforços em uma fatia podem ser identificados (Fig. 4.8).

Ao se assumir que as forças entre fatias se anulam, isto é, $dX = dE = 0$, e resolvendo o equilíbrio de forças nas direções paralela e perpendicular à superfície do talude, tem-se:

Estabilidade de taludes

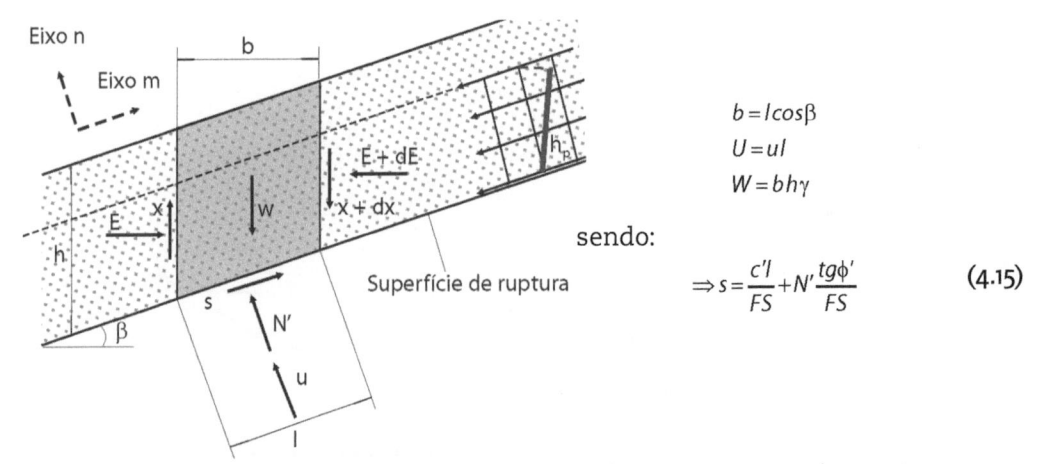

Fig. 4.8 *Talude infinito: forças atuantes em uma fatia genérica*

$b = l\cos\beta$
$U = ul$
$W = bh\gamma$

sendo:

$$\Rightarrow s = \frac{c'l}{FS} + N'\frac{tg\phi'}{FS} \quad (4.15)$$

$\sum F_m = 0 \qquad \Rightarrow W\sen\beta = s \Rightarrow W\sen\beta = \frac{c'l}{FS} + N'\frac{tg\phi'}{FS} \quad (4.16)$

$\sum F_n = 0 \qquad \Rightarrow W\cos\beta = N' + ul \Rightarrow N' = W\cos\beta - ul \quad (4.17)$

Uma vez que $W = \gamma hl \cos\beta$, tem-se, independentemente da dimensão (b) da fatia, a expressão para o cálculo do FS, ou melhor, em:

Tensões efetivas $\qquad \Rightarrow FS = \dfrac{c' + (\gamma h \cos^2\beta - u)tg\phi'}{\gamma h \sen\beta \cos\beta} \quad (4.18)$

Tensões totais $\qquad \Rightarrow FS = \dfrac{s_u \, l}{\gamma h \sen\beta \cos\beta} \quad (4.19)$

Alternativamente, pode-se prever a profundidade da superfície de ruptura (Z_c) assumindo FS = 1, isto é, para a análise em termos efetivos:

$$Z_c = \frac{c' - u\,tg\phi'}{\gamma \cos\beta(\sen\beta - \cos\beta\, tg\phi')} \quad (4.20)$$

Outras situações estão resumidas no Quadro 4.2.

Quadro 4.2 Talude Infinito sob diferentes condições

Condição	Fator de Segurança em Tensões Efetivas
$c' = 0$; $\quad r_u = \dfrac{u}{\sigma_v} = \dfrac{u}{\gamma h}$	$FS = \dfrac{(\gamma h \cos^2\beta - u)tg\phi'}{\gamma h \sen\beta \cos\beta} = \dfrac{tg\phi'}{tg\beta}(1 - r_u \sec^2\beta) \quad (4.21)$
$c' = 0$ e $u = 0$	$FS = \dfrac{tg\phi'}{tg\beta} \quad (4.22)$

4 | Métodos de estabilidade

Quadro 4.2 Talude Infinito sob diferentes condições (cont.)

c' = 0 ; u ⇒ fluxo paralelo ao talude Talude infinito: fluxo paralelo ao talude	$$FS = \frac{(\gamma h \cos^2\beta - \gamma_w m h \cos^2\beta)tg\phi'}{\gamma h \sin\beta \cos\beta} \quad (4.23)$$ $$FS = \frac{tg\phi'}{tg\beta}\left(1 - m\frac{\gamma_w}{\gamma}\right) \quad (4.24)$$
c' = 0; u ⇒ fluxo paralelo, e NA é coincidente com a superfície do talude, isto é, m = 1	$$FS = \frac{tg\phi'}{tg\beta}\left(\frac{\gamma - \gamma_w}{\gamma}\right) = \frac{tg\phi'}{tg\beta}\left(\frac{\gamma_{sub}}{\gamma}\right) \quad (4.25)$$ Caso: $$FS = 1 \Leftrightarrow tg\beta = tg\phi'\left(\frac{\gamma_{sub}}{\gamma}\right) \approx \frac{tg\phi'}{2}$$
Atuação da raiz como elemento de reforço na zona de cisalhamento com resistência à tração T_R. Talude infinito: reforço com raízes	Assumindo que, inicialmente, a raiz é normal à superfície de escorregamento, tem-se, com a movimentação relativa (λ), a mobilização da resistência à tração da raiz. E a resistência do sistema (T_{Rf}) consistirá na resistência ao cisalhamento do solo (T_f) acrescida da parcela correspondente à raiz (T_R). As componentes na direção normal e cisalhante são: $$N_T = N + T_R \cos\lambda \quad (4.26)$$ e $$T_R \sin\lambda + S = \tau_R \sin\lambda + \frac{[c'l + (N + T_R \cos\lambda)tg\phi] + (u_a - u_w)l\, tg\phi^b}{FS} \quad (4.27)$$ Com isso, independente da dimensão (b) da fatia, o FS fica definido como: Condição saturada $$FS = \frac{c'l + [\gamma hl \cos^2\beta + T_R \cos\lambda - ul]tg\phi'}{\gamma hl \sin\beta \cos\beta - T_r \sin\lambda} \quad (4.28)$$ Condição não saturada $$FS = \frac{c'l + [\gamma hl \cos^2\beta + T_R \cos\lambda]tg\phi' + (u_a - u_w)tg\phi^b}{\gamma hl \sin\beta \cos\beta - T_r \sin\lambda} \quad (4.29)$$

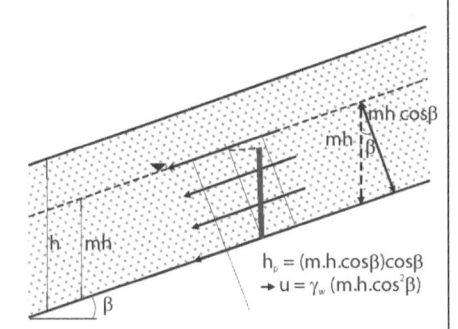

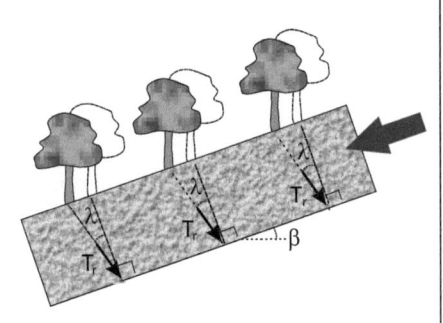

Exercício resolvido – Talude infinito

O talude indicado na Fig. 4.9 é formado por solo coluvionar. Pede-se:

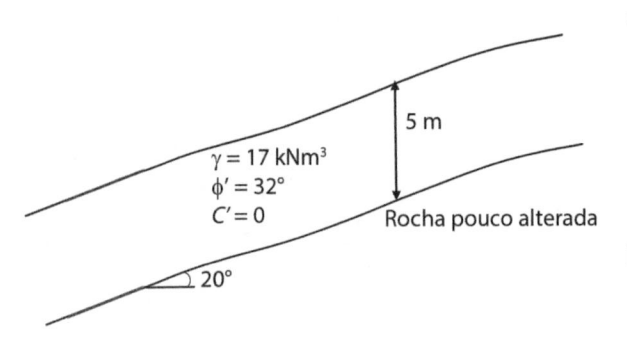

Fig. 4.9 Geometria do problema

Dados: $\gamma = 17$ kN/m³; $\phi' = 32°$; $C' = 0$; inclinação $20°$; espessura 5 m; Rocha pouco alterada.

a) Desenvolver a expressão para FS admitindo fluxo paralelo à superfície, com linha freática situada a uma profundidade $(1 - m)z$, em que z é a profundidade da superfície de ruptura.

b) Comparar o FS calculado pelo método do talude infinito com o resultado previsto por Duncan, assumindo que $m = 0,5$.

c) Desenvolver expressão para FS assumindo fluxo paralelo à superfície e linha freática a uma profundidade $(1 - m)z$, em que z é a profundidade da superfície de ruptura, considerando o solo não saturado.

d) Desenvolver expressão para FS assumindo fluxo inclinado de um ângulo α com a horizontal, com linha freática situada a uma profundidade $(1 - m)z$, em que z é a profundidade da superfície de ruptura.

Solução

a) Fluxo paralelo à superfície:

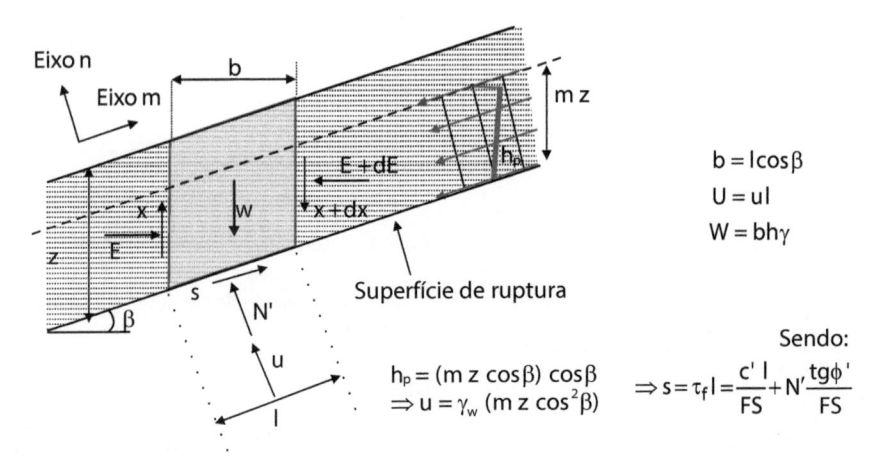

Fig. 4.10 Talude infinito

$b = l\cos\beta$
$U = ul$
$W = bh\gamma$

$h_p = (m\,z\,\cos\beta)\cos\beta$
$\Rightarrow u = \gamma_w (m\,z\,\cos^2\beta)$

Sendo:
$$\Rightarrow s = \tau_f\,l = \frac{c'\,l}{FS} + N'\frac{\mathrm{tg}\phi'}{FS}$$

$\sum F_m = 0 \quad \Rightarrow W\mathrm{sen}\beta = s \quad \Rightarrow W\mathrm{sen}\beta = \dfrac{c'\,l}{FS} + N'\dfrac{\mathrm{tg}\phi'}{FS}$

$\sum F_n = 0 \quad \Rightarrow W\cos\beta = N' + u\,l \quad \Rightarrow N' = W\cos\beta - u\,l$

$$FS = \frac{c'l + (W\cos\beta - ul)\tan\phi'}{W\sen\beta}$$

$$FS = \frac{c'\left(b/\cos\beta\right) + \left(bz\gamma\cos\beta - u\left(b/\cos\beta\right)\right)\tan\phi'}{W\sen\beta}$$

$$FS = \frac{c' + (z\gamma\cos^2\beta - u)\tan\phi'}{z\gamma\sen\beta\cos\beta}$$

$$FS = \frac{c' + (z\gamma\cos^2\beta - \gamma_\omega m z \cos^2\beta)\tan\phi'}{z\gamma\sen\beta\cos\beta}$$

Para $c' = 0$

$$FS = \frac{\left(1 - \gamma_\omega/\gamma \, m\right)\tan\phi'}{\tan\beta} = \left(1 - \frac{\gamma_\omega}{\gamma}m\right)\frac{\tan\phi'}{\tan\beta}$$

b) Comparar com o resultado previsto por Duncan:
Talude infinito:

$$FS = \left(1 - \frac{9,81}{17}0,5\right)\frac{\tan 32}{\tan 20} = 1,22$$

Duncan:
Para $\beta = 20° \Rightarrow b = 2,75$
Para $m = 0,5 \Rightarrow r_u = \frac{u}{\gamma h} = \frac{\gamma_\omega m z \cos^2\beta}{\gamma z} = \frac{0,44\gamma_\omega}{\gamma} \sim 0,22 \ (\gamma = 2\gamma_\omega)$
com isso:
$A \approx 0,75$

$$FS = A\frac{\tan\phi'}{\tan\beta} = 1,29$$

c) Fluxo paralelo à superfície e linha freática a uma profundidade $(1 - m)Z$:

$$s = \frac{\tau_f}{FS}l = \frac{cl}{FS} + \underbrace{(u_a - u_w)}_{\psi}\frac{\tan\phi^b}{FS}l + \underbrace{(\sigma - u_a)}_{\sigma(\text{se } u_a = 0)}\frac{\tan\phi'}{FS}l$$

$$s = \frac{cl}{FS} + \psi l\frac{\tan\phi^b}{FS} + N\frac{\tan\phi'}{FS}$$

$\sum F_m = 0 \quad \Rightarrow W\sen\beta = \frac{c'l}{FS} + \psi l\frac{\tan\phi^b}{FS}l + N\frac{\tan\phi'}{FS}$

$\sum F_n = 0 \quad \Rightarrow W\cos\beta = N$

Considerando que $W = \gamma h l \cos\beta$, tem-se, independente da dimensão b da fatia, a expressão para cálculo do FS.

$$FS = \frac{c\,l + \psi\,l\,\text{tg}\phi^b + \gamma\,h\,l\cos\beta\,\text{tg}\phi'}{\gamma\,h\,l\cos\beta\,\text{sen}\beta} \Rightarrow FS = \frac{c + \psi\,\text{tg}\phi^b + \gamma\,h\cos\beta\,\text{tg}\phi'}{\gamma h\cos\beta\,\text{sen}\beta}$$

d) Fluxo inclinado de um ângulo α com a horizontal (Fig. 4.11):

$b = l\cos\beta$
$U = u\,l$
$W = b h \gamma$

Sendo:
$$\Rightarrow s = \tau_f\,l = \frac{c'\,l}{FS} + N'\frac{\text{tg}\phi'}{FS}$$

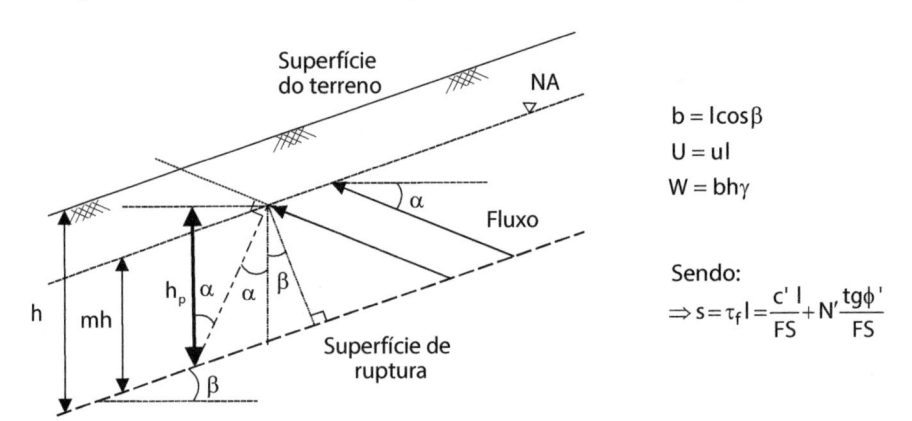

Fig. 4.11 *Condição de fluxo para talude infinito*

$$\sum F_m = 0$$

$$\sum F_n = 0$$

$$FS = \frac{c'\,l + (W\cos\beta - u\,l)\text{tg}\phi'}{W\,\text{sen}\beta}$$

$$FS = \frac{c'\left(\dfrac{b}{\cos\beta}\right) + \left(b z \gamma \cos\beta - u\left(\dfrac{b}{\cos\beta}\right)\right)\text{tg}\phi'}{W\,\text{sen}\beta}$$

$$FS = \frac{c' + (z\gamma\cos^2\beta - u)\text{tg}\phi'}{z\gamma\,\text{sen}\beta\,\cos\beta}$$

A poropressão fica geometricamente determinada por:

$$\cos(\alpha + \beta) = \frac{mZ\cos\beta}{y}, \quad y = \frac{mZ\cos\beta}{\cos(\alpha+\beta)}, \quad \cos\alpha = \frac{h_p}{\left(\dfrac{mZ\cos\beta}{\cos(\alpha+\beta)}\right)}$$

$$h_p = \frac{mZ\cos\beta\,\cos\alpha}{\cos(\alpha+\beta)} \Rightarrow u = \gamma_w \frac{mZ\cos\beta\,\cos\alpha}{\cos(\alpha+\beta)}$$

com isso:

$$FS = \frac{c' + \left(z\gamma\cos^2\beta - \dfrac{\gamma_\omega m z \cos\beta\,\cos\alpha}{\cos(\alpha+\beta)}\right)\text{tg}\phi'}{z\gamma\,\text{sen}\beta\,\cos\beta}$$

4.3.1 Força de percolação

As expressões de cálculo do FS, apresentadas anteriormente, desprezaram o efeito da força de percolação (F_p) promovida pela água quando ocorre fluxo no talude. Nos cálculos, a ação da água é indiretamente incorporada pelas forças externas atuantes na lamela.

Alternativamente, a força de percolação no interior da fatia poderia ser considerada separando-se os sólidos da água (Fig. 4.12). Nesse caso, a de percolação (F_p) é dada por:

$$F_p = \left[\vec{i} \times \gamma_w\right] \times volume = \gamma_w h l \cos\beta \, sen\beta \qquad (4.30)$$

pois o gradiente hidráulico (i) na fatia é:

$$i = \frac{\Delta h}{l} = \frac{l \, sen\beta}{l} = sen\beta \qquad (4.31)$$

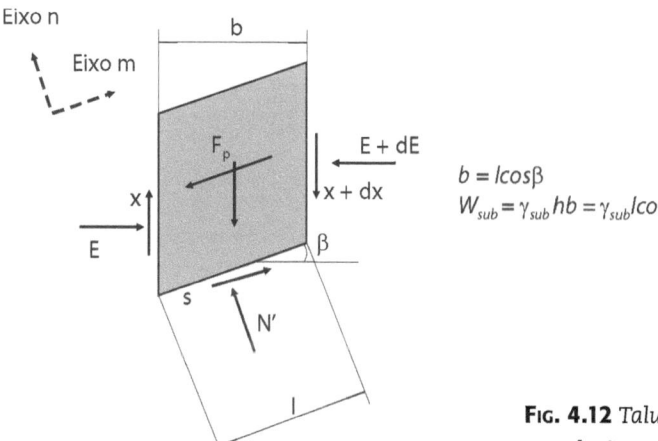

Fig. 4.12 Talude infinito saturado – força de percolação em fatia genérica

Com isso, o equilíbrio de forças nas direções paralela e perpendicular à superfície do talude é definido pelas Eqs. (4.32) e (4.33). Esse conjunto gera uma expressão para o cálculo do FS idêntica à anterior (Eq. 4.23; m = 1), na qual a poropressão foi considerada uma força externa à fatia.

$\sum F_m = 0 \qquad \Rightarrow W_{sub} sen\beta + F_p = s \Rightarrow \gamma_{sub} h l \cos\beta \, sen\beta + \gamma_w h l \cos\beta \, sen\beta = s$

$$\Rightarrow \gamma_{sat} h l \cos\beta \, sen\beta = \frac{c'l}{FS} + N' \frac{tg\phi'}{FS} \qquad (4.32)$$

$\sum F_n = 0 \qquad \Rightarrow W_{sub} \cos\beta = N' \Rightarrow N' = \gamma_{sub} h l \cos^2\beta \qquad (4.33)$

4.3.2 Ábacos de Duncan (tensões efetivas)

Duncan (1996) propôs um método simplificado para determinar o fator de segurança de taludes infinitos. Utilizando uma abordagem em termos de tensões efetivas, na qual são previamente conhecidos os parâmetros efetivos de resistência e a razão de poro pressão r_u, Duncan propôs a expressão:

$$FS = A\frac{tg\phi'}{tg\beta} + B\frac{c'}{\gamma.H} \tag{4.34}$$

na qual os parâmetros A e B são obtidos nos ábacos apresentados na Fig. 4.13. O parâmetro A varia com a razão de poropressão r_u e o parâmetro B depende exclusivamente da inclinação do talude.

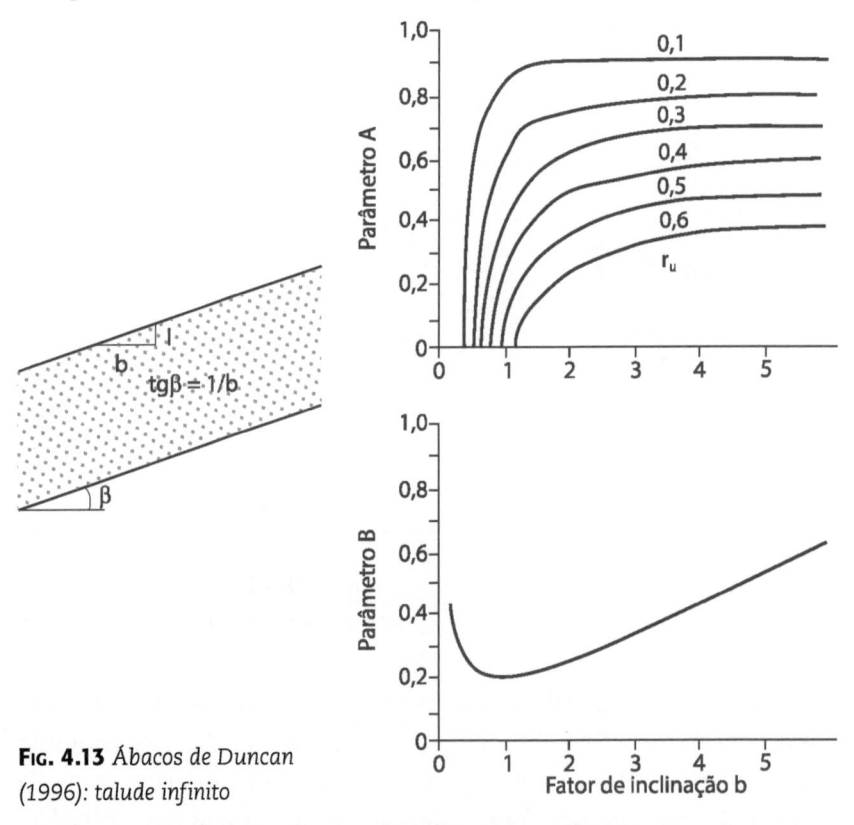

Fig. 4.13 *Ábacos de Duncan (1996): talude infinito*

Exercício resolvido – Fator de segurança: talude infinito vs. ábaco de Duncan

Após um período de chuvas, verificou-se o escorregamento de uma massa de solo, originalmente não saturado, de cerca de 2 m de espessura, sobreposta a uma rocha medianamente fraturada, com declividade média de 30°. Avaliações realizadas na área mostraram que outros taludes similares encontravam-se em condições críticas. Para minimizar o risco de novos acidentes, foram executados projetos de estabilização das áreas potencialmente instáveis, levando-se em conta exclusivamente essas informações. Determinar o valor do ângulo de atrito mobilizado durante o escorregamento, assumindo-se um valor de $c' = 0$.

Solução

Assumindo a existência de um nível d'água coincidente com a superfície do terreno, tem-se:

a) Talude infinito

$$m = 1e \frac{\gamma_w}{\gamma} \approx 0,5$$

$$FS = \frac{tg\phi'}{tg\beta}\left(1 - m\frac{\gamma_w}{\gamma}\right) = 0,5\frac{tg\phi'}{tg30} = 1 \ldots \ldots \phi' \cong 49°$$

b) Ábaco de Duncan

$$b = \frac{1}{tg\beta} = 1,73$$

$$r_u = \frac{u}{\gamma h} = \frac{\gamma_w(mh\cos^2\beta)}{\gamma h} = 0,5\cos^2\beta = 0,38$$

$$FS = A\frac{tg\phi'}{tg\beta} + B\frac{c'}{\gamma H} = 0,5\frac{tg\phi'}{tg\beta} \ldots \phi' = 49°$$

4.4 Superfícies planares — talude finito

As superfícies de ruptura, denominadas planares, são características de encostas que apresentam algum plano de fraqueza ou materiais com contrastes significativos na resistência ao cisalhamento. A inclinação do plano não é paralela à superfície do terreno (Fig. 4.14) e a solução é obtida resolvendo-se o equilíbrio de forças atuantes na cunha.

Ao se resolver o equilíbrio de forças, indicadas na Fig. 4.14, nas direções paralela e perpendicular à superfície de ruptura, tem-se:

$$\sum F_m = 0 \quad \Rightarrow s = \frac{c'(AB)}{FS} + N'\frac{tg\phi'}{FS} \Rightarrow Wsen\beta = \frac{c'(AB)}{FS} + N'\frac{tg\phi'}{FS}$$

$$\sum F_n = 0 \quad \Rightarrow W\cos\beta = N' + U \Rightarrow N' = W\cos\beta - U$$

(4.35)

Estabilidade de taludes

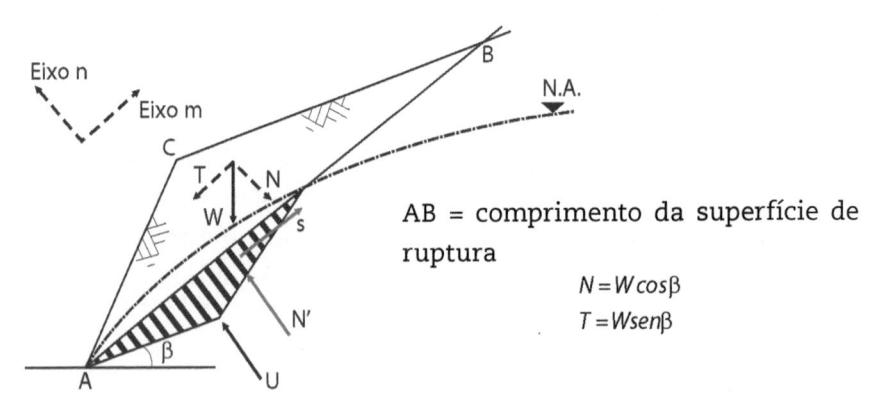

Fig. 4.14 *Superfície planar*

AB = comprimento da superfície de ruptura

$N = W\cos\beta$
$T = W\sen\beta$

Então, as expressões para o cálculo do FS ficam estabelecidas conforme as equações:

Tensões efetivas
$$\Rightarrow FS = \frac{c'(AB) + (W\cos\beta - U)tg\phi'}{W\sen\beta} \qquad (4.36)$$

Tensões totais
$$\Rightarrow FS = \frac{s_u(AB)}{W\sen\beta}$$

As superfícies planares podem eventualmente ser consideradas uma alternativa de modo de ruptura em taludes homogêneos. Nesses casos, não há como ter uma noção prévia da inclinação da superfície potencial de ruptura. Então, a análise é realizada pelo processo de busca da condição mais desfavorável, pesquisando-se superfícies com diversas inclinações. A superfície que fornece o menor FS é a considerada crítica e sua identificação é feita traçando-se a curva FS *vs* superfície analisada (Fig. 4.15).

No caso de se estudar a hipótese de presença de trinca de tração, a superfície planar é interrompida no interior do talude, na intersecção com a trinca (Fig. 4.16). Nessa figura, a superfície de ruptura é restrita

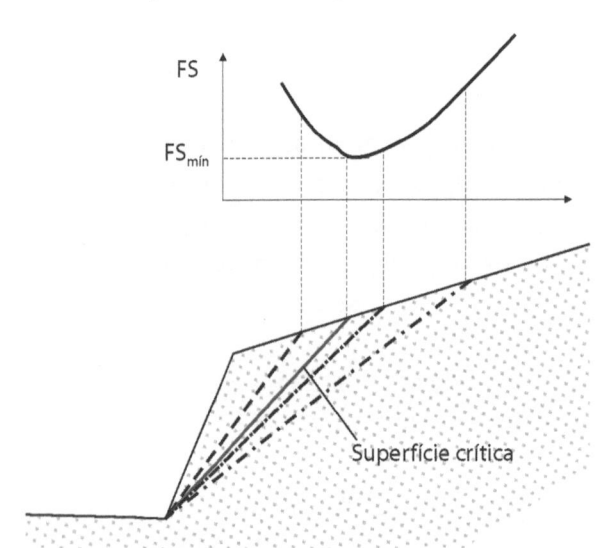

Fig. 4.15 *Procura da superfície crítica – $FS_{mín}$*

ao plano AD, havendo ainda uma sobrecarga uniformemente distribuída na superfície do terreno (q), água na trinca (V) e linha de tirante (T). A solução do problema segue a mesma metodologia, em que são identificados os esforços atuantes na cunha (descritos na Fig. 4.16) e realiza-se o equilíbrio de forças.

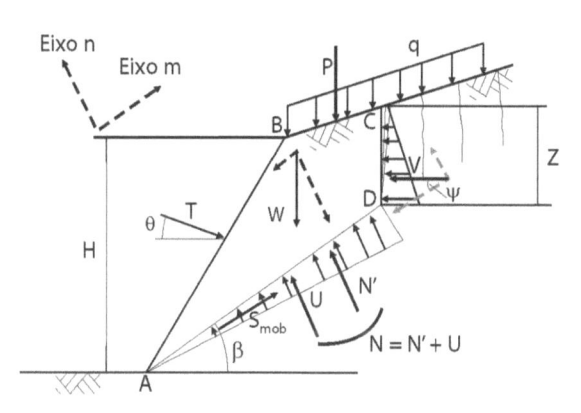

Esforços atuantes na cunha:
W – peso da cunha
P – resultante da sobrecarga, no trecho BC
$$= q \times \overline{BC}$$
V – empuxo de água na trinca
$$= \frac{1}{2}\gamma_w Z$$
T – esforço do tirante
U – poropressão na base da cunha (trecho AD)
$$= \frac{1}{2}\gamma_w Z \times \overline{AD}$$
τ_{mob} resistência no trecho AD:
$$s_{mob} = \frac{c' \times \overline{AD}}{FS} + (N-U)\frac{tg\phi'}{FS}$$
N – resultante de tensão normal no trecho AD

Fig. 4.16 *Superfície planar com trinca de tração*

Ao se resolver o equilíbrio de forças nas direções paralela e perpendicular à superfície de ruptura AD, tem-se:

$$\sum F_m = 0 \quad \begin{vmatrix} T\cos(\beta+\theta) + s_{mob} = (W+P)sen\beta + V\cos\psi \\ ou \\ s_{mob} = (W+P)sen\beta + V\cos\psi - T\cos(\beta+\theta) \end{vmatrix} \quad (4.37)$$

$$\sum F_n = 0 \quad \begin{vmatrix} (W+P)\cos\beta + T\cos(90-\beta-\theta) = N + Vsen\psi \\ ou \\ N = (W+P)\cos\beta + T\cos(90-\beta-\theta) - Vsen\psi \end{vmatrix} \quad (4.38)$$

Com isso, o FS em termos efetivos pode ser escrito como:

$$FS = \frac{c' \times \overline{AD} + \left[(W+P)\cos\beta + Tsen(\beta+\theta) - Vsen\psi - U\right]tg\phi'}{(W+P)sen\beta + V\cos\psi - T\cos(\beta+\theta)} \quad (4.39)$$

Exercício resolvido – Superfície planar

Durante a construção de uma refinaria de óleo, ocorreu a situação mostrada na Fig. 4.17. As escavações foram feitas em uma argila saturada, com peso específico γ = 18,7 kN/m³. Por acidente, a escavação mais profunda foi inundada por cerca 2 m de espessura de óleo. Assumindo a existência de condições não drenadas, calcule o coeficiente de segurança contra ruptura ao longo da superfície potencial de deslizamento AB. A resistência não drenada da argila ao longo desse plano é de 39 kPa. O peso específico do óleo e da água são, respectivamente, iguais a 8,8 kN/m³ e 9,8 kN/m³

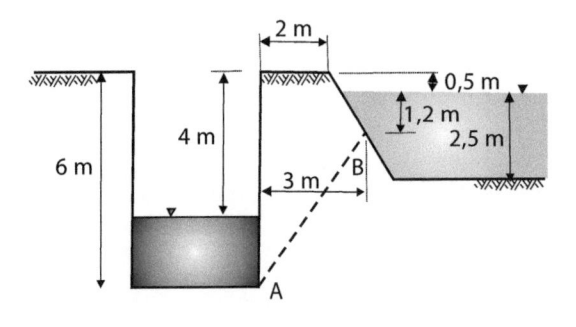

Fig. 4.17 *Geometria do problema*

Solução – superfície planar

a) Cálculo dos esforços (Fig. 4.17):

$$W = \gamma \, (\text{Área } ACDB) = 18{,}7 \times 25{,}3 = 200{,}1 \text{ kN/m}$$

$$P_{óleo} = \frac{\gamma_{óleo} \, h_{óleo}^2}{2} = \frac{8{,}8 \times 2^2}{2} = 17{,}6 \text{ kN/m}$$

$$P_{água} = \frac{\gamma_{água} \, h_{água} \left(\frac{1{,}2}{\cos \beta}\right)}{2} = \frac{9{,}81 \times 1{,}2 \times \frac{1{,}2}{\cos 30{,}46}}{2} = 8{,}19 \text{ kN/m}$$

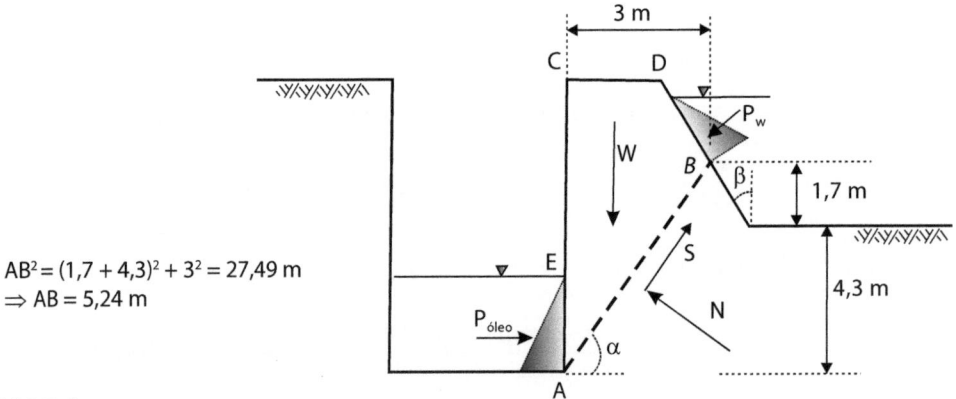

$AB^2 = (1{,}7 + 4{,}3)^2 + 3^2 = 27{,}49 \text{ m}$
$\Rightarrow AB = 5{,}24 \text{ m}$

Fig. 4.18 *Esforços atuantes*

b) Por equilíbrio de forças (Fig. 4.19), determina-se S = 166,5 kN/m. Com isso:

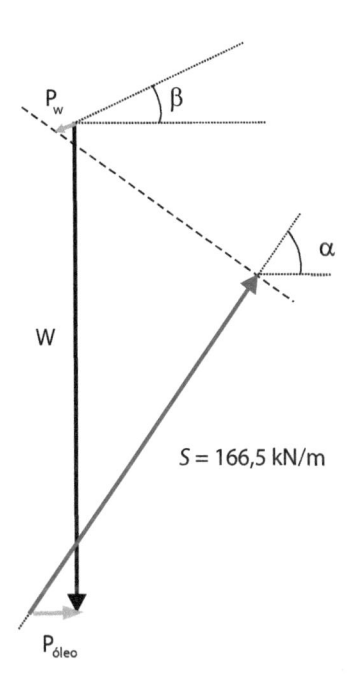

$$FS = \frac{S_u}{\tau_{mob}} = \frac{39}{S/AB} = \frac{39 \times 5{,}24}{166{,}5} = 1{,}23$$

$S = 166{,}5$ kN/m

Fig. 4.19 *Equilíbrio de forças*

c) Resolvendo as equações de equilíbrio, chega-se a:

$$\sum F_v = 0 \qquad W - P_w \operatorname{sen}\beta = S\operatorname{sen}\alpha - N\cos\alpha \Rightarrow$$

$$S = \frac{W + P_w \operatorname{sen}\beta - N\cos\alpha}{\operatorname{sen}\alpha}$$

$$\sum F_h = 0 \qquad P_{\text{óleo}} + S\cos\alpha = P_w \cos\beta + N\operatorname{sen}\alpha \Rightarrow$$

$$N = \frac{P_{\text{óleo}} + S\cos\alpha - P_w \cos\beta}{\operatorname{sen}\alpha}$$

Então:

$$S\operatorname{sen}\alpha = W + P_w \operatorname{sen}\beta - \left(\frac{P_{\text{óleo}} + S\cos\alpha - P_w \cos\beta}{\operatorname{sen}\alpha}\right)\cos\alpha$$

$$S\operatorname{sen}^2\alpha = W\operatorname{sen}\alpha + P_w \operatorname{sen}\beta \operatorname{sen}\alpha - P_{\text{óleo}}\cos\alpha - S\cos^2\alpha + P_w \cos\beta \cos\alpha$$

$$S\underbrace{\left(\operatorname{sen}^2\alpha + \cos^2\alpha\right)}_{=1} = W\operatorname{sen}\alpha + P_w(\operatorname{sen}\beta \operatorname{sen}\alpha + \cos\beta \cos\alpha) - P_{\text{óleo}}\cos\alpha$$

$$S = W\operatorname{sen}\alpha + P_w \cos(\alpha - \beta) - P_{\text{óleo}}\cos\alpha$$

$S = 161{,}5$ kN/m

Logo:

$$FS = \frac{S_u}{S/AB} = 1{,}27$$

d) Procura da superfície crítica:
Foram realizadas análises considerando a possibilidade de superfície circular e superfície plana (Fig. 4.20).

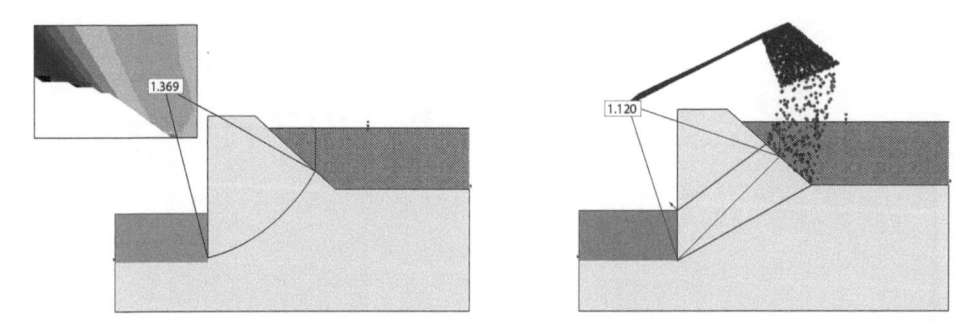

Fig. 4.20 *Procura do FS mínimo: (A) circular FS = 1,37; (B) plana FS = 1,12*

4.4.1 Método das cunhas

As superfícies planares podem ser constituídas de mais de um plano. No exemplo da Fig. 4.21, o talude da barragem rompe quando em contato com o núcleo argiloso, através de superfície multiplanar.

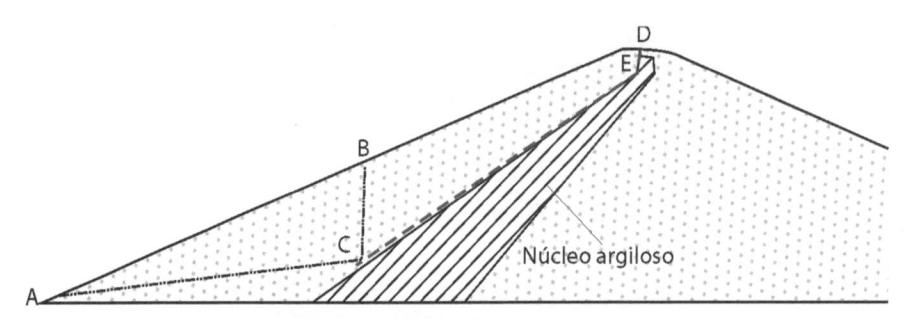

Fig. 4.21 *Exemplos de superfícies de ruptura poligonal*

A superfície potencial de ruptura é dividida em fatais e o FS é obtido por equilíbrio de esforços nas direções horizontal e vertical. As incógnitas do problema estão na Fig. 4.22. Além do peso das cunhas (W), das tensões normal efetiva (N') e cisalhante (S), atuantes na superfície de ruptura, e da pressão da água (U), o equilíbrio envolve forças adicionais entre cunhas (E_{ij}), que devem apresentar a mesma magnitude e direções contrárias, isto é, $E_{12} = E_{21}$. A inclinação do empuxo entre fatias (δ) surge também como uma nova incógnita.

Com isso, o problema torna-se indeterminado, tendo em vista que o número de incógnitas é superior ao número de equações de equilíbrio (duas equações de equilíbrio de forças para cada cunha). A indeterminação é solucionada a partir da hipótese de inclinação do empuxo entre fatias (δ).

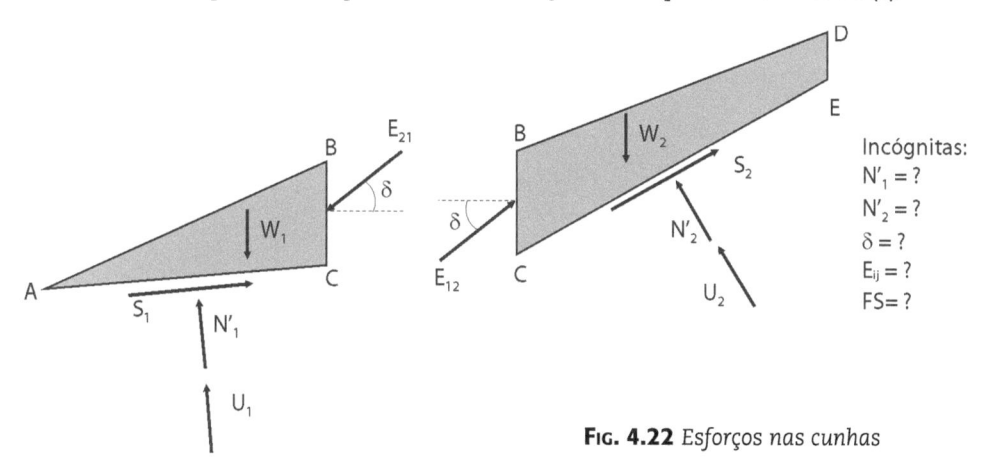

Fig. 4.22 *Esforços nas cunhas*

O valor de δ pode variar entre 0 e ϕ', e, quando se adota $\delta = 0$, o valor de FS é conservativo, enquanto para $\delta = \phi'$, FS é superestimado. Recomenda-se, como hipótese razoável, a adoção de δ da ordem da inclinação do talude, ou entre 10° e 15°.

Como o equilíbrio das cunhas deve resultar no mesmo valor de FS, o cálculo da estabilidade é feito de forma iterativa:

- arbitra-se o valor de δ;
- arbitra-se um valor de FS (quanto menor FS, maiores as forças estabilizantes);
- constroem-se os polígonos de força de cada cunha;
- determinam-se E_{12} (Fig. 4.23) e E_{21};

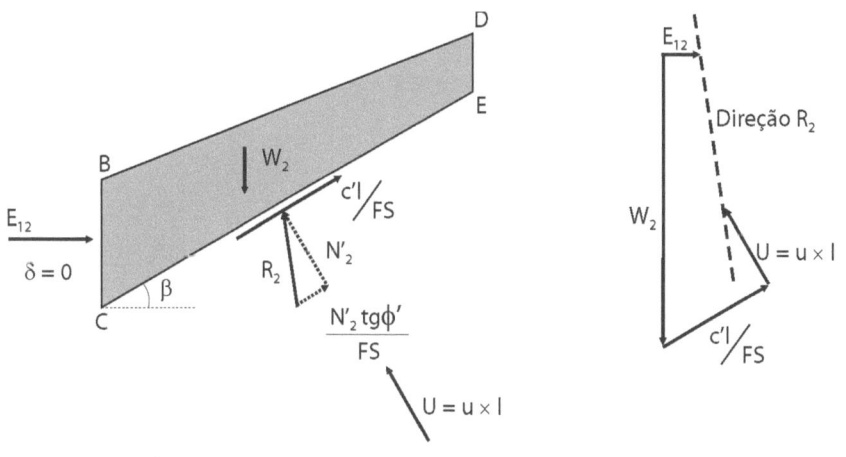

Fig. 4.23 *Equilíbrio de esforços na cunha*

- caso $E_{12} \neq E_{21}$, repete-se o procedimento com outro valor de FS. Essa verificação pode ser feita traçando as curvas de FS x E_{ij} ou $\Delta E \times FS$, como mostrado na Fig. 4.24.

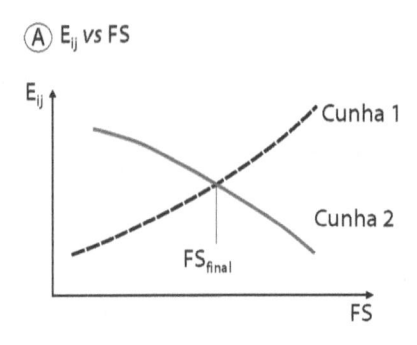

Fig. 4.24 *Determinação do FS*

Quando o problema envolve duas cunhas e admitindo que a inclinação da resultante de forças entre fatias seja nula ($\delta = 0$), o problema passa a ter solução mais simples:

- arbitra-se FS;
- por equilíbrio de forças vertical (Eq. 4.40) e horizontal (Eq. 4.41), calcula-se o valor de E, conforme a Eq. (4.42):

$$\sum F_v = 0 \quad \left| \begin{array}{l} W - \dfrac{c'l}{FS} \text{sen}\beta - N' \dfrac{tg\phi'}{FS} \text{sen}\beta - N' \cos\beta = 0 \\ \Rightarrow N' = \dfrac{WFS - c'l\text{sen}\beta}{tg\phi' \text{sen}\beta + FS\cos\beta} \end{array} \right. \quad (4.40)$$

$$\sum F_h = 0 \quad \left| \begin{array}{l} E + \dfrac{c'l}{FS}\cos\beta + N' \dfrac{tg\phi'}{FS}\cos\beta - N'\text{sen}\beta = 0 \\ \Rightarrow E = N'\text{sen}\beta - \dfrac{c'l}{FS}\cos\beta - N' \dfrac{tg\phi'}{FS}\cos\beta \end{array} \right. \quad (4.41)$$

$$E = \left(\dfrac{WFS - c'l\text{sen}\beta}{tg\phi'\text{sen}\beta + FS\cos\beta} \right) \left(\text{sen}i - \dfrac{tg\phi'\cos\beta}{FS} \right) - \dfrac{c'l}{FS}\cos\beta \quad (4.42)$$

- calcula-se a diferença entre os empuxos nas duas cunhas (ΔE), observando que:
  - Se $\Delta E < 0 \Rightarrow$ FS arbitrado muito baixo;
  - Se $\Delta E > 0 \Rightarrow$ FS arbitrado muito alto;
  - Se $\Delta E = 0 \Rightarrow$ FS adequado.

Exercício resolvido – Método das cunhas

Dado o perfil a seguir, estime o FS para superfície indicada na Fig. 4.25. O solo A é constituído de um aterro arenoso com peso específico de 19,2 kN/m³ e parâmetros de resistência $c' = 0$ e $\phi' = 30°$. O aterro está assente em uma camada argilos saturada, com resistencia não drenada de 35 kPa e peso específico semelhante ao do aterro.

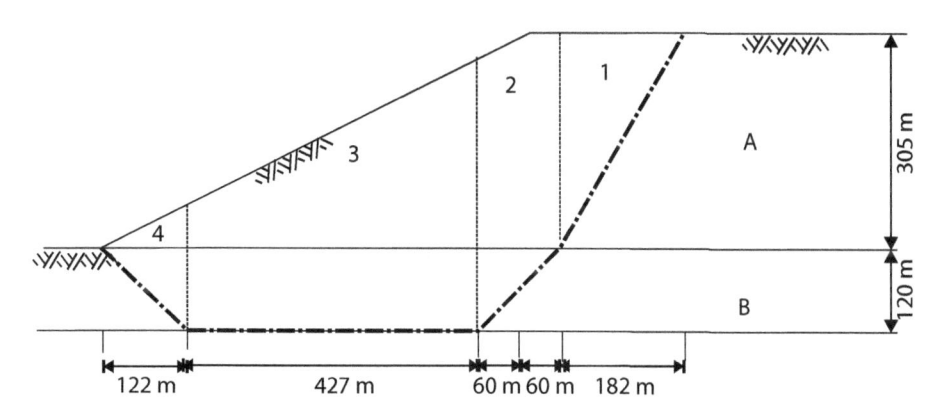

FIG. 4.25 *Geometria analisada (cotas em cm)*

Solução – método de Fellenius e Bishop

Cálculo dos W_i:

$$S_1 = \frac{3,05 \times 1,82}{2} = 2,78 \text{ m}^2 \Rightarrow W_1 = 53,4 \text{ kN/m}$$

$$S_2 = \frac{1,2 \times 1,2}{2} + 2,73 \times 1,20 + 0,32 \times 0,6 + \frac{0,32 \times 0,6}{2} = 4,28 \text{ m}^2 \Rightarrow W_2 = 82,2 \text{ kN/m}$$

$$S_3 = 1,8 \times 4,27 + \frac{2,45 \times 4,27}{2} = 12,92 \text{ m}^2 \Rightarrow W_3 = 248,1 \text{ kN/m}$$

$$S_4 = \frac{1,8 \times 1,22}{2} = 1,10 \text{ m}^2 \Rightarrow W_4 = 21,1 \text{ kN/m}$$

Cálculo dos L_i:

$$L_1 = 3,55 \text{ m}$$
$$L_2 = 1,73 \text{ m}$$
$$L_3 = 4,27 \text{ m}$$
$$L_4 = 1,72 \text{ m}$$

Estabilidade de taludes

Arbitrando-se FS = 3:

$$C_1 = 3{,}55 \times \frac{0}{3} = 0$$

$$C_2 = 1{,}73 \times \frac{35}{3} = 20{,}2 \text{ kN/m}$$

$$C_3 = 4{,}27 \times \frac{35}{3} = 49{,}8 \text{ kN/m}$$

$$C_4 = 1{,}72 \times \frac{35}{3} = 20{,}1 \text{ kN/m}$$

$$\Rightarrow \phi_{mob} = arzc\, tg \left(\frac{tg\phi_{adm}}{FS}\right)$$

$$\phi_{mobA} = arc\, tg\, \frac{tg\, 30}{3} = 10{,}89°$$

$$\phi_{mobB} = arc\, tg\, \frac{g}{3} = 0°$$

Desenhando o equilíbrio de forças (Fig. 4.25) chega-se a um desbalanceamento de 14 kN/m.

Arbitrando-se FS = 2,8:

$$C_1 = 3{,}55 \times \frac{0}{2{,}8} = 0$$

$$C_2 = 1{,}73 \times \frac{35}{2{,}8} = 21{,}6 \text{ kN/m}$$

$$C_3 = 4{,}27 \times \frac{35}{2{,}8} = 53{,}4 \text{ kN/m}$$

$$C_4 = 1{,}72 \times \frac{35}{2{,}8} = 21{,}5 \text{ kN/m}$$

$$\phi_{mobA} = arc\, tg\, \frac{tg\, 30}{2{,}8} = 11{,}65°$$

$$\phi_{mobB} = arc\, tg\, \frac{tg\, 0}{2{,}8} = 0°$$

Neste caso, o equilíbrio de forças (Fig. 4.26) acarreta um desbalanceamento de 3 kN/m.

Plotando-se os resultados para os FS iguais a 3 e 2,8 chega-se a um resultado final de FS = 2,74 (Fig. 4.27).

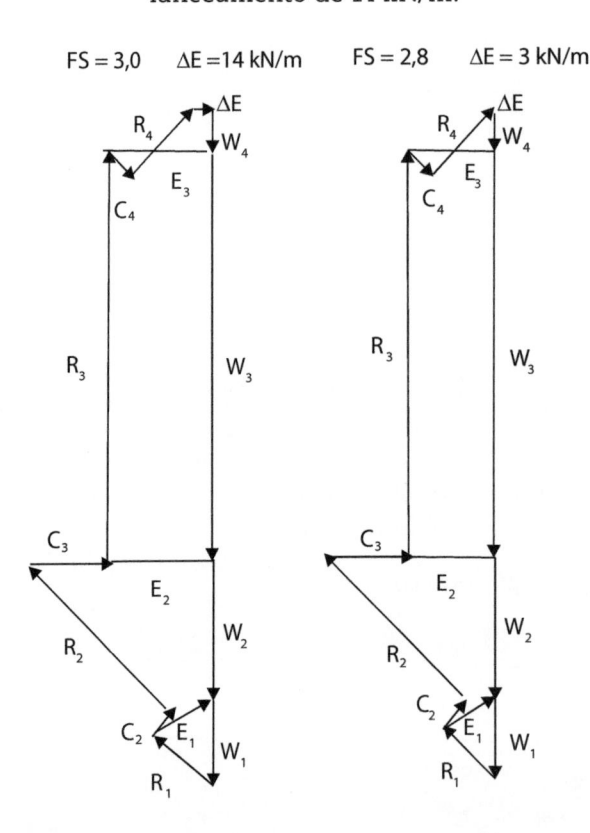

Fig. 4.26 *Equilíbrio de forças para FS = 3 e FS = 2,8*

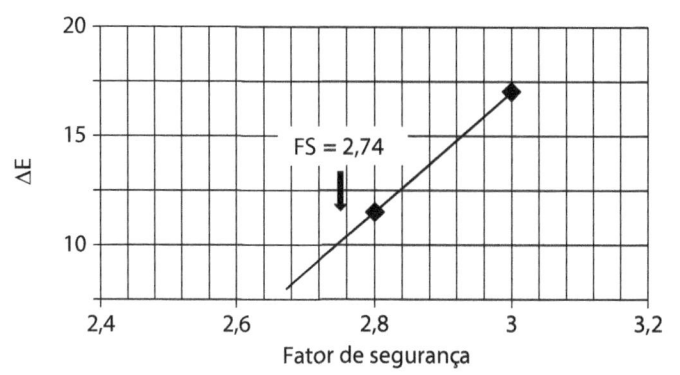

Fig. 4.27 *Fator de segurança*

4.5 Superfície circular

4.5.1 Ábacos de Taylor ($\phi = 0$)

Os primeiros ábacos de estabilidade foram preparados por Taylor (1948), que pesquisou o círculo crítico, isto é, a condição de FS = 1, considerando uma geometria simples, solo homogêneo e saturado e superfície de ruptura circular (Fig. 4.28). Os ábacos são estritamente aplicáveis a análises de tensões totais, admitindo resistência não drenada constante com a profundidade, o que dificilmente se verifica no campo.

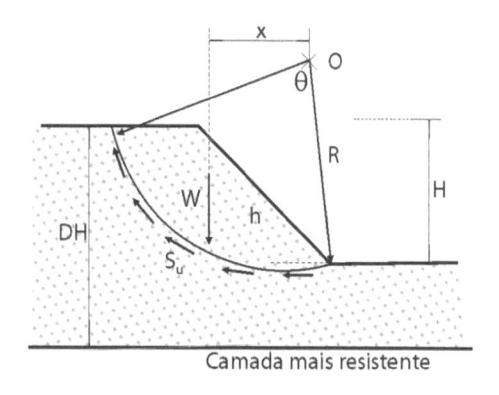

Fig. 4.28 *Método de Taylor – geometria adotada*

A partir do equilíbrio de momentos (Eq. 4.43), para condição de FS = 1, Taylor sugere que a equação seja escrita em termos dos parâmetros geométricos e geotécnicos (Eq. 4.44), ou melhor, define um parâmetro denominado fator de estabilidade (N), associado à condição de ruptura:

$$FS = \frac{\sum(M_o)_{resistente}}{\sum(M_o)_{atuante}} = \frac{R \int s_u ds}{W x} \qquad (4.43)$$

$$FS = \frac{s_u R^2 \theta}{W \cdot x} = N\left(\frac{s_u}{\gamma H}\right) = 1$$

$$\text{onde } N = \left(\frac{\gamma H}{s_u}\right) \qquad (4.44)$$

Taylor propõe o uso da Fig. 4.29 para a determinação do fator de estabilidade (1/N), em função da profundidade da superfície de ruptura

(DH) para diferentes inclinações do talude β. Com isso, determina-se a resistência necessária (c_d) para promover a ruptura e, nas linhas tracejadas, a distância entre a superfície de ruptura e o pé do talude.

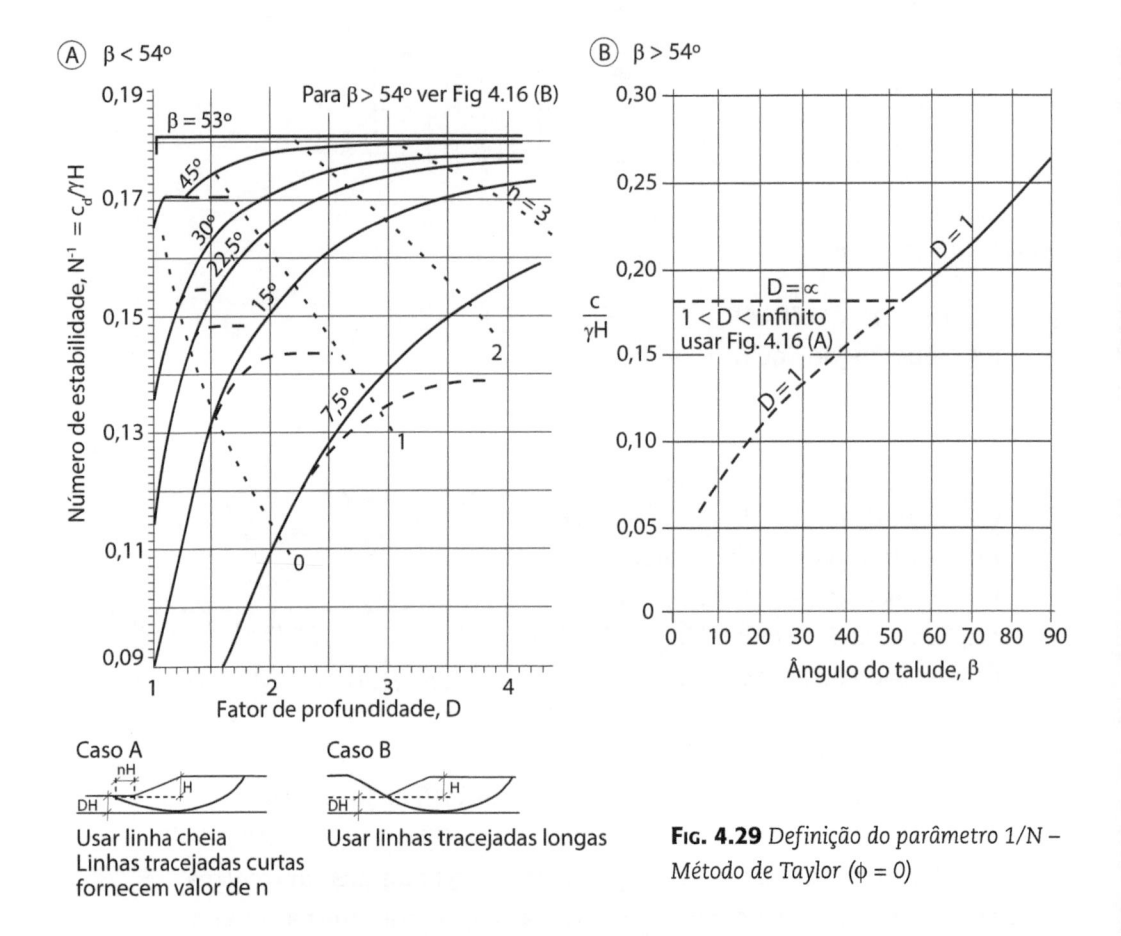

Fig. 4.29 Definição do parâmetro 1/N – Método de Taylor ($\phi = 0$)

Caso A: Usar linha cheia. Linhas tracejadas curtas fornecem valor de n.

Caso B: Usar linhas tracejadas longas.

Para taludes com inclinação β < 54°, o método pode ser usado para as seguintes condições:

- Caso A: válidas as curvas cheias (Fig. 4.29A). Quando há a possibilidade de a superfície de ruptura ultrapassar o pé do talude, as linhas tracejadas, transversais às curvas de traço cheio, permitem determinar a distância entre a superfície de ruptura e o pé do talude (nH).
- Caso B: válidas as curvas tracejadas longas (Fig. 4.29A).
- Para situações em que não existe camada rígida (D = ∞), o fator de estabilidade (N) é obtido com a reta tracejada na Fig. 4.29B.
- Para determinar a superfície crítica, testam-se vários círculos, até se obter o menor FS, isto é,

- as variáveis H e β são conhecidas;
- para diferentes valores de D, calcula-se a resistência não drenada associada à condição de ruptura, ou melhor, a partir de

$$FS = 1 \Rightarrow \text{pelo ábaco} \Rightarrow 1/N = \left(\frac{c}{\gamma H}\right) \Rightarrow c_{mob} = \frac{\gamma H}{N} \quad (4.45)$$

⊡ Compara-se c_{mob} com a resistência não drenada (s_u), calcula-se o fator de segurança:

$$FS = \frac{s_u}{c_{mob}} \quad (4.46)$$

Para taludes com inclinação β > 54° (Fig. 4.29B), a superfície crítica passa necessariamente pelo pé do talude (D = 1). A localização do círculo de ruptura obtida com o uso do ábaco é mostrada na Fig. 4.30.

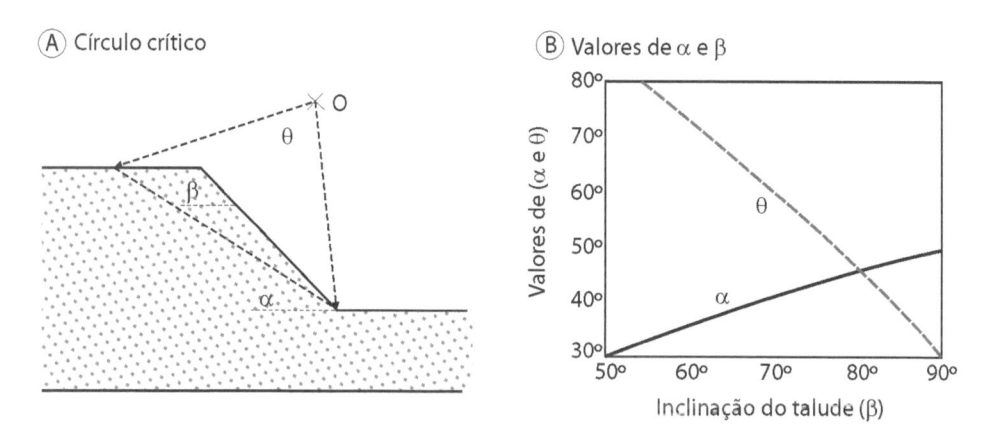

Fig. 4.30 *Localização dos círculos de pé (β > 54°) – Método de Taylor (Chowdhurry, 1978)*

Exercício resolvido – Ábacos de Taylor: solo homogêneo

Um depósito com superfície plana consiste em camada de argila média saturada com resistência média de 30 kPa sobrejacente à areia grossa densa que se encontra a uma profundidade de 12 m. Propõe-se escavar esse depósito até uma profundidade de 9 m. Determinar a inclinação da escavação para que se tenha um coeficiente de segurança de 1,5 contra ruptura generalizada. Considerar o peso específico da argila como 16 kN/m³. Para a inclinação obtida, qual seria o valor do fator de segurança se durante e após a escavação, o depósito argiloso estivesse permanentemente submerso?

Solução – ábaco de Taylor

a) Para FS = 1,5:

O ábaco de Taylor (tensões totais) fornece a solução para condição de ruptura, isto é, FS = 1.

Para FS = 1,5, deve-se calcular o valor da resistência não drenada a ser adotado, isto é:

$$(S_u)_{FS=1,5} = \frac{30}{1,5} = 20 \text{ kPa}$$

$$\frac{1}{N} = \left(\frac{S_u}{\gamma H}\right) = \frac{20}{16 \times 9} = 0,14$$

Sendo DH = 3 m, chega-se a D = 0,33 e para $n \cong 0$, tem-se a inclinação necessária de $\beta \cong 18,8°$ ou 1:2,95 (V:H).

b) FS = ? se houvesse submersão total (γ_ω = 9,81 kN/m³):

Dado que D = 0,33 e $\beta \cong 20°$

$$\left(\frac{S_u}{\gamma_{sub} H}\right) = 0,14 \Rightarrow [S_u]_{proj} = 0,14 \times 6,19 \times 9 = 7,8 \text{ kPa} \Rightarrow FS = \frac{30}{7,8} = 3,85$$

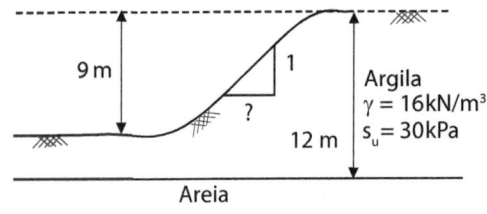

Fig. 4.31 *Geometria do problema*

(9 m; 12 m; Argila γ = 16kN/m³; s_u = 30kPa; Areia)

Os ábacos de Taylor podem ser estendidos para outras situações:

☐ No caso de taludes totalmente submersos, os ábacos podem ser usados considerando o valor do peso específico submerso (γ_{sub}), em vez do peso específico total;

☐ No caso de solos heterogêneos ou que apresentem a resistência não drenada (s_u) variando com a profundidade, os parâmetros geotécnicos podem ser substituídos por valores equivalentes, calculados a partir da média ponderada (Fig. 4.32).

(Solo 1 $\gamma_1 = S_{u1}$ h_1; Solo 2 $\gamma_2 = S_{u2}$ h_2; Solo 2 $\gamma_3 = S_{u3}$) $\Rightarrow$ (Solo equivalente $h_1 + h_2$)

$$\gamma_{med} = \frac{\sum \gamma_i h_i}{\sum h_i}$$

$$s_{u\,med} = \frac{\sum s_{ui} h_i}{\sum h_i}$$

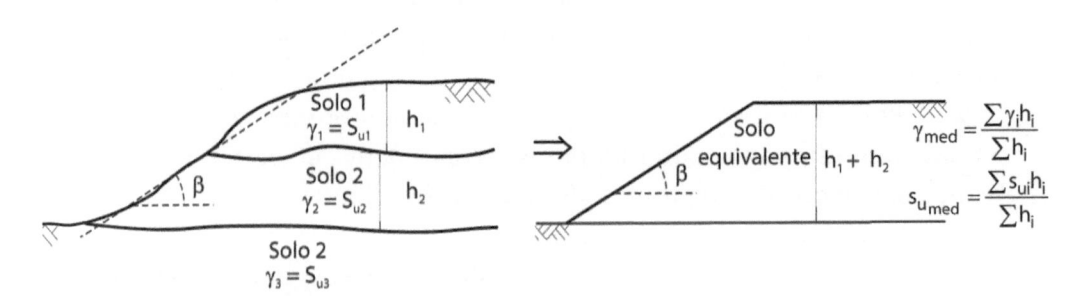

Fig. 4.32 *Exemplo de talude heterogêneo – Ábaco de Taylor*

Exercício resolvido – Ábacos de Taylor: solo heterogêneo

Determine a inclinação crítica do talude adiante, tal que FS = 1,3. Ensaios no local mostraram variações significativas no valor da resistência não drenada, como mostra a Fig. 4.33.

Solução – ábaco de Taylor

O solo heterogêneo, ou solo com S_u variando com a profundidade, pode ser analisado por Taylor, fazendo-se uma ponderação com relação às espessuras das camadas (Fig. 4.34).

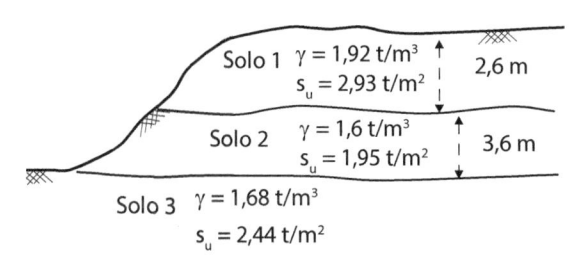

Fig. 4.33 Perfil do terreno

Solo 1 $\gamma = 1{,}92$ t/m³ $s_u = 2{,}93$ t/m²   2,6 m
Solo 2 $\gamma = 1{,}6$ t/m³ $s_u = 1{,}95$ t/m²   3,6 m
Solo 3 $\gamma = 1{,}68$ t/m³ $s_u = 2{,}44$ t/m²

$D = 1$ e $\beta \approx 50° \Rightarrow \dfrac{1}{N} = \dfrac{c}{H\gamma_{med}} \cong 0{,}177$

$\Rightarrow s_{umob} = 0{,}177 H\gamma_{med}$ para $FS = 1$

$\gamma_{med} = \dfrac{\sum \gamma_i h_i}{\sum h_i} = \dfrac{1{,}92 \times 2{,}6 + 1{,}6 \times 3{,}6}{6{,}2} = 1{,}73$

$s_{umed} = \dfrac{\sum s_{ui} h_i}{\sum h_i} = \dfrac{2{,}93 \times 2{,}6 + 1{,}95 \times 3{,}6}{6{,}2} = 2{,}36$

$s_{umob} = 0{,}177 \times 6{,}2 \times 1{,}73 = 1{,}9$

$FS = \dfrac{(s_u)_{med}}{(s_u)_{mob}} = \dfrac{2{,}36}{1{,}9} = 1{,}2$

Fig. 4.34 Modelo de perfil do terreno

Terzaghi e Peck (1967) estenderam os ábacos de Taylor para situações em que $\phi \neq 0$, como mostra a Fig. 4.34. A análise manteve a abordagem em termos de tensão total, e o procedimento para a utilização do ábaco é feito de forma iterativa:

- assumir um valor de fator de segurança (FS_1);
- calcular o valor o ângulo de atrito correspondente à ruptura (ϕ_d) a partir de:

$$tg\phi_d = \dfrac{tg\phi}{FS_1} \tag{4.47}$$

- considerando ϕ_d, β, γ e H, determinar c_d (Fig. 4.35);
- calcular o fator de segurança:

$$FS_2 = \dfrac{c}{c_d} \tag{4.48}$$

⊡ caso $FS_1 \neq FS_2$, reiniciar o processo.

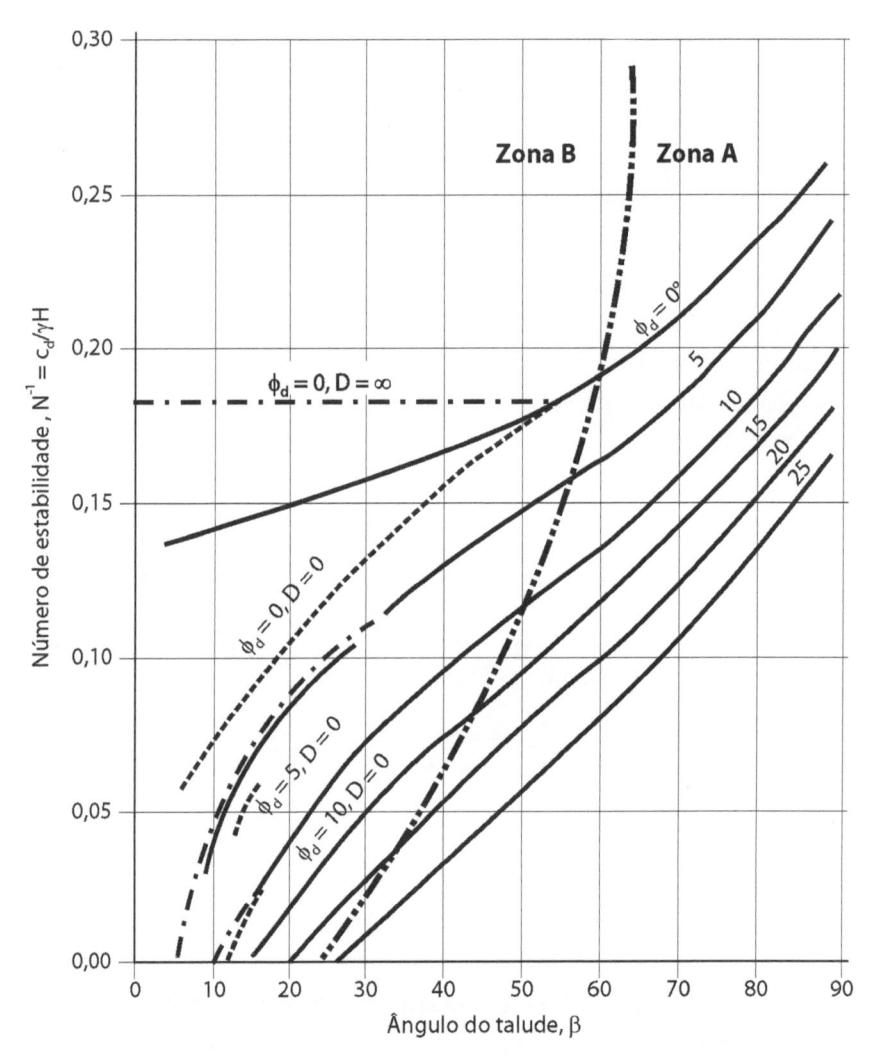

Gráfico: Número de estabilidade $N^{-1} = c_d/\gamma H$ versus Ângulo do talude β, com curvas para $\phi_d = 0°, 5, 10, 15, 20, 25$ e curvas tracejadas para $\phi_d = 0, D = \infty$; $\phi_d = 0, D = 0$; $\phi_d = 5, D = 0$; $\phi_d = 10, D = 0$. Zona A e Zona B indicadas.

Zona A
Superfície de ruptura passa pelo pé do talude
⇒ Usar linha cheia

Zona B
Caso 1: Superfície de ruptura passa pelo pé do talude
⇒ Usar linha cheia
Caso 2: Superfície de ruptura ultrapassa o pé do talude
⇒ Usar linha tracejada longa
Caso 3: Superfície de ruptura passa no talude (D=0)
⇒ Usar linha tracejada curta

Fig. 4.35 *Ábaco de Taylor para o caso em que* $c \neq 0$ *e* $\phi \neq 0$

Exercício resolvido – Ábacos de Taylor: escavação de canal

Imediatamente após a execução de um corte para a abertura de um canal com profundidade de 6,1 m e inclinação do talude de 1:1,75 (H:V) ocorreu uma ruptura por escorregamento (Fig. 4.36). O subsolo no fundo do reservatório consiste em argila siltosa até 10,7 m de profundidade, assente sobre areia grossa muito densa.

Considerando que inicialmente o talude encontra-se submerso e assumindo o peso específico da argila igual a 16 kN/m³, pede-se:

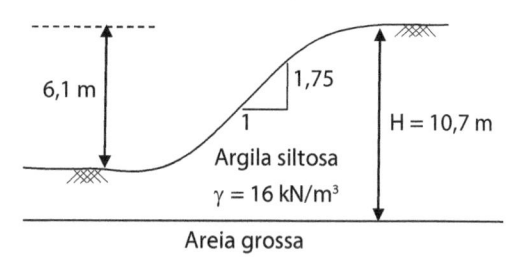

FIG. 4.36 Geometria do problema

a) Calcular a resistência ao cisalhamento mobilizada da argila a partir da retroanálise da ruptura ocorrida.

b) Para que o corte possa ser executado até a mesma profundidade, qual a inclinação de talude a ser utilizada se a especificação de projeto for FS = 1,27?

c) Qual seria o coeficiente de segurança dos taludes do canal definido anteriormente se houver um esvaziamento rápido do reservatório e do canal?

Solução – ábacos de Taylor

a) Solução pelo ábaco de Taylor – tensões totais, solo saturado, FS = 1 (γ_ω = 9,81 kN/m³):

Talude submerso – ruptura pelo pé do talude

$$D = \frac{4,6}{6,1} = 0,75$$

$$\beta = 60,2° \Rightarrow \frac{c'}{\gamma_{sub} H} = 0,19 \therefore s_u = 0,19 \times 6,19 \times 6,1 = 7,17 \text{ kPa}$$

b) Para FS =1,27:

$$[s_u]_{proj} = \frac{7,17}{1,27} = 5,65 \text{ Pa}$$

$$\frac{c}{\gamma_{sub} H} = \frac{5,65}{6,19 \times 6,1} = 0,15$$

Ábaco de Taylor $\Rightarrow \beta = 40°$

c) Considerando rebaixamento rápido:

$\beta = 40°$ e $D = 0,75$

Ábaco de Taylor $\Rightarrow \dfrac{c'}{\gamma H} \cong 0{,}173 \therefore c = 0{,}173 \times 16 \times 6{,}1 = 16{,}88$ kPa

$\Rightarrow FS = \dfrac{6{,}95}{16{,}88} = 0{,}41$

4.5.2 Ábacos de Hoek e Bray (tensões efetivas)

Com base no método de círculo de atrito e na introdução de hipóteses simplificadoras sobre a distribuição de tensões normais, Hoek e Bray (1981) apresentaram ábacos de estabilidade para taludes de geometria simples, submetidos a determinadas condições de fluxo, solo homogêneo e isotrópico, superfície de ruptura circular passando pelo pé do talude, conectando-se à trinca de tração na superfície do terreno.

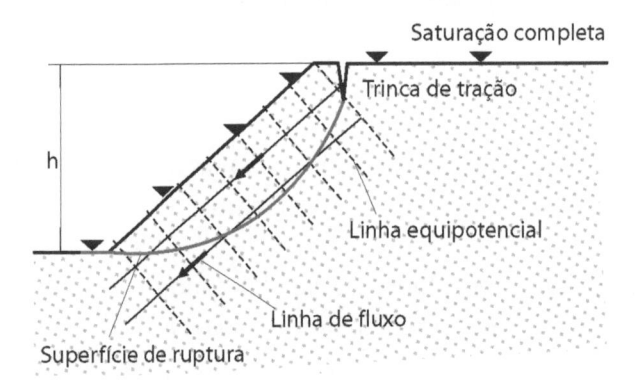

Fig. 4.37 *Condição de saturação completa*

Os ábacos são válidos para determinadas condições de fluxo, que podem variar desde a inexistência de água no talude até a saturação completa (Fig. 4.37). Uma vez definida a posição da linha freática que mais se aproxima da condição de campo, segue-se a sequência de utilização dos ábacos mostrada na Fig. 4.38.

As Figs. 4.39 a 4.43 mostram as soluções para cinco situações distintas de linha freática, definidas geometricamente pela razão L_w/H, em que H é a altura do talude e L_w é a distância entre o pé do talude e o ponto em que a linha freática atinge a superfície do terreno. Em todos os casos, a superfície crítica passa pelo pé do talude.

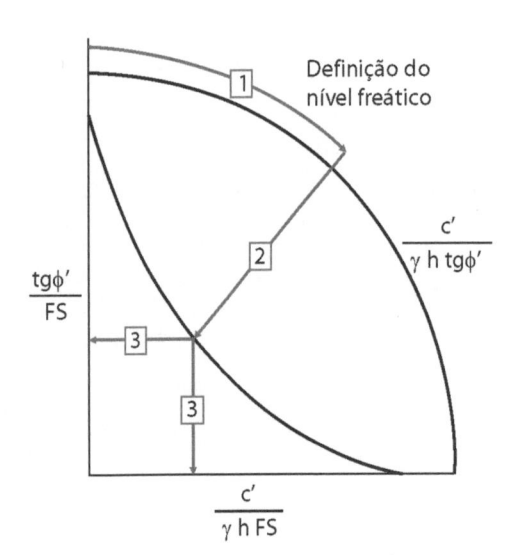

Fig. 4.38 *Sequência de utilização dos ábacos – Hoek e Bray*

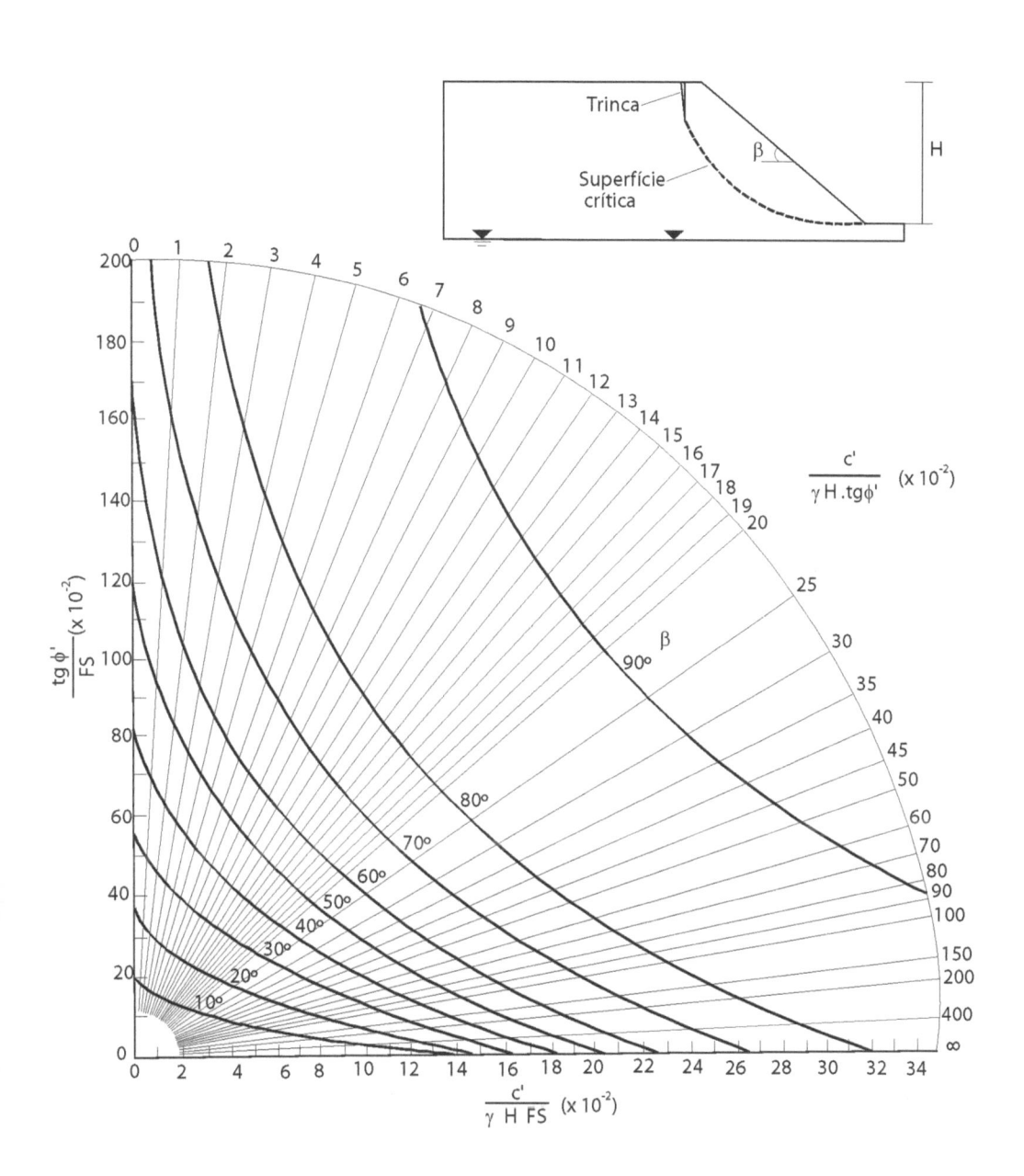

FIG. 4.39 *Ábaco de estabilidade: linha freática com linha freática profunda*

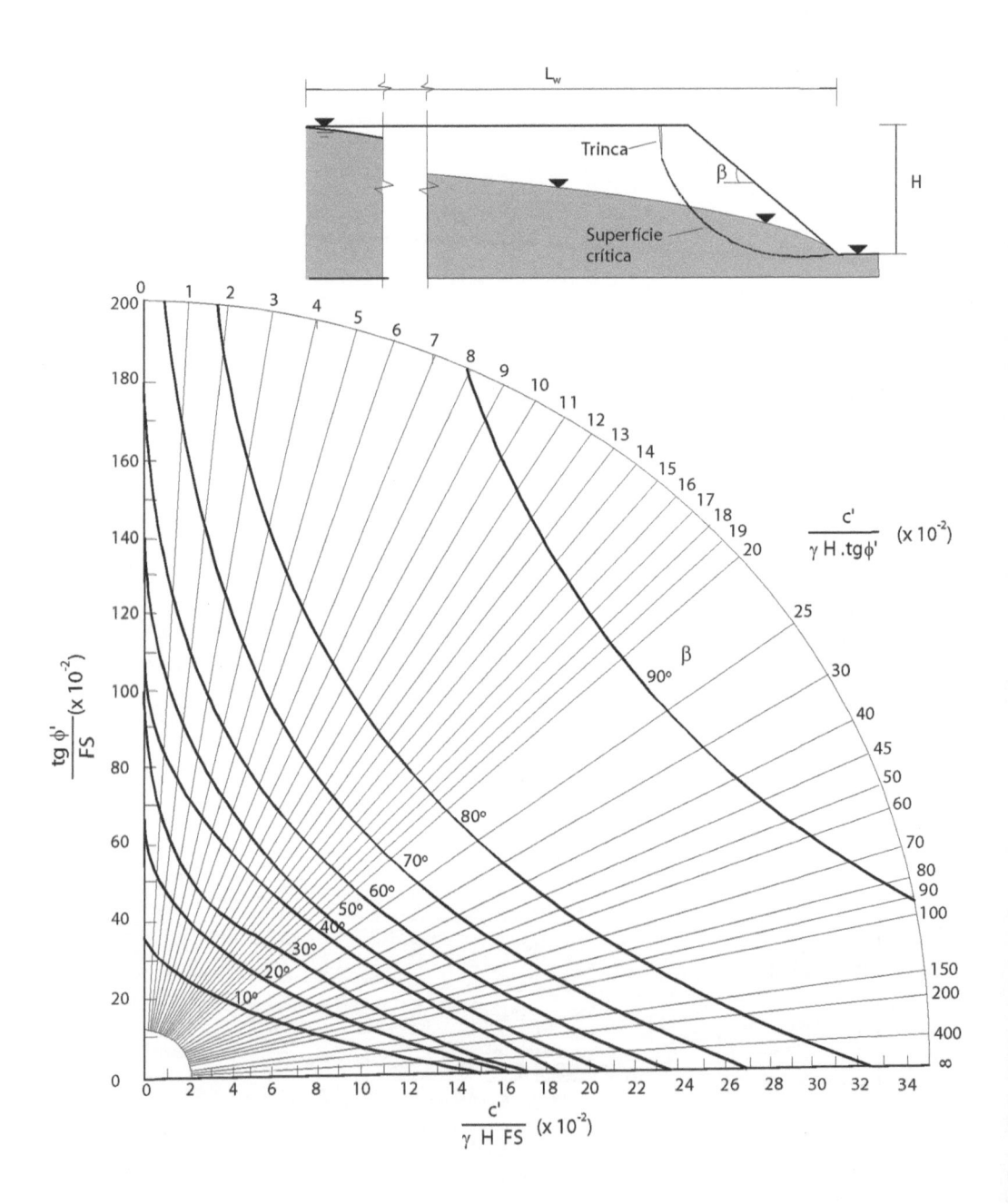

Fig. 4.40 Ábaco de estabilidade: linha freática com $L_w = 8H$

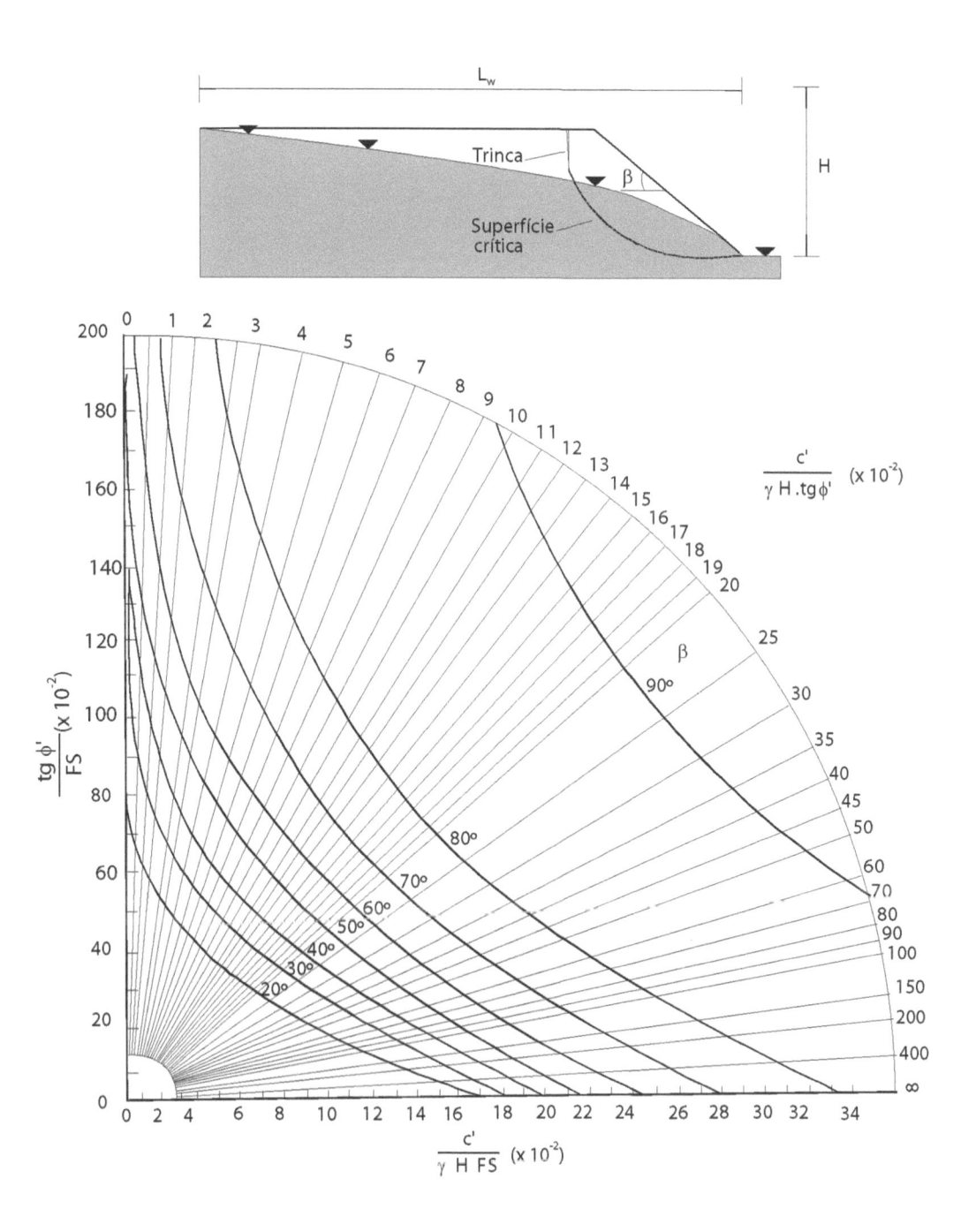

Fig. 4.41 Ábaco de estabilidade: linha freática com $L_w = 4H$

Estabilidade de taludes

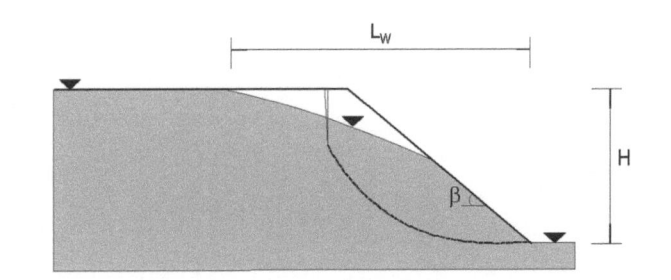

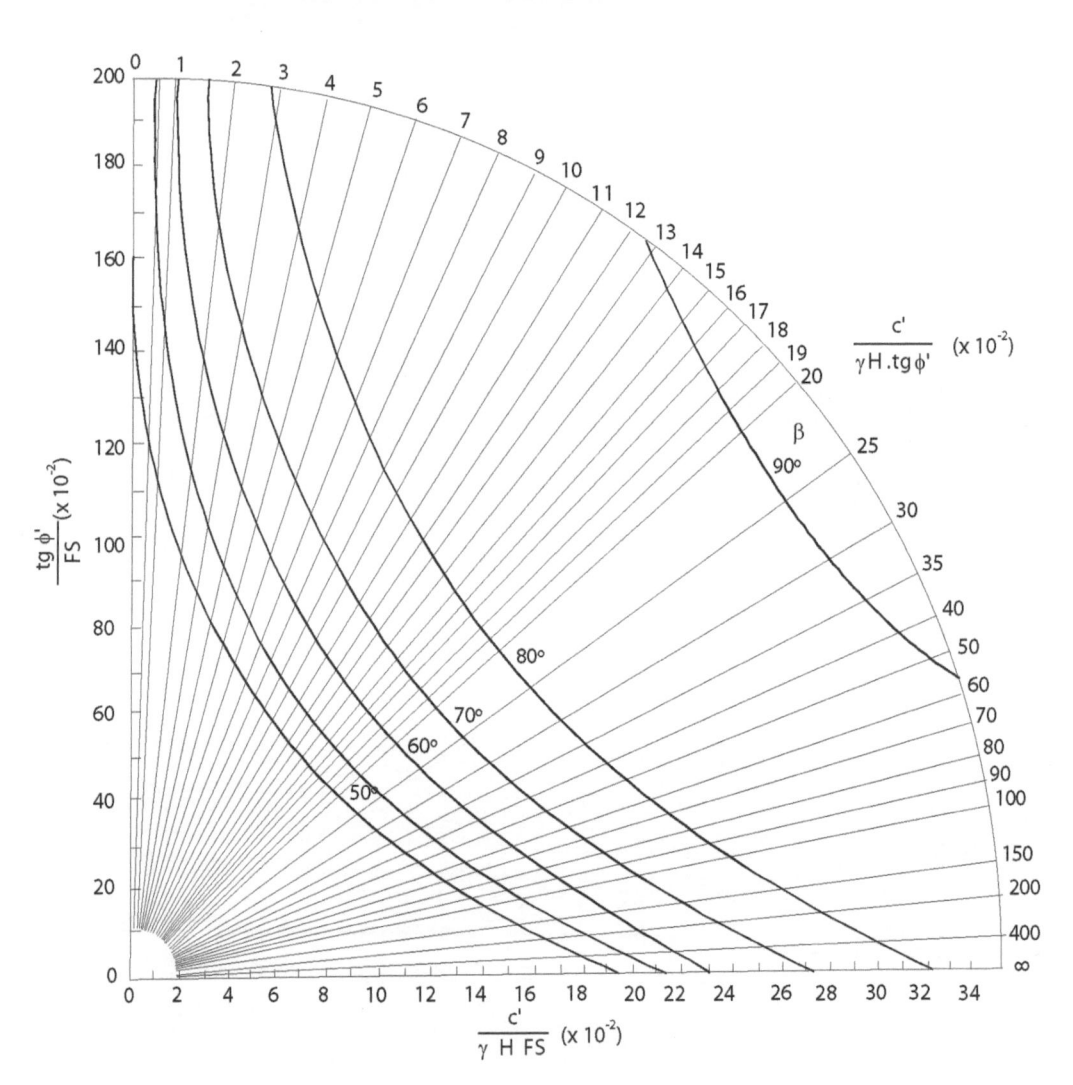

Fig. 4.42 Ábaco de estabilidade: linha freática com $L_w = 2H$

4 | Métodos de estabilidade

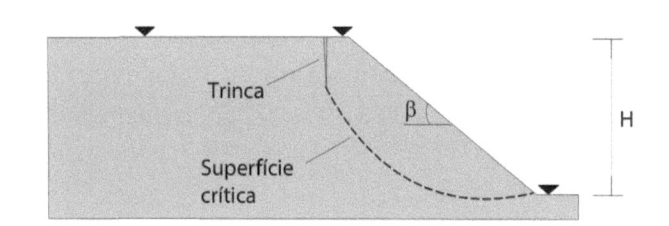

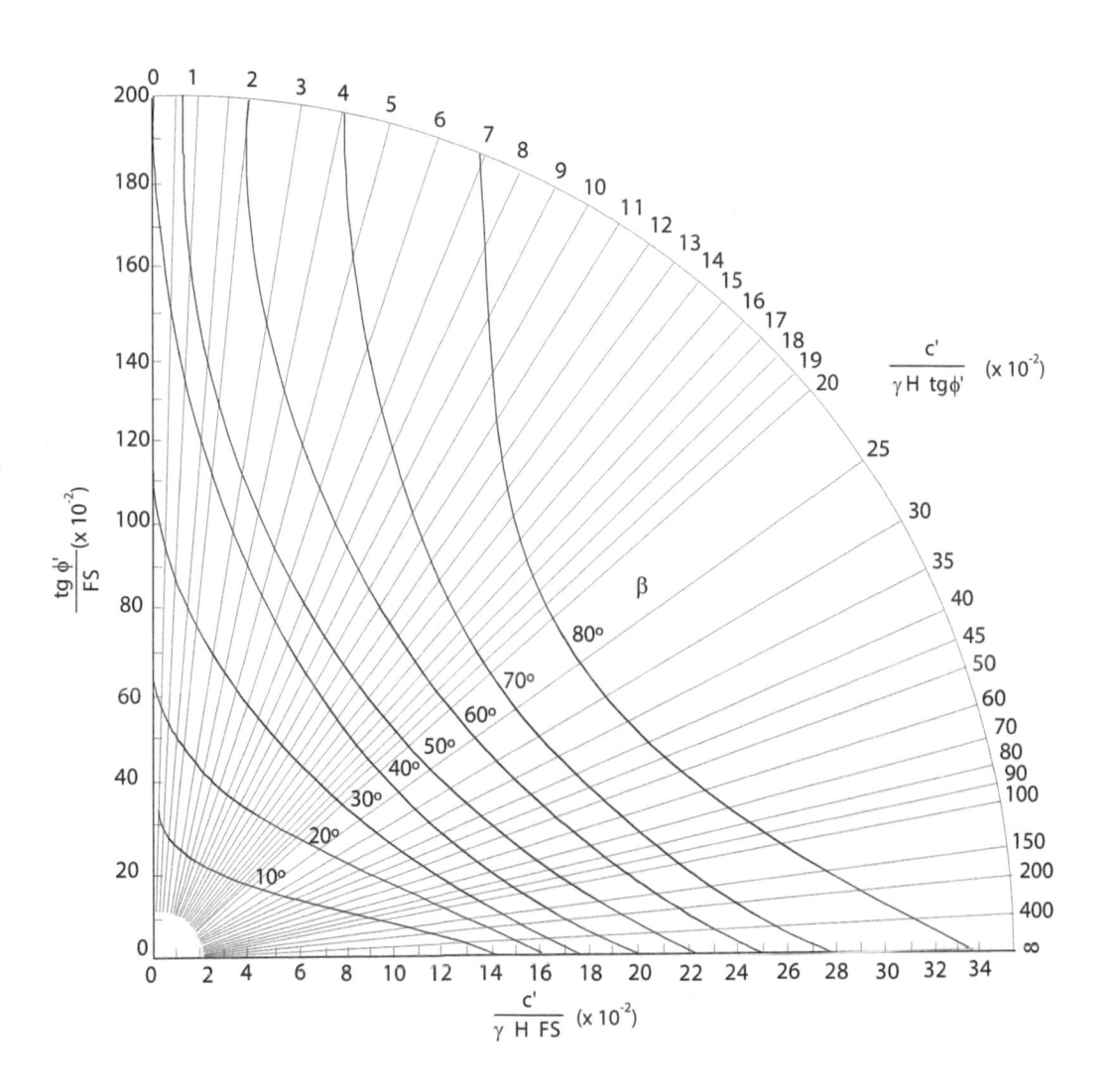

Fig. 4.43 Ábaco de estabilidade: solo saturado

Exercício resolvido – Ábacos de Hoek e Bray: corte em talude

Será executado um corte de 52 m em talude de rodovia. Já que não se tem informação sobre a hidrogeologia da região, avaliar a influência do padrão de fluxo no FS. Considerar como parâmetros de resistência $c' = 30$ kPa e $\phi' = 27°$ e peso específico do solo local igual a 19 kN/m³.

Solução – ábacos de Hoek e Bray

Para as condições a seguir, foram calculados os valores de FS para cada uma das condições de linha freática incorporadas nos ábacos de Hoek e Bray:

$$\frac{c'}{\gamma H \tg \phi'} = \frac{30}{19 \times 52 \times 0,51} \cong 6 \times 10^{-2}$$

$$\beta = 40°$$

A Tab. 4.1 resume os valores de FS que estão plotados na Fig. 4.44. Observa-se que o corte é instável mesmo para a condição mais favorável associada ao solo seco. Com a presença de fluxo, há uma redução de cerca de 40% no fator de segurança.

Tab. 4.1 *FS para diversas condições*

	Solo seco	Lw = 8 H	Lw = 4 H	Lw = 2 H	Solo saturado
$\tg\phi'/FS$	50	59	62	70	78
$c'/\gamma H\, FS$	2,9	3,9	4,9	4	4,9
FS ($\tg\phi/FS$)	0,98	0,86	0,82	0,73	0,65
FS ($c'/\gamma H\, FS$)	1	0,77	0,62	0,76	0,62
FS (Bishop)	1,05	1,03	0,91	0,58	0,47

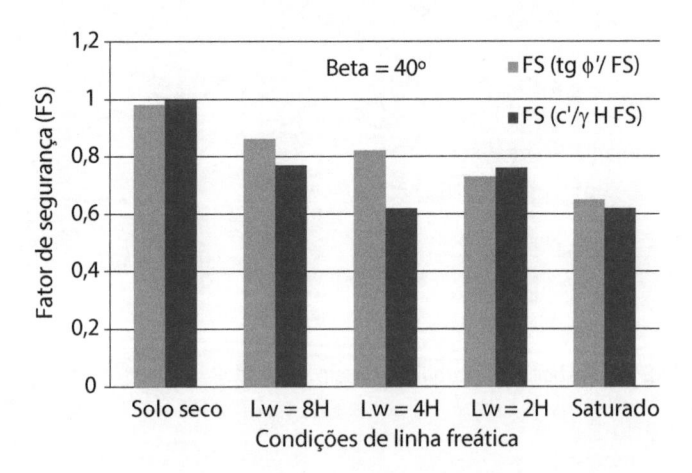

Fig. 4.44 FS para as diversas condições de linha freática

Exercício resolvido – Ábacos de Hoek e Bray: retroanálise da ruptura de talude

Um corte rodoviário com 15 m de altura foi executado com uma inclinação de 45°. Por ocasião de uma chuva intensa ocorreu o escorregamento do talude. Ensaios de laboratório em amostras retiradas no maciço não escorregado indicaram γ = 18 kN/m³ e ϕ' = 30°. Pede-se:

a) Determinar o valor da coesão efetiva mobilizada durante o escorregamento.
b) Definir a nova inclinação do talude para que o mesmo permaneça estável com um coeficiente de segurança mínimo igual a 1,5.
c) Apresente e justifique soluções alternativas ao abatimento do talude para que se obtenha também um coeficiente de segurança mínimo de 1,5 mantendo-se a inclinação de 45° para o talude.

Solução – ábacos de Hoek e Bray

a) Ábaco de Hoek e Bray (solo saturado, trinca de tração e fluxo paralelo ao talude):

$FS = 1 \ldots \dfrac{tg\phi'}{FS} = 57,7 \times 10^{-2}$

$\beta = 45°$

$\Rightarrow$

$\dfrac{c'}{\gamma H \, tg\phi'} \approx 14,5 \times 10^{-2} \Rightarrow c' \approx 22,6 \text{ kPa}$

ou

$\dfrac{c'}{\gamma H FS} \approx 8,7 \times 10^{-2} \Rightarrow c' \approx 23,5 \text{ kPa}$

b) Adotando $c' \cong 23$ kPa:

$FS = 1,5$

$\dfrac{c'}{\gamma H FS} = 5,68 \times 10^{-2}$

$\dfrac{tg\phi'}{FS} = 38,5 \times 10^{-2}$

$\Rightarrow \beta = 25°$

c) Solução em retaludamento com três níveis de bermas (Fig. 4.45):

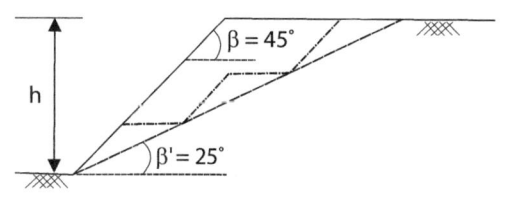

Fig. 4.45 Solução de retaludamento

Exercício resolvido – Ábacos de Hoek e Bray: verificação de estabilidade de corte em talude

Pretende-se executar um corte rodoviário com 15 m de altura em uma encosta de solo residual cujos parâmetros foram estima-

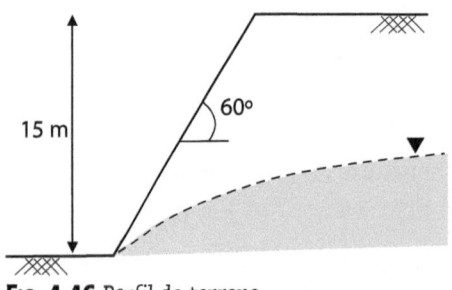

Fig. 4.46 Perfil do terreno

dos como sendo $c' = 20$ kPa, $\phi' = 30°$ e $\gamma = 18$ kN/m³. A princípio pretende-se que o corte tenha uma inclinação de 60°, como mostra a Fig. 4.46. Pede-se verificar se essa proposta atende a um FS mínimo de 1,3.

Solução – Hoek e Bray

Adotando os ábacos de Hoek e Bray, para nível d´água ($L_w = 8H$), tem-se:

$$\frac{c'}{\gamma H \operatorname{tg}\phi'} = \frac{20}{18 \times 15 \operatorname{tg} 30} = 12,8 \times 10^{-2}$$

Com isso:

$$\frac{c'}{\gamma H FS} = 6,8 \times 10^{-2} \Rightarrow FS = 1,09$$

$$\frac{\operatorname{tg}\phi'}{FS} = 57 \times 10^{-2} \Rightarrow FS = 1,01$$

O valor encontrado para o FS é muito baixo. Neste caso, será verificada uma solução de estabilização por retaludamento, suavizando-se a inclinação do talude.

Adotando b = 40°: $\frac{\operatorname{tg}\phi}{FS} = 0,44 \Rightarrow FS = 1,31$

A inclinação de 40° para o talude pode ser executada, implantando-se uma banqueta a meia altura para facilitar a drenagem e manutenção (Fig. 4.47).

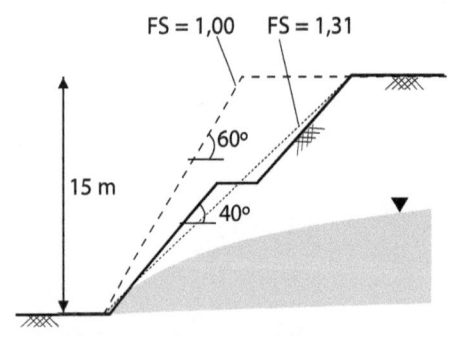

Fig. 4.47 Exemplo de solução de retaludamento para estabilização do talude

4.5.3 Método das fatias

O método das fatias é a forma mais utilizada em estudos de estabilidade, pois não apresenta restrições quanto à homogeneidade do solo, geometria do talude e tipo de análise (em termos de tensão total ou efetiva). Assim, esse método permite que o solo seja heterogêneo, que o talude apresente superfície irregular e, principalmente, possibilita incluir a distribuição de poropressão, e a análise pode ser realizada em condição mais crítica: após a construção ou a longo prazo. A metodologia de solução consiste nas seguintes etapas:

- O talude é subdividido em fatias, assumindo-se a base da fatia como linear, como mostra a Fig. 4.48. Nessa subdivisão, deve-se garantir que a base da fatia esteja contida no mesmo material, isto é, não podem existir dois materiais na base da lamela (Fig. 4.49A). Adicionalmente, o topo da fatia não deve apresentar descontinuidades (Fig. 4.49B)
- Realiza-se o equilíbrio de forças em cada fatia, assumindo-se que as tensões normais na base da fatia sejam geradas pelo peso de solo contido na fatia (Fig. 4.50). A resistência na base (s) pode ser definida em termos totais (s_u) ou efetivos (c' e ϕ').
- Calcula-se o equilíbrio do conjunto por meio da equação de equilíbrio de momentos em relação ao centro do círculo, considerando os pesos e as forças tangenciais na base das fatias; o somatório dos momentos das forças interlamelares é considerado nulo. Com isso, tem-se:

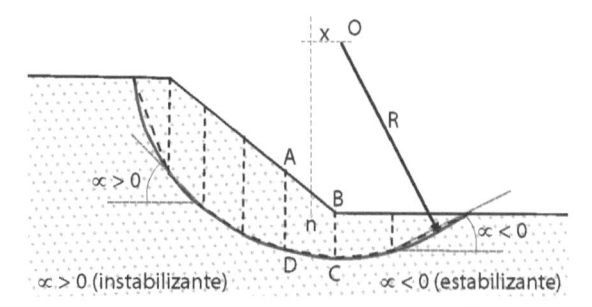

Fig. 4.48 Método das fatias

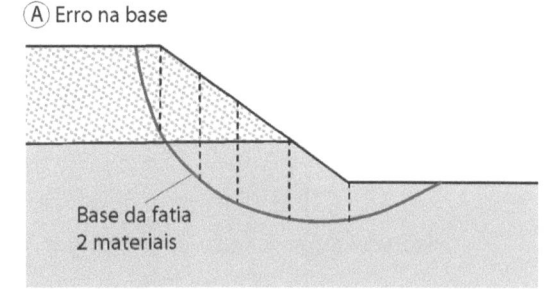

(A) Erro na base

(B) Erro no topo

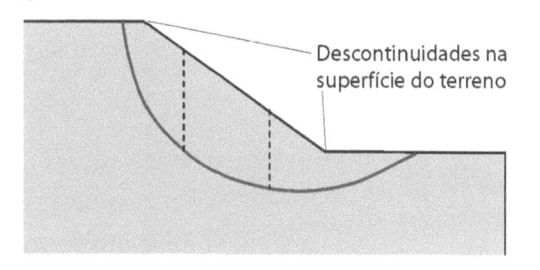

Fig. 4.49 Erros de subdivisão de fatias

$$\sum W_i \times x_i = \sum \tau_{mob_i} \times R \qquad (4.49)$$

ou

$$\sum W_i \times (R\,sen\alpha_i) = R \times \sum \left(\frac{c'l}{FS} + (N-ul)\frac{tg\phi'}{FS} \right) \qquad (4.50)$$

Com isso, o FS em termos efetivos e totais é determinado como mostram as Eqs. (4.51) e (4.52), e o FS mínimo é obtido após ser testado em superfícies de ruptura possíveis, como mostra a Fig. 3.4.

Estabilidade de taludes

Ⓐ Esforços na fatia **n**

Ⓑ Equilíbrio em termos efetivos

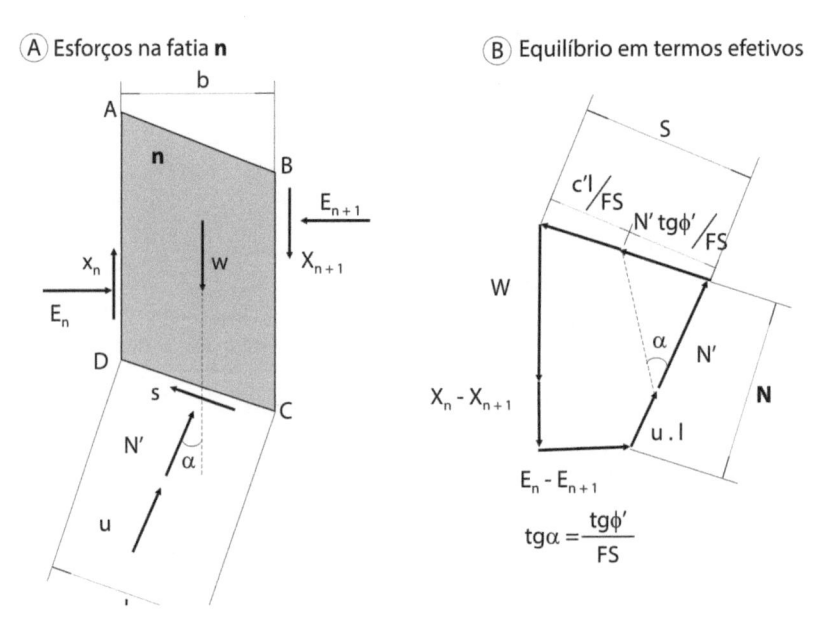

Fig. 4.50 *Esforços na fatia e polígono de forças*

Tensões efetivas

$$\Rightarrow FS = \frac{\sum\left(c'l+(\overset{N'}{\overbrace{N-ul}})tg\phi'\right)}{\sum W_i sen\alpha} \qquad (4.51)$$

Tensões totais

$$\Rightarrow FS = \frac{R \times \sum(s_u l)}{R\sum W_i sen\alpha} = \frac{\sum(s_u l)}{\sum W_i sen\alpha} \qquad (4.52)$$

No caso da análise em termos de tensão efetiva, a equação básica para determinar o FS para superfícies circulares requer a determinação da força normal N. Uma vez que o número de equações é inferior ao de incógnitas (Quadro 3.3), introduzem-se as hipóteses sobre as forças interlamelares (E, X) para tornar o problema estaticamente determinado. Nessas hipóteses está a diferença entre os dois métodos mais utilizados na prática: Fellenius (1936) e Bishop (1958).

Método de Fellenius

No método de Fellenius, também denominado método sueco, o equilíbrio de forças em cada fatia é feito nas direções normal e tangencial à superfície de ruptura. Com isso, obtém-se o valor da força normal:

$$N = (W + X_n - X_{n+1})cos\alpha - (E_n - E_{n+1})sen\alpha \qquad (4.53)$$

Ao se substituir o valor de N nas Eqs. (4.51) e (4.52), chega-se a:

$$FS = \frac{\sum\left(c'l + [W\cos\alpha - ul]tg\phi' + \overbrace{\{(X_n - X_{n+1})\cos\alpha - (E_n - E_{n+1})\sin\alpha\}}^{\text{hipótese simplificadora}}tg\phi'\right)}{\sum W_i \sin\alpha} \quad (4.54)$$

Quanto às forças interlamelares (E, X), o método de Fellenius elimina o termo que envolve E e X, ou melhor:

$$\{(X_n - X_{n+1})\cos\alpha' - (E_n - E_{n+1})\sin\alpha\} = 0 \quad (4.55)$$

Assim, FS é definido como:

$$FS = \frac{\sum(c'l + (W\cos\alpha - ul)tg\phi')}{\sum W_i \sin\alpha} \quad (4.56)$$

O método de Fellenius apresenta as seguintes características:
- O método é conservativo, isto é, tende a fornecer baixos valores de FS.
- Em círculos muito profundos, e quando os valores de poropressão são elevados, o método tende a fornecer valores pouco confiáveis.
- Nas lamelas localizadas na região estabilizante (Fig. 4.47), o valor de $\propto$ é negativo; com isso, a parcela relativa à tensão efetiva torna-se negativa, e recomenda-se que esse termo seja anulado, isto é,

$$N' = (W\cos\alpha - ul) < 0 \quad \cdots \quad N' = 0 \quad (4.57)$$

Exercício resolvido – Método das fatias: estabilidade global de estrutura de contenção (Fellenius)

Para o muro de arrimo apresentado adiante (Fig. 4.51), calcular o coeficiente de segurança quanto à ruptura global para a superfície de ruptura indicada.

$\gamma_{CONCRETO} = 24$ kN/m³

0,3 m

Solo silto arenoso
$\gamma = 1,84$ kN/m³
$\phi' = 34°$

15°

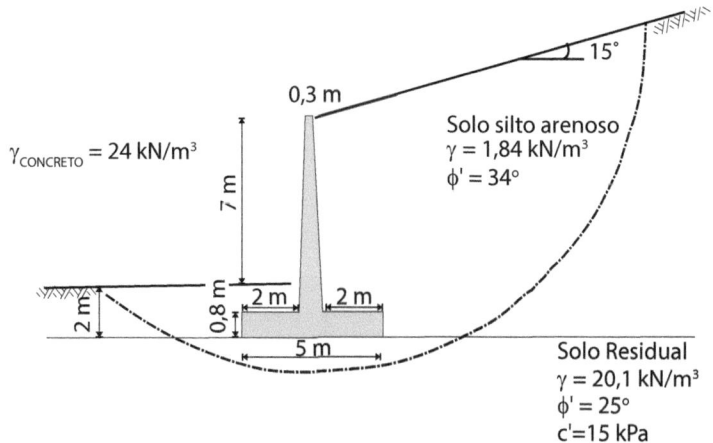

7 m

2 m

0,8 m

2 m 2 m

5 m

Solo Residual
$\gamma = 20,1$ kN/m³
$\phi' = 25°$
$c' = 15$ kPa

Fig. 4.51 Perfil do terreno e superfície de ruptura

Estabilidade de taludes

Solução – método de Fellenius

Cálculo do peso de cada fatia (Fig. 4.52 e Tab. 4.2):

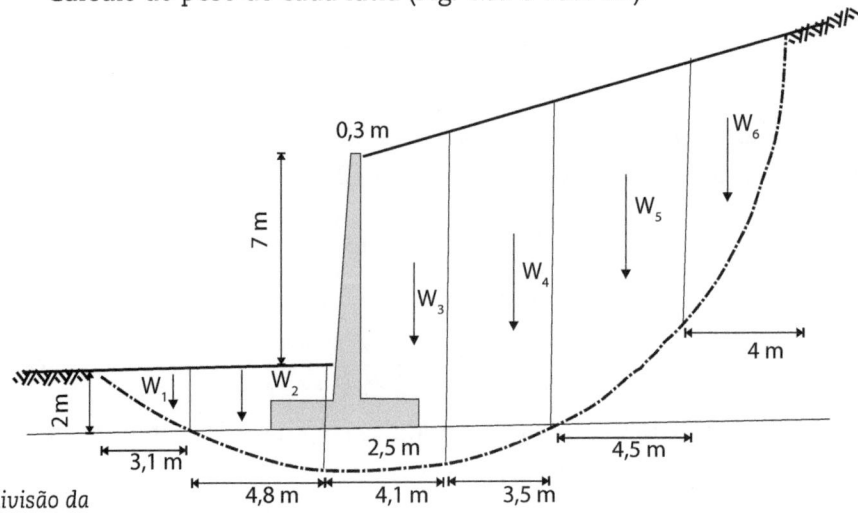

Fig. 4.52 *Subdivisão da superfície de ruptura em fatias*

$$W_1 = \frac{2,0 \times 3,1}{2} \times 18,4 = 57 \text{ kN/m}$$

$$W_2 = 4,8 \times 1,2 \times 18,4 + 2,7 \times 0,8 \times 18,4 + 2 \times 0,8 \times 24 = 184,1 \text{ kN/m}$$

$$W_3 \cong \left(3,1 \times 8,2 + \frac{3,1 \times 0,6}{2} + 0,8 \times 1,1 + \frac{0,1 \times 1,2}{2}\right) \times 18,4 + 1,2 \times 4,1 \times 20,8 + 3 \times 0,8 \times 24 + 1 \times 1,2 \times 24 = 690,9 \text{ kN/m}$$

$$W_4 = 10,3 \times 3,5 \times 18,4 + \frac{1,1 \times 3,5}{2} \times 20,8 = 703,4 \text{ kN/m}$$

$$W_5 = 9,8 \times 4,5 \times 18,4 = 811,4 \text{ kN/m}$$

$$W_6 = \frac{8,8 \times 4}{2} \times 18,4 = 323,8 \text{ kN/m}$$

Tab. 4.2 Método de Fellenius

Fatia	1	2	3	4	5	6	7	8	9	10
	c'	l	$c'l$	α	W	$W \sen \alpha$	$W \cos \alpha$	$\tg \phi$	7×8	$3 + 9$
1	0,0	3,7	0,0	-27,0	57	-25,9	50,8	0,67	34,0	34,0
2	1,5	4,8	7,2	-15,5	184,4	-49,2	177,4	0,47	83,4	155,4
3	1,5	4,1	6,15	2,0	690,9	24,1	690,5	0,47	324,5	386,0
4	1,5	3,7	5,55	17,5	703,4	211,5	670,8	0,47	315,3	370,8
5	0,0	5,5	0,0	35,5	811,4	471,2	660,6	0,67	442,6	442,6
6	0,0	10,6	0,0	58,0	323,8	274,6	171,6	0,67	115,0	115,0
Σ						906,3				1503,8

$$FS = \frac{1503,8}{906,3} = 1,70 = OK$$

Método de Bishop

No método de Bishop, o equilíbrio de forças em cada fatia é feito nas direções vertical e horizontal. Com isso, obtém-se o valor da força normal:

$$N'\cos\alpha + ul\cos\alpha = W + X_n - X_{n+1} - \tau\,sen\alpha \qquad (4.58)$$

e considerando $b = l\cos\alpha$, tem-se:

$$N'\cos\alpha + ub = W + X_n - X_{n+1} - \left[\frac{c'l}{FS} + N'\frac{tg\phi'}{FS}\right]sen\alpha \qquad (4.59)$$

ou

$$N' = \frac{W + X_n - X_{n+1} - ub - \frac{c'l}{FS}sen\alpha}{\cos\alpha\left\{1 + \frac{tg\phi'\,tg\alpha}{FS}\right\}} = \frac{W + X_n - X_{n+1} - ub - \frac{c'l}{FS}sen\alpha}{m_\alpha} \qquad (4.60)$$

Ao se designar de m_α o denominador da Eq. (4.60) e substituir a expressão da tensão normal efetiva (N') nas Eqs. (4.51) e (4.52), chega-se à expressão para o cálculo do FS:

$$FS = \frac{1}{\sum W_i sen\alpha}\sum\left(c'b + \left[(W - ub) + (X_n - X_{n+1})\right]\frac{tg\phi'}{m_\alpha}\right) \qquad (4.61)$$

Quanto às forças interlamelares (E, X), o método de Bishop propõe a eliminação do termo que envolve X, o que equivale a desprezar as parcelas relativas às componentes tangenciais, ou melhor:

$$\sum\left[(X_n - X_{n+1})\right]\frac{tg\phi'}{m_\alpha} = 0 \qquad (4.62)$$

Essa hipótese equivale a desprezar as componentes tangenciais dos esforços entre fatias. Com isso, o método não introduz qualquer consideração quanto às componentes horizontais das forças interlamelares e, dessa forma, chega-se à expressão para o cálculo do FS:

$$FS = \frac{1}{\sum W_i sen\alpha}\sum\left(\left[c'b + (W - ub)tg\phi'\right]\frac{1}{m_\alpha}\right) \qquad (4.63)$$

Quanto ao método de Bishop:
- A solução é obtida de forma iterativa, tendo em vista que FS aparece em ambos os lados da equação. Assim, arbitra-se um valor

de FS1 para o cálculo de m_α. Em seguida, checa-se o valor de FS fornecido pela expressão (4.63). O novo valor de FS é então adotado para uma nova estimativa de m_α. A convergência do processo é relativamente rápida e ocorre quando o valor calculado é igual ao utilizado inicialmente. Em geral, usa-se o FS obtido por Fellenius como primeira aproximação.

- Recomenda-se verificar o valor de m_α, uma vez que pode tornar-se negativo ou nulo na região próxima ao pé de taludes muito íngremes. Assim, quando o valor de m_α é inferior a 0,2, recomenda-se que sejam feitas as seguintes correções:
  - se $\alpha < m_\alpha < 0{,}2$, o valor de N' deve ser calculado de acordo com Fellenius (N' = W cosα);
  - se $m_\alpha < 0$, sugere-se zerar N' (N' = 0).
- A comparação entre fatores de segurança calculados por Bishop e Fellenius tende a apresentar a seguinte relação:

Tensões efetivas $\Rightarrow FS_{Bishop} \cong 1{,}25\ FS_{Fellenius}$

Tensões totais $\Rightarrow FS_{Bishop} \cong 1{,}1\ FS_{Fellenius}$

Presença da água

Independentemente do método adotado, as poropressões são calculadas na base da fatia, em função de suas condições no campo. Caso haja nível d'água externo, como mostra a Fig. 4.52, os esforços de água F_{w1} e F_{w2} devem ser incorporados ao equilíbrio de momentos, conforme as Eqs. (4.64) e (4.65).

Fellenius $\Rightarrow$
$$FS = \frac{\sum(c'l + (W\cos\alpha - ul)tg\phi')R + F_{w1}b + F_{wa}a}{\sum W_i R\sen\alpha} \quad (4.64)$$

Bishop $\Rightarrow$
$$FS = \frac{1}{\sum W_i R\sen\alpha} \sum \left(\left[c'b + (W - ub)tg\phi'\right]\frac{R}{m_\alpha} \right) + F_{w1}b + F_{wa}a \quad (4.65)$$

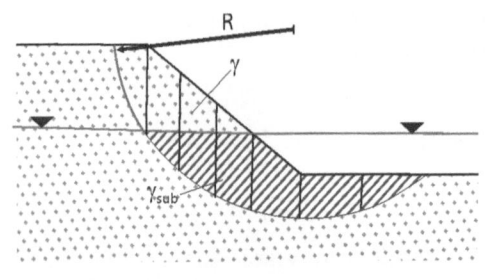

Fig. 4.53 Submersão parcial

Caso não haja fluxo no talude (Fig. 4.53), o cálculo pode ser simplificado. Abaixo do NA, considera-se o peso específico submerso, não sendo necessário incluir a poropressão.

Ao se combinar as alternativas mostradas nas Figs. 4.54 e 4.55, pode-se

4 | Métodos de estabilidade

calcular uma condição de fluxo no talude associada ao nível d'água externo descontando-se a influência da água, que atua tanto como fator estabilizante como instabilizante, por meio da adoção do peso específico submerso nessa região, e introduzir no cálculo somente a parcela desbalanceada da poropressão.

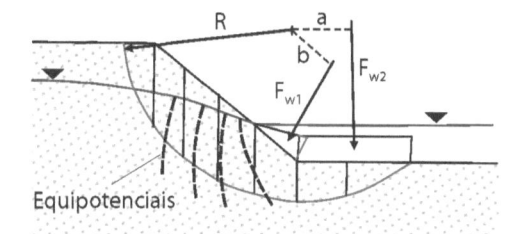

Fig. 4.54 Poropressão sob condição de fluxo e NA externo

Exercício resolvido – Método das fatias: estabilidade de encosta (Fellenius vs. Bishop)

Calcular o FS para a superfície indicada na Fig. 4.56. Os parâmetros do solo são dados por: $c' = 10$ kPa, $\phi' = 29°$ e $\gamma_t = 20$ kN/m³.

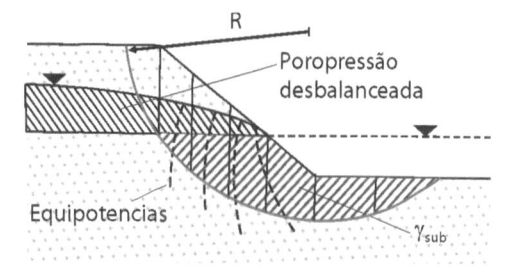

Fig. 4.55 Poropressão sob condição de fluxo

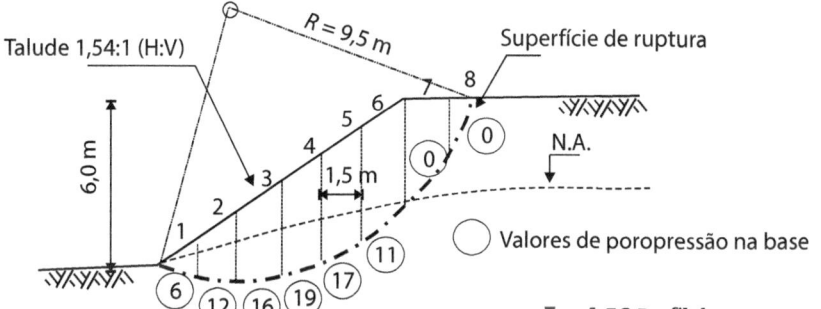

Fig. 4.56 Perfil do terreno e superfície de ruptura

Solução – método de Fellenius e Bishop (Tabs. 4.3 e 4.4)

Tab. 4.3 Método de Fellenius

	1	2	3	4	5	6	7	8	9	10	11	12	13
FATIA	b (m)	h (m)	l (m)	α (°)	W (kN/m)	$W \sen \alpha$	$W \cos \alpha$	u (kN/m²)	ul	$W \cos \alpha - ul$	($W \cos \alpha - ul$) $\tg \phi$	$c'l$ (kN/m)	11 + 12
1	1,5	0,8	1,6	-14,6	24,0	-6,0	23,2	6,0	9,3	13,9	7,7	15,5	23,2
2	1,5	1,8	1,5	0,0	54,0	0,0	54,0	12,0	18,0	36,0	20,0	15,0	35,0
3	1,5	2,8	1,6	14,6	84,0	21,2	81,3	16,0	24,8	56,5	31,3	15,5	46,8
4	1,5	3,5	1,6	20,4	105,0	36,6	98,4	19,0	30,4	68,0	37,7	16,0	53,7
5	1,5	3,9	1,7	28,0	117,0	54,9	103,3	17,0	28,9	74,4	41,2	17,0	58,2
6	1,5	4,0	2,0	40,0	120,0	77,1	91,9	11,0	21,5	70,5	39,1	19,5	58,6
7	1,5	3,0	2,4	50,3	90,0	69,2	57,5	0,0	0,0	57,5	31,9	23,5	55,4
8	1,0	1,2	2,2	63,6	24,0	21,5	10,7	0,0	0,0	10,7	5,9	21,5	27,4

$$FS = \frac{\sum\left[(W\cos\alpha - ul)\tg\phi' + c'l\right]}{\sum[W\sen\alpha]} = \frac{358,3}{274,5} = 1,31$$

Tab. 4.4 Método de Bishop

	1	2	3	4	5	6	7	8	9	10	11	12	13	14
Fatia	b (m)	h (m)	α (°)	W (kN/m)	W sen α	W cos α	u (kN/m²)	ub	$W-ub$	$(W-ub)$ tg ϕ'	$c'b$ (kN/m)	10 + 11	m_α	12/13
1	1,5	0,8	-14,6	24,0	-6,0	23,2	6,0	9,0	15,0	8,3	15,0	23,3	0,87	26,82
2	1,5	1,8	0,0	54,0	0,0	54,0	12,0	18,0	36,0	20,0	15,0	35,0	1,00	34,96
3	1,5	2,8	14,6	84,0	21,2	81,3	16,0	24,0	60,0	33,3	15,0	48,3	1,07	45,27
4	1,5	3,5	20,4	105,0	36,6	98,4	19,0	28,5	76,5	42,4	15,0	57,4	1,07	53,48
5	1,5	3,9	28,0	117,0	54,9	103,3	17,0	25,5	91,5	50,7	15,0	65,7	1,07	61,64
6	1,5	4,0	40,0	120,0	77,1	91,9	11,0	16,5	103,5	57,4	15,0	72,4	1,02	71,16
7	1,5	3,0	50,3	90,0	69,2	57,5	0,0	0,0	90,0	49,9	15,0	64,9	0,94	69,10
8	1,0	1,2	63,6	24,0	21,5	10,7	0,0	0,0	24,0	13,3	10,0	23,3	0,79	29,34

$$FS_1(\text{adotado}) = 1,45$$

$$FS_2 = \frac{\sum\left[\dfrac{(W-ub)\tg\phi' + c'b}{m_\alpha}\right]}{\sum[W\sen\alpha]} = \frac{393,2}{274,5} = 1,432$$

$$\Delta FS = |1,45 - 1,432| < 0,02$$

$$FS \cong 1,43$$

Método das fatias: estabilidade de encosta (Fellenius vs Bishop)

Calcular o FS para a superfície indicada na Fig. 4.57, que indica os parâmetros dos solos.

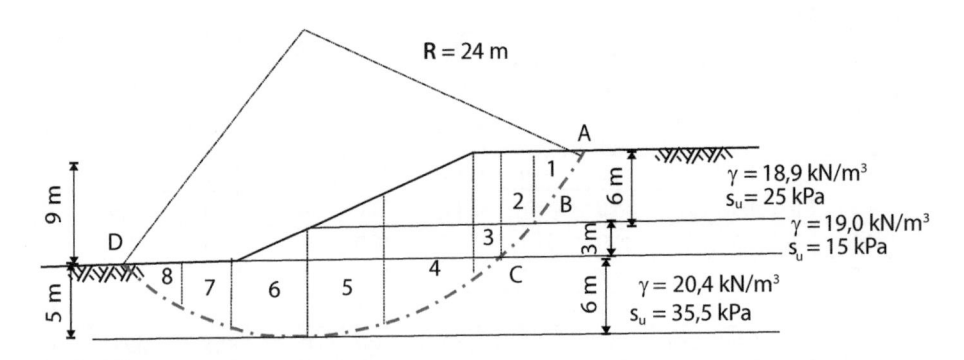

Fig. 4.57 *Perfil do terreno e superfície de ruptura*

Solução – método de Fellenius e Bishop

Análise de tensões totais:

$$FS_{Fellenius} = \frac{\sum s_u\, l}{\sum W \operatorname{sen}\alpha} \ldots (\phi = 0)$$

Tab. 4.5 Método de Fellenius e Bishop

Fatia	b (m)	h (m)	α (°)	l (m)	W (kN/m)	W sen α	S_u (kPa)	$S_u\, l$
1	3,0	3,0	56,4	5,43	170,0	141,6	25,0	135,8
2	3,0	7,5	47,0	4,38	426,0	311,6	15,0	65,7
3	3,5	10,5	35,7	4,31	703,0	410,2	35,0	150,9
4	6,0	12,0	22,0	6,47	1.400,0	524,4	35,0	226,5
5	6,0	10,0	7,2	6,05	1.182,0	148,1	35,0	211,8
6	6,0	7,0	-7,2	6,05	844,0	-105,8	35,0	211,8
7	4,0	4,0	-19,5	4,24	326,0	-108,8	35,0	148,4
8	6,0	1,5	-30,0	6,93	183,0	-91,5	35,0	242,6

$$FS = \frac{\sum s_u\, l}{\sum W \operatorname{sen}\alpha} = \frac{1.393,2}{1.229,9} = 1,13$$

Método das fatias: estabilidade de talude em solo argiloso (Fellenius vs Bishop)

O talude natural apresentado na Fig. 4.58 está às margens de um futuro lago de uma barragem. Os parâmetros de resistência representativos dos materiais envolvidos estão apresentados na Tab. 4.6. Ensaios de perda d'água na rocha alterada indicaram que sua permeabilidade é muito baixa se comparada com a dos solos residuais sobrejacentes. Nessa figura também estão apresentados os níveis d'água para condição natural e para quando o lago atingir as cotas +114 m e 120 m. Verificar a estabilidade do talude pelos métodos de Bishop e Fellenius para a condição natural. Considerar a superfície de ruptura passando pelo pé do talude.

Tab. 4.6 Parâmetros geotécnicos

Solo	γ (kN/m³)	c' (kPa)	φ'
Aluvionar arenoargiloso	16	0	28
Residual maduro	17	15	32
Residual jovem	18,5	20	35

Estabilidade de taludes

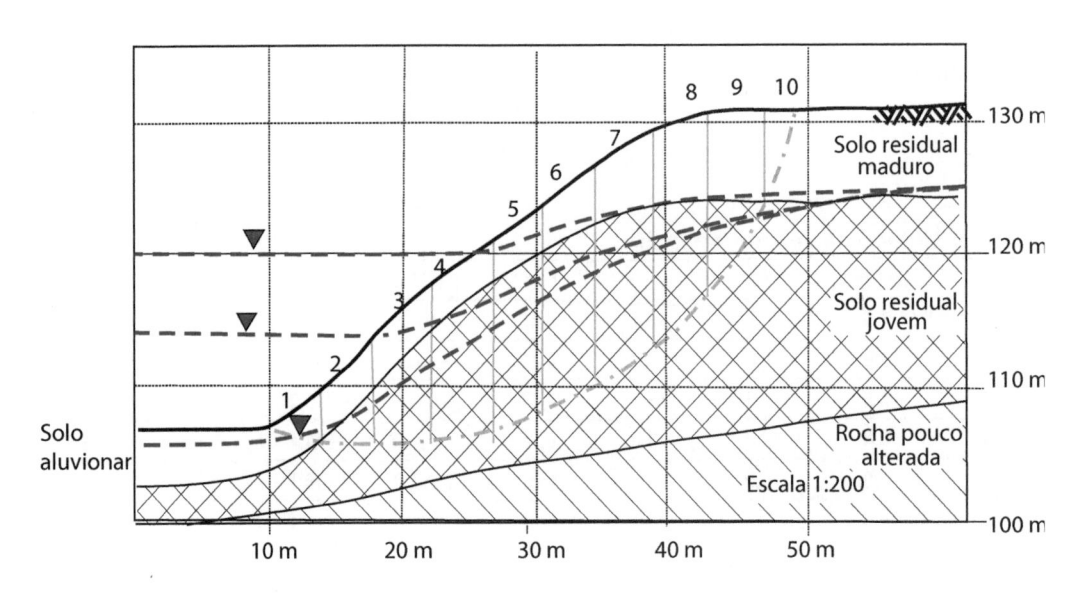

Fig. 4.58 Perfil do terreno e superfície de ruptura

Solução – método de Fellenius e Bishop (Tabs. 4.7 e 4.8)

Método de Fellenius

Tab. 4.7 Condição natural – Fellenius

	1	2	3	4	5	6	7	8	9	10	11	12	13
Fatia	b (m)	H (m)	l (m)	α (°)	W (kN/m)	$W \operatorname{sen} \alpha$	$W \cos \alpha$	u (kN/m²)	ul	$W \cos \alpha - ul$	$(W \cos \alpha - ul) \operatorname{tg} \phi$	$c'l$ (kN/m)	11 + 12
1	4,0	1,8	4,1	-12,7	137,3	-30,1	134,0	0,0	0,0	134,0	83,7	61,5	145,2
2	3,8	6,0	3,8	-4,2	497,9	-36,3	496,6	20,9	78,6	418,0	292,7	75,2	367,9
3	4,1	10,2	4,1	4,0	862,1	60,1	860,0	45,2	185,9	674,1	472,0	82,2	554,2
4	4,6	13,2	4,7	11,3	1.176,9	229,7	1.154,3	68,0	318,3	836,1	585,4	93,6	679,0
5	3,6	14,8	3,8	19,2	1.028,0	338,8	970,6	82,1	308,6	662,0	463,6	75,2	538,8
6	3,8	16,4	4,3	26,8	1.216,6	548,0	1.086,1	88,4	379,3	706,8	494,9	85,8	580,7
7	4,2	16,7	5,3	36,3	1.321,8	783,2	1.064,7	81,6	428,5	636,2	445,4	105,0	550,4
8	4,0	15,1	5,7	45,4	1.293,8	921,5	908,1	59,0	333,8	574,3	402,1	113,1	515,3
9	4,1	10,6	7,8	58,5	709,0	604,8	370,0	17,6	137,8	232,2	162,6	156,9	319,5
10	2,2	4,3	7,4	72,8	131,0	125,2	38,8	0,0	0,0	38,8	24,2	110,3	134,5

$$FS = \frac{\sum \left[(W \cos \alpha - ul) \operatorname{tg} \phi' + c'l \right]}{\sum \left[W \operatorname{sen} \alpha \right]} = \frac{4.385,5}{3.544,9} = 1,24$$

Método de Bishop

Tab. 4.8 Condição Natural – Bishop

	1	2	3	4	5	6	7	8	9	10	11	12	13	14
Fatia	b (m)	H (m)	α (°)	W (kN/m)	$W \sen \alpha$	$W \cos \alpha$	u (kN/m²)	ub	$W - ub$	$(W - ub)$ $\tg \phi'$	$c'b$ (kN/m)	$10 + 11$	$m\alpha$	$12/13$
1	4,0	1,8	-12,7	137,3	-30,1	134,0	0,0	0,0	137,3	85,8	60,0	145,8	0,90	162,12
2	3,8	6,0	-4,2	497,9	-36,3	496,6	20,9	78,4	419,5	293,7	75,0	368,7	0,97	379,35
3	4,1	10,2	4,0	862,1	60,1	860,0	45,2	185,5	676,7	473,8	82,0	555,8	1,02	543,95
4	4,6	13,2	11,3	1.176,9	229,7	1.154,3	68,0	312,1	864,8	605,5	91,8	697,3	1,05	665,03
5	3,6	14,8	19,2	1.028,0	338,8	970,6	82,1	291,3	736,7	515,8	71,0	586,8	1,06	554,32
6	3,8	16,4	26,8	1.216,6	548,0	1.086,1	88,4	338,6	877,9	614,7	76,6	691,3	1,05	658,82
7	4,2	16,7	36,3	1.321,8	783,2	1.064,7	81,6	345,2	976,6	683,8	84,6	768,4	1,01	759,67
8	4,0	15,1	45,4	1.293,8	921,5	908,1	59,0	234,3	1.059,5	741,9	79,4	821,3	0,95	865,01
9	4,1	10,6	58,5	709,0	604,8	370,0	17,6	71,9	637,1	446,1	81,9	528,0	0,82	645,19
10	2,2	4,3	72,8	131,0	125,2	38,8	0,0	0,0	131,0	81,9	32,6	114,5	0,63	182,40

$FS_1(\text{adotado}) = 1,55$

$$FS_2 = \frac{\sum \left[\frac{(W-ub)\tg\phi' + c'b}{m\alpha}\right]}{\sum [W\sen\alpha]} = \frac{5.427,5}{3.544,9} = 1,531$$

$\Delta FS = |1,55 - 1,531| < 0,02$

$FS \cong 1,53$

Método das fatias: retroanálise de ruptura de estabilidade de encosta (Fellenius vs. Bishop)

Durante a escavação do talude apresentado na Fig. 4.59, ao se atingir a geometria indicada constatou-se um escorregamento do maciço. Com base em observações da superfície do terreno e de pontos em que houve seccionamento de tubos de piezômetros previamente instalados, estimou-se a posição da superfície de ruptura. Com base nesses mesmos piezômetros, foi determinado o nível piezométrico também apresentado na Fig. 4.58. Determinar o valor do ângulo de atrito efetivo do gnaisse alterado, mobilizado no instante da ruptura, utilizando o método de Jambu simplificado.

Tab. 4.9 Parâmetros geotécnicos

Solo	γ (kN/m³)	c' (kPa)	ϕ'
Sedimentar	20	0	25
Gnaisse alterado	18	0	(?)

Estabilidade de taludes

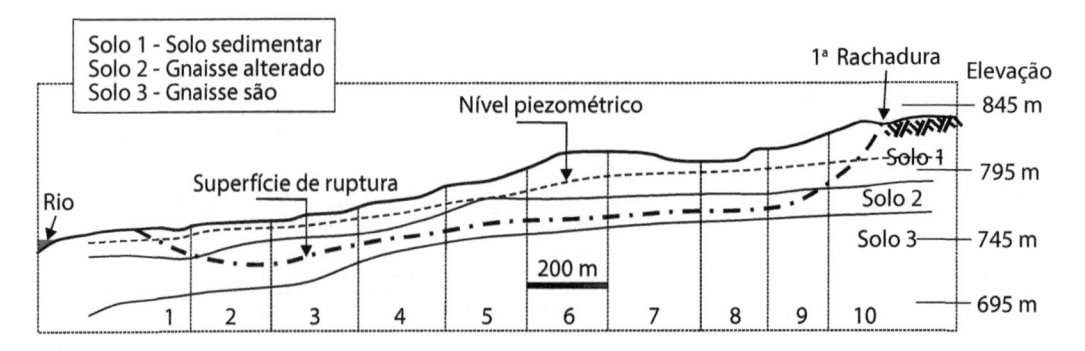

FIG. 4.59 Perfil do terreno e superfície de ruptura

Solução – método de Bishop

Método de Bishop:

TAB. 4.10 Método de Bishop, arbitrado $\phi' = 6,4°$

	1	2	3	4	5	6	7	8	9	10	11	12	13	14	15
FATIA	c' (kPa)	ϕ' (°)	b (m)	h (m)	α (°)	W (kN/m)	$W \, tg\alpha$	u (kN/m²)	ub	$W-ub$	$(W-ub) \, tg\phi'$	$c'b$ (kN/m)	11 + 12	$m\alpha$	13/14
1	0	25,0	46,5	16,3	-17,0	7.580	-2.317	114	5.301	2.278,5	1.062,5	0	1.062,5	0,78	1.355,0
2	0	6,4	58,1	34,9	-11,0	39.134	-7.607	262	15.222	23.911,8	2.682,1	0	2.682,1	0,94	2.845,5
3	0	6,4	69,7	32,6	13,0	44.081	10.177	228	15.892	28.189,4	3.161,9	0	3.161,9	0,97	3.246,4
4	0	6,4	65,1	30,2	6,0	37.944	3.988	211	13.736	24.207,9	2.715,4	0	2.715,4	1,00	2.713,4
5	0	6,4	66,3	34,9	4,0	43.963	3.074	209	13.857	30.106,3	3.377,0	0	3.377,0	1,00	3.367,1
6	0	6,4	67,4	54,7	2,0	70.786	2.472	328	22.107	48.678,8	5.460,2	0	5.460,2	1,00	5.445,5
7	0	6,4	65,1	46,5	2,0	57.818	2.019	325	21.158	36.660,5	4.112,1	0	4.112,1	1,00	4.101,1
8	0	6,4	51,2	41,9	5,0	41.189	3.604	293	15.002	26.187,4	2.937,4	0	2.937,4	1,00	2.931,1
9	0	6,4	48,8	46,5	15,0	44.476	11.917	279	13.615	30.860,8	3.461,6	0	3.461,6	0,96	3.601,9
10	0	25,0	34,9	30,2	26,0	10.539	5.140	91	3.176	7.363,1	3.433,5	0	3.433,5	0,99	3.462,7

$FS_1(adotado) = 1,00$

$$FS_2 = \frac{\sum\left[\dfrac{(W-ub)tg\phi'+c'b}{n\alpha}\right]}{\sum[Wtg\alpha]} = \frac{33.069,6}{32.467,0} = 1,019$$

$\Delta FS = |1,019 - 1,0| < 0,02$

$FS \cong 1,02$

Com isso, estima-se para o gnaisse alterado:

$\phi' = 6,4°$

4.5.4 Ábacos de Bishop e Morgenstern

Com base na expressão para o cálculo do fator de segurança pelo método de Bishop simplificado, Bishop e Morgenstern (1960) apresentaram ábacos para o cálculo de FS estritamente aplicáveis a análises de tensões efetivas, tornando a geometria do problema adimensional. Ao considerar uma geometria simples, ou seja, sem bermas no pé e nem sobrecarga no topo, solo homogêneo, parâmetro r_u aproximadamente constante ao longo da superfície de ruptura circular (Fig. 4.60), Bishop e Morgenstern propuseram a seguinte equação para o cálculo do FS:

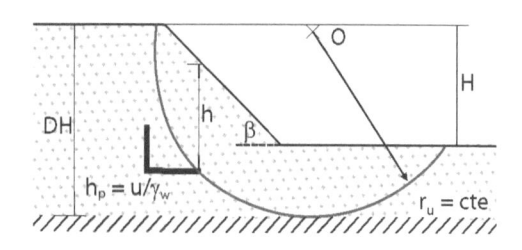

Fig. 4.60 Geometria do talude – Ábacos de Bishop e Morgenstern

$$FS = \frac{\sum\left\{\left[\left(\frac{c'}{\gamma H}\right)\left(\frac{b}{H}\right) + \left(\frac{b}{H}\right)\left(\frac{h}{H}\right) \times (1-r_u)tg\phi'\right]\frac{1}{m_\alpha}\right\}}{\sum\left[\left(\frac{b}{H}\right)\left(\frac{h}{H}\right)sen\alpha\right]} \quad (4.66)$$

Assim, dados (c'/γH), r_u e φ', o FS passa a depender exclusivamente da geometria, a partir da equação:

$$FS = m - nr_u \quad (4.67)$$

na qual m e n são denominados coeficientes de estabilidade, obtidos em função de c', φ', γ, H, D e β, a partir do uso de ábacos construídos para valores constantes de (c'/γH) e do fator de profundidade D. A Fig. 4.61 mostra um exemplo de ábaco para D = 1 e (c'/γH) = 0,05, no qual as curvas cheias definem os parâmetros m e n e as linhas tracejadas, associadas ao coeficiente r_{ue}, possibilitam uma estimativa da profundidade da superfície de ruptura. Os demais ábacos estão apresentados no Anexo A.

No caso de taludes naturais ou aterros, em que as propriedades da fundação não diferem significativamente das do aterro, a superfície crítica pode penetrar abaixo da base do talude, sendo necessário analisar diversas possibilidades para o fator de profundidade (D). Como não é óbvio definir o fator de profundidade que irá fornecer o menor FS, os autores recomendam o uso das linhas de mesma poropressão (r_{ue}) para auxiliar na escolha da profundidade da superfície crítica. Essas linhas estão apresentadas, na forma tracejada, nos diversos diagramas para o cálculo do parâmetro n. Essa proposta baseou-se no fato observado pelos autores: existe um valor de r_u que fornece o mesmo FS para dois valores de fator de profundidade D (D = 1 e D = 1,25). Com isso, determina-se o parâmetro r_{ue} para fatores de profundidade consecutivos; por exemplo:

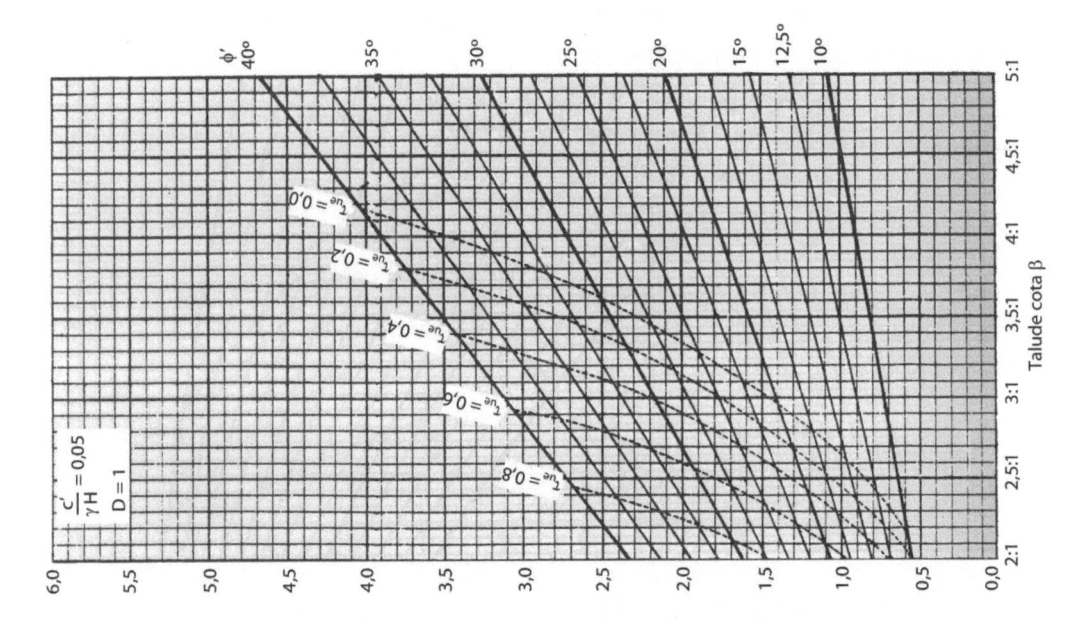

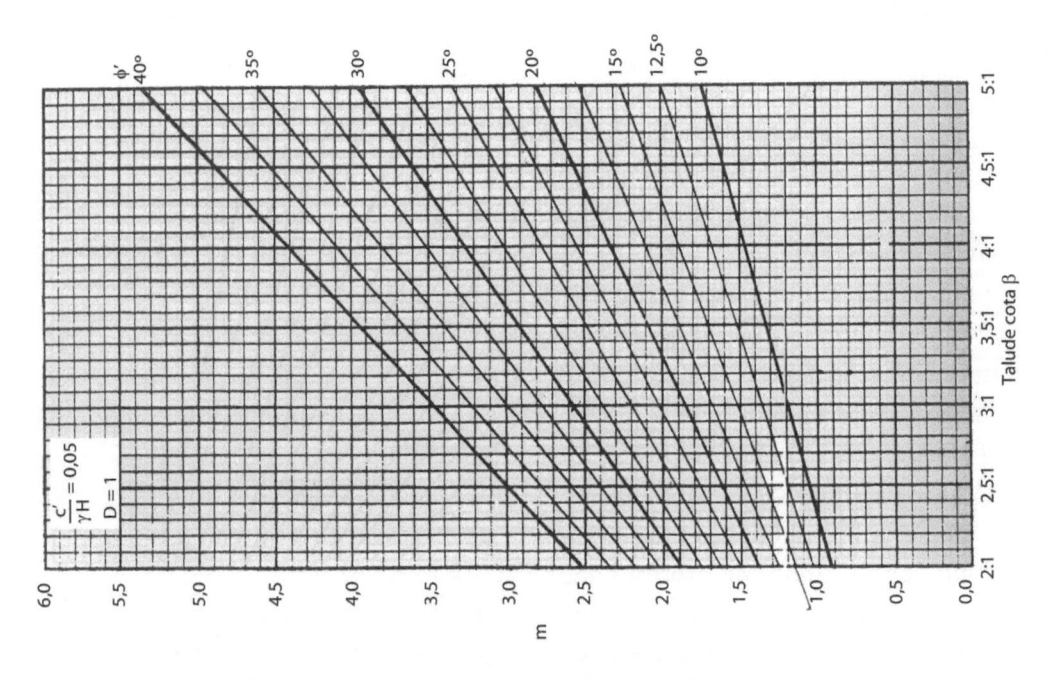

Fig. 4.61 Ábacos de Bishop e Morgenstern para D = 1 e (c'/γH) = 0,05

$$r_{ue} = \frac{(m)_{D=1,25} - (m)_{D=1}}{(n)_{D=1,25} - (n)_{D=1}} \qquad (4.68)$$

Com isso, se o valor de r_u estabelecido para o talude for maior de que r_{ue}, então FS para 1,25 é menor do que FS para D = 1. Esse argumento pode ser estendido para identificar se FS para D = 1,5 é mais crítico, isto é comparar:

$$r_u \underset{?}{\lessgtr} r_{ue} = \frac{(m)_{D=1,25} - (m)_{D=1,5}}{(n)_{D=1,25} - (n)_{D=1,5}} \qquad (4.69)$$

Apresentam-se a seguir alguns comentários dos autores com relação ao método:
- O uso dos ábacos muitas vezes exige uma interpolação, uma vez que os ábacos se aplicam para condições preestabelecidas.
- No caso especial em que c'= 0, a superfície de ruptura torna-se plana (α = cte), paralela ao talude ($\beta = \infty$); então,

$$FS = \frac{(1-r_u)tg\phi' \sec\beta}{sen\beta + \frac{tg\phi'}{FS} tg\beta \, sen\beta} = (1-r_u \sec^2\beta)\frac{tg\phi'}{tg\beta} \qquad (4.70)$$

- No caso de superfície paralela ao talude, os efeitos de extremidade são naturalmente desprezados. Assim, têm-se as seguintes condições:
  - para que FS > 0 $\Rightarrow r_u < \cos 2\beta$;
  - se $r_u = \cos 2\beta \Rightarrow$ a poropressão em qualquer ponto é igual à tensão normal no plano paralelo à superfície do talude; consequentemente, FS = 0;
  - no caso especial em que o talude está seco ou $r_u = 0$, o FS calculado é o mesmo obtido pelo método de Taylor.

Ábacos de Bishop e Morgenstern vs. Hoek e Bray

Usando ábacos de estabilidade de Bishop e Morgenstern, determinar o FS do talude da Fig. 4.62 para as seguintes condições:
a) Condição de r_u constante e igual a 0,38.

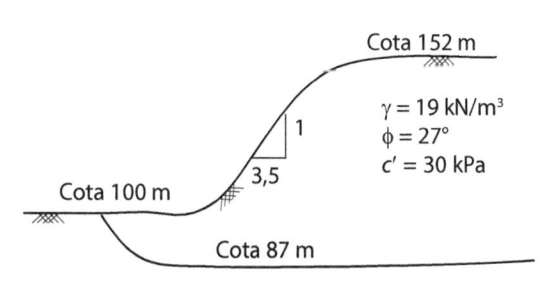

Cota 152 m
$\gamma = 19$ kN/m³
$\phi = 27°$
c' = 30 kPa
1
3,5
Cota 100 m
Cota 87 m

Fig. 4.62 *Geometria do problema*

b) Condição de talude saturado com infiltração de água de chuva.

Em seguida, compare os FS de segurança caso a solução fosse obtida pelos métodos de Hoek Bray.

Solução – ábacos de Bishop e Morgenstern

a) Condição de r_u constante e igual a 0,38:

$$FS = m - nr_u$$

$$\frac{c'}{\gamma H} = \frac{30}{19 \times 52} = 0,03$$

$$D = \frac{152 - 87}{52} = 1,25$$

Será necessário fazer a interpolação dos resultados, pois não existe solução para o par (0,03; 1,25).

Para $D = 1,25$, talude 1:3,5 (V:H), obtém-se para:

$\frac{c'}{\gamma H} = \frac{30}{19 \times 52} = 0,025$	$\Rightarrow \begin{array}{l} m \cong 2,4 \\ n \cong 2,3 \end{array}$	$m = 2,435;\ n = 2,3$
$\frac{c'}{\gamma H} = \frac{30}{19 \times 52} = 0,05$	$\Rightarrow \begin{array}{l} m \cong 2,6 \\ n \cong 2,3 \end{array}$	

Com isso:

$$FS = 2,435 - 2,3 \times 0,38 = 1,56 \text{ (Fig. 4.63)}$$

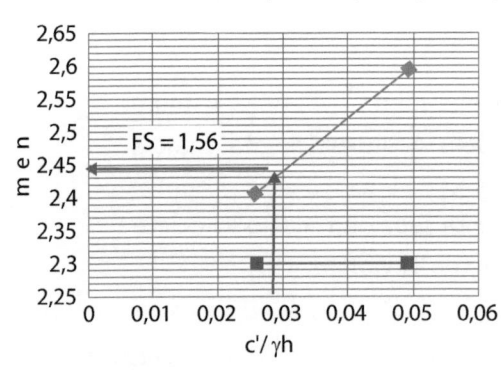

Fig. 4.63 Cálculo de m e n

b) Condição de talude saturado com infiltração de água de chuva:

Nessa condição, admitindo-se a existência de um fluxo paralelo ao talude, r_u pode ser estimado como sendo associado à condição de talude infinito, isto é:

$$r_u \cong \frac{\cos^2 \beta}{2} = 0,45$$

$$FS = 2,435 - 2,3 \times 0,45 = 1,4$$

Solução – ábacos de Hoek e Bray

a) Condição de r_u constante e igual a 0,38

Os ábacos variam em função do padrão de fluxo no talude. Para $r_u = 0,38$, acredita-se ser apropriado o uso do ábaco para $L_w = 4H$ já que:

$$r_u = \frac{u}{\gamma h} = 0{,}38 \approx \frac{\gamma_\omega h_\omega}{\gamma h} \ldots h_\omega = 0{,}38 \times 2h = 76\% h$$

Neste caso, observa-se que o ábaco está limitado a β = 20°. Não é possível extrapolar o resultado, pois as incertezas são muito grandes. Caso fosse assumido β = 20°, o fator de segurança estimado seria da ordem de 1,05. Como esperado, o resultado diferiu significativamente do valor calculado pelo método de Morgenstern e Price. Adicionalmente, ressalta-se o fato de o método de Hoek e Bray tender a ser mais conservativo, já que incorpora a existência de trinca de tração.

$$\frac{c'}{\gamma H \operatorname{tg}\phi'} = \frac{30}{19 \times 52 \times 0{,}51} = 0{,}0595 \cong 6 \times 10^{-2}$$

$$\beta = 15{,}9° \approx 20$$

$$\Rightarrow \quad \frac{\operatorname{tg}\phi'}{FS} = 45 \times 10^{-2} \approx FS = 1{,}1$$

$$\frac{c'}{\gamma H FS} = 3{,}0 \times 10^{-2} \approx FS = 1{,}0$$

b) Condição de talude saturado com infiltração de água de chuva:

Para talude saturado com um fluxo paralelo à superfície do talude:

$$\frac{c'}{\gamma H \operatorname{tg}\phi'} = \frac{30}{19 \times 52 \times 0{,}51} = 0{,}0595 \cong 6 \times 10^{-2}$$

$$\beta = 15{,}9° \approx 16$$

$$\Rightarrow \quad \frac{\operatorname{tg}\phi'}{FS} = 28 \times 10^{-2} \approx FS = 1{,}8$$

$$\frac{c'}{\gamma H FS} = 2{,}0 \times 10^{-2} \approx FS = 1{,}5$$

Comparando os resultados, observa-se uma diferença significativa entre os valores obtidos de fator de segurança (FS = 1,5 e FS = 1,8), a qual é atribuída às dificuldades provenientes de processos gráficos.

4.5.5 Método de Spencer

O método de Spencer (1967) é rigoroso, pois se propõe a satisfazer todas as equações de equilíbrio, além de não desprezar as forças interlamelares. Nos métodos de superfícies planares, anteriormente apresentados, o FS é calculado exclusivamente pelas equações de equilíbrio forças. Por sua vez, os métodos para superfícies circulares, apesar de utilizarem as equações de equilíbrio de momentos, introduzem hipóteses simplificadoras quanto às forças entre fatias.

A Fig. 4.64 descreve a geometria e os esforços atuantes na fatia. As condições gerais para o emprego do método de Spencer são:

- o método admite a existência de trinca de tração;

- as forças interlamelares (X e E) podem ser representadas por suas resultantes (Z_n e Z_{n+1}), cuja soma é dada por uma força Q de inclinação θ;
- a resultante Q é definida em termos totais, isto é, incorpora a parcela efetiva e a pressão da água atuante na face da fatia;
- ao se assumir que as forças interlamelares têm uma inclinação constante, pode-se estabelecer que

$$tg\theta = \frac{X_1}{E_1} = \frac{X_2}{E_2} = \ldots = \frac{X_n}{E_n} \qquad (4.71)$$

- para que haja equilíbrio, a resultante das forças interlamelares (Q) passa pelo ponto de intersecção das demais forças atuantes na fatia (W, N e S).

A partir das equações de equilíbrio de forças nas direções paralelas e normais à base da fatia, calcula-se a equação da resultante Q, cuja magnitude depende das características geométricas e parâmetros geotécnicos de cada fatia, bem como do valor adotado para a inclinação das forças interlamelares (θ), isto é,

$$Q = \frac{\frac{c'b}{FS}\sec\alpha + \frac{tg\phi'}{FS}(W\cos\alpha - ub\sec\alpha) - W\sin\alpha}{\cos(\alpha-\theta)\left\{1 + \frac{tg\phi'}{FS}tg(\alpha-\theta)\right\}} \qquad (4.72)$$

Em termos de razão de poropressão (r_u), assumida constante em todo o talude, a expressão para o cálculo da resultante Q é definida por:

$$Q = \gamma Hb\left[\frac{\frac{c'}{FS\gamma H} + \frac{1}{2}\frac{h}{H}\frac{tg\phi'}{FS}(1 - 2r_u + 2\cos\alpha) - \frac{1}{2}\frac{h}{H}\sin 2\alpha}{\cos\alpha\cos(\alpha-\theta)\left\{1 + \frac{tg\phi'}{FS}tg(\alpha-\theta)\right\}}\right] \qquad (4.73)$$

A expressão da resultante Q também incorpora o FS. Analogamente ao método de Bishop, é necessário utilizar um processo iterativo para o cálculo do FS final.

Para garantir o equilíbrio global, a soma das componentes horizontal e vertical das forças interlamelares deve ser nula, isto é,

$$\sum Q\cos\theta = 0 \qquad (4.74)$$

$$\sum Q\sin\theta = 0 \qquad (4.75)$$

Para superar o problema de desequilíbrio entre o número de equações e de incógnitas, Spencer sugeriu adotar um valor de inclinação θ constante para todas as fatias. Com isso, o equilíbrio de forças produz a igualdade:

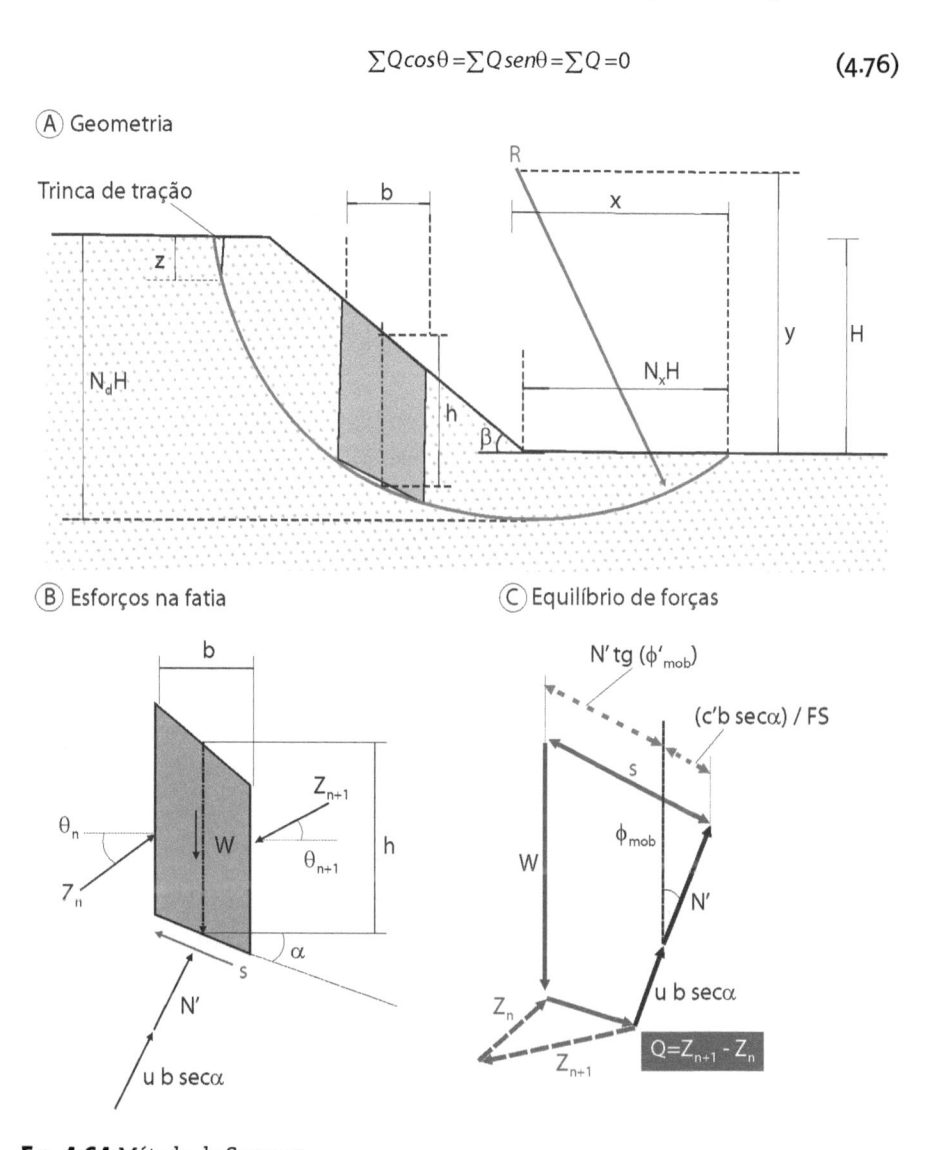

$$\sum Q\cos\theta = \sum Q\,sen\theta = \sum Q = 0 \tag{4.76}$$

Fig. 4.64 *Método de Spencer*

Quanto ao equilíbrio de momentos, se o somatório de momentos das forças externas em relação ao centro do círculo for nulo, então o mesmo deverá ocorrer com o somatório de momentos das forças internas. Com isso, tem-se:

$$\sum \left[Q\cos(\alpha - \theta)\right] \times R = 0 \tag{4.77}$$

ou

$$\sum[Q\cos(\alpha-\theta)]=0 \qquad (4.78)$$

A metodologia para o emprego do método de Spencer é a seguinte:
- define-se uma superfície circular;
- assume-se um valor para a inclinação θ; sugere-se um valor inferior à inclinação do talude (θ < β);
- calcula-se o valor da resultante Q para cada fatia, segundo a Eq. (4.73), mantendo-se FS como incógnita;
- calcula-se o FS substituindo o valor de Q na equação de equilíbrio de forças, associada à hipótese de inclinação θ constante (Eq. 4.76);
- calcula-se o FS, substituindo o valor de Q na equação de equilíbrio de momentos (Eq. 4.78);
- para os diferentes valores assumidos para a inclinação (θ), comparam-se os valores de FS até que sejam idênticos.

Exercício resolvido - Método de Spencer

Dado um talude homogêneo 2:1 (H:V), com 30,5 m de altura, inclinação β = 26,5° e parâmetros geotécnicos c´ = 12 kPa; φ´ = 40°; γ = 20 kN/m³; ru = 0,5, calcule o FS pelo método de Spencer.

Solução – método de Spencer

A Fig. 4.65 mostra as curvas relativas aos FS obtidos pelo equilíbrio de forças e de momentos. A interseção das curvas indica a convergência para θ = 22,5° e FS = 1,07.

Algumas considerações importantes sobre o método de Spencer:
- O FS calculado por equilíbrio de momentos é pouco sensível ao valor de θ, como se observa na Fig. 4.65.
- Quando a inclinação da resultante das forças interlamelares é nula (θ = 0), o método resulta num valor de FS idêntico ao obtido pelo método de Bishop.

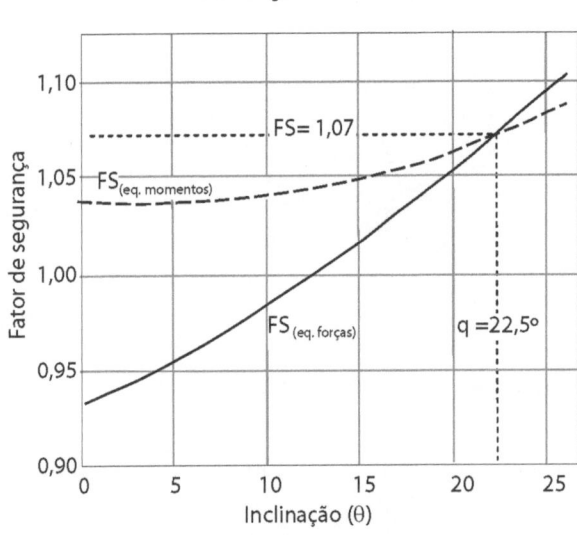

Fig. 4.65 *Aplicação do método de Spencer*

4.6 Superfícies não circulares

Os métodos para superfícies quaisquer mais utilizados na prática são os de Jambu (1954, 1957, 1973) (simplificado ou generalizado); Morgenstern e Price (1965); e Sarma (1973, 1979).

Os métodos de Sarma e Morgenstern e Price são os mais completos, pois satisfazem às três equações de equilíbrio. Em razão da complexidade dos métodos, em geral, não se pode resolvê-los manualmente, sendo necessário o uso de computadores. O método de Jambu generalizado também satisfaz a todas as equações de equilíbrio, porém introduz hipóteses diferentes dos outros métodos, em particular com relação às forças interlamelares e, como os demais, requer o uso de computador.

4.6.1 Método de Jambu

Método de Jambu generalizado Jambu (1954, 1957, 1973) desenvolveu um método rigoroso e generalizado, que satisfaz a todas as equações de equilíbrio. A massa de solo é subdividida em fatias infinitesimais (Fig. 4.66), e é feito o equilíbrio de forças e de momentos em cada fatia. Usando o equilíbrio de forças horizontais como critério de estabilidade para toda a massa, Jambu definiu o fator de segurança como:

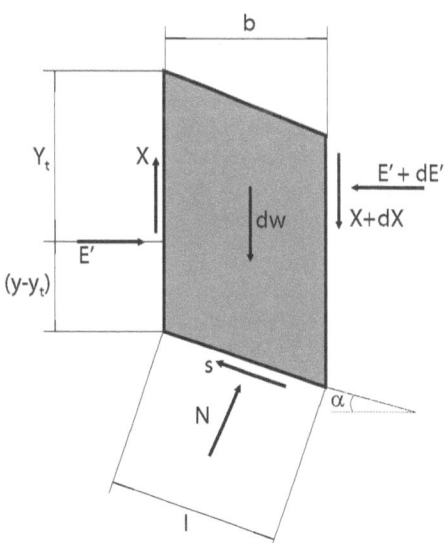

Fig. 4.66 Esforços na fatia - método de Jambu generalizado

$$FS = \frac{\sum b \left[c' + \left(\frac{W+dX}{b} - u \right) tg\phi' \right]}{dE + \sum [dx(W+dX)tg\alpha]} \cdot \frac{1}{n_\alpha} \qquad (4.79)$$

em que n_α é dado por

$$n_\alpha = \frac{1+tg\alpha\, tg\phi'/FS}{1+tg^2\alpha} = \cos^2\alpha \left(1+tg\alpha \frac{tg\phi'}{FS} \right) \qquad (4.80)$$

Analogamente ao observado em outros métodos de estabilidade, o FS é calculado de forma iterativa, pois aparece em ambos os lados da equação.

As forças entre fatias são calculadas a partir das equações:

$$dE = (W+dX)tg\alpha - (c' + (W+dX-u)tg\phi)\frac{b}{n_\alpha FS} \quad (4.81)$$

$$X = -Etg\theta + (y-y_t)\frac{dE}{b}$$

onde $(y-y_t)$ é a posição da linha de empuxo e θ, a inclinação dessa resultante.

Como hipóteses, o método de Jambu admite que:
- a resultante dos esforços normais dN passa pelo ponto médio da base, onde atuam os demais esforços (dW e dS);
- a posição na linha de empuxo é definida previamente e estabelece, portanto, a posição da resultante das forças interlamelares (E), isto é,
  - se a coesão for nula ($c' = 0$), a resultante posiciona-se próximo ao terço médio inferior da lamela;
  - se o solo for coesivo ($c' > 0$), haverá regiões sob tração e sob compressão. Na zona de tração, pode-se assumir a existência de trinca de tração com profundidade z_T ou pode-se introduzir uma força teórica, adicional, de tração (negativa), acima de z_T.

Método de Jambu simplificado

O método de Jambu simplificado foi desenvolvido com o objetivo de reduzir o esforço computacional exigido pelo método rigoroso, possibilitando a obtenção do FS por meio de cálculos mais simples.

O método aplica-se a taludes homogêneos (Fig. 4.67), mas não fornece bons resultados para superfícies em forma de cunha. Os efeitos das forças cisalhantes interlamelares são incorporados ao cálculo por meio de um fator de correção (f_o), definido a partir de comparações entre FS obtidos pelos métodos simplificado e generalizado.

O FS é definido pela equação:

$$FS = f_o \frac{\sum \frac{\{c'b + (p-u)tg\phi'\}}{n_\alpha}}{\sum(Wtg\alpha) + E_T} \quad (4.82)$$

na qual f_o é o fator de correção, função da relação entre

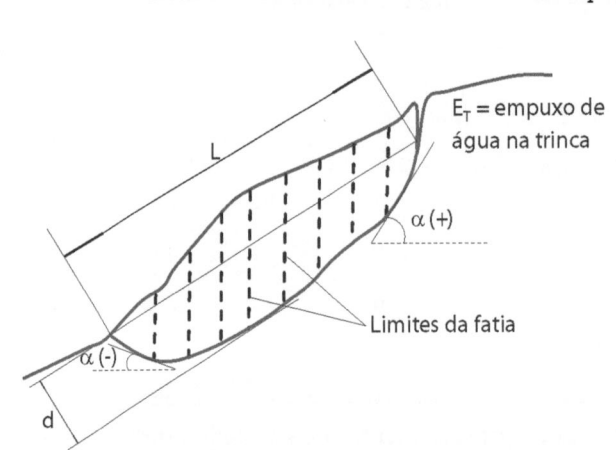

Fig. 4.67 *Geometria do método de Jambu simplificado*

a profundidade e o comprimento da superfície de ruptura (d/L) e dos parâmetros de resistência, sendo determinado graficamente pela Fig. 4.68; n_α é um parâmetro que depende da geometria da fatia e que pode ser determinado pela equação:

$$n_\alpha = \cos^2\alpha\left(1+\frac{tg\phi'}{FS}tg\alpha\right) \quad (4.83)$$

em que α é a inclinação da base da fatia, cujo valor está na faixa de -90° < α < 90°; p, o peso médio por unidade de largura = dW/dx; u, a poropressão média na base da fatia; E_T, o empuxo de água na trinca e W, o peso da fatia.

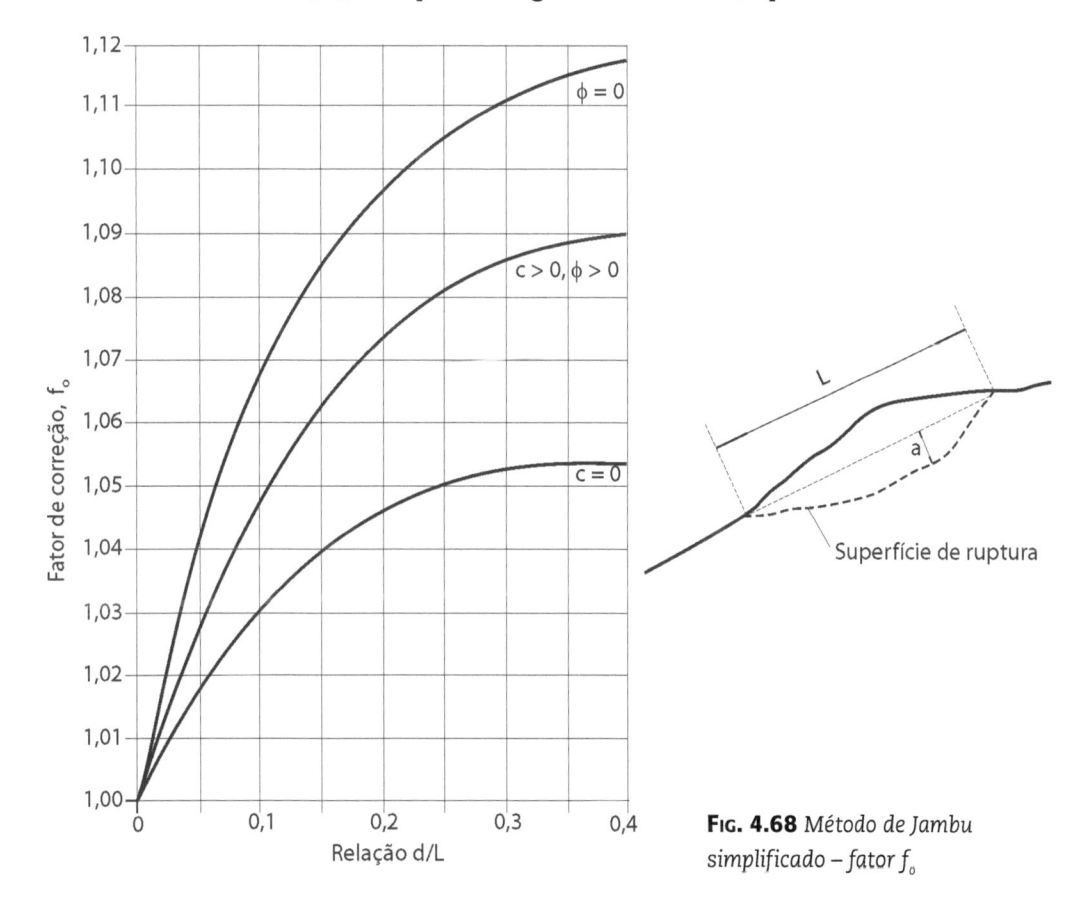

Fig. 4.68 Método de Jambu simplificado – fator f_o

No caso de inexistência de água na trinca ($E_T = 0$) e de fatias de mesma largura (dx = cte), a Eq. (4.82) pode ser reescrita como:

$$FS = f_o \frac{\sum\dfrac{\{c'+(p-u)tg\phi'\}}{n_\alpha}}{\sum Wtg\alpha} \quad (4.84)$$

A metodologia para o emprego do método de Jambu simplificado é:
- subdividir o talude em fatias, sendo que a largura da fatia (Δx) deve considerar mudanças nas propriedades do material e distribuições de poropressão;
- determinar os parâmetros de peso, de acordo com a Eq. (4.85), na qual h_m é a altura média da fatia:

$$p = \frac{dW}{dx} = \frac{\gamma h_m dx}{dx} \qquad (4.85)$$

- determinar a distribuição de poropressões na base de cada fatia (u);
- avaliar a possibilidade de haver água na trinca;
- calcular as parcelas $dW tg\alpha$ e $\{c' + (p - u) tg\phi'\}dx$;
- assumir um valor para FS e determinar n_α;
- determinar graficamente o fator f_o (Fig. 4.68) e n_α (Eq. 4.83);
- calcular o FS;
- se o valor arbitrado de FS for diferente do calculado, determinar os novos valores de f_o e n_α. Em geral, três iterações são suficientes para a convergência do método.

4.6.2 Método de Morgenstern e Price

O método mais geral de equilíbrio limite para uma superfície qualquer foi desenvolvido por Morgenstern e Price (1965). Os esforços atuantes em fatias infinitesimais estão na Fig. 4.69.

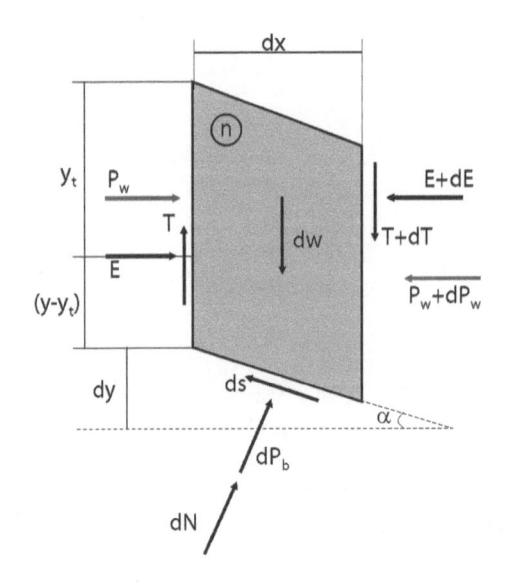

dW – peso da fatia
P_w – poropressão no contorno entre fatias
dP_b – resultante da poropressão na base da fatia
E e T – esforços entre fatias atuando em $(y-y_t)$
ds – resistência na base

Fig. 4.69 *Esforços na fatia n*

Para tornar o problema estaticamente determinado, ao contrário dos demais métodos rigorosos que estabelecem uma relação constante entre as forças entre as fatias, Morgenstern e Price assumem que a inclinação da resultante (θ) varia, segundo uma função, ao longo da superfície de ruptura, isto é:

$$T = \lambda f(x) E \quad (4.86)$$

ou,

$$tg\theta = \frac{T}{E} = \lambda f(x) \quad (4.87)$$

em que λ é um parâmetro escalar determinado a partir da solução de cálculo do fator de segurança e f(x), uma função arbitrária (Fig. 4.70). A escolha da função f(x) requer um julgamento prévio de como a inclinação das forças entre fatias varia no talude. Quando se utiliza f(x) = 0, a solução para o FS torna-se idêntica à determinada pelo método de Bishop, e quando f(x) = constante, o resultado torna-se idêntico ao método de Spencer.

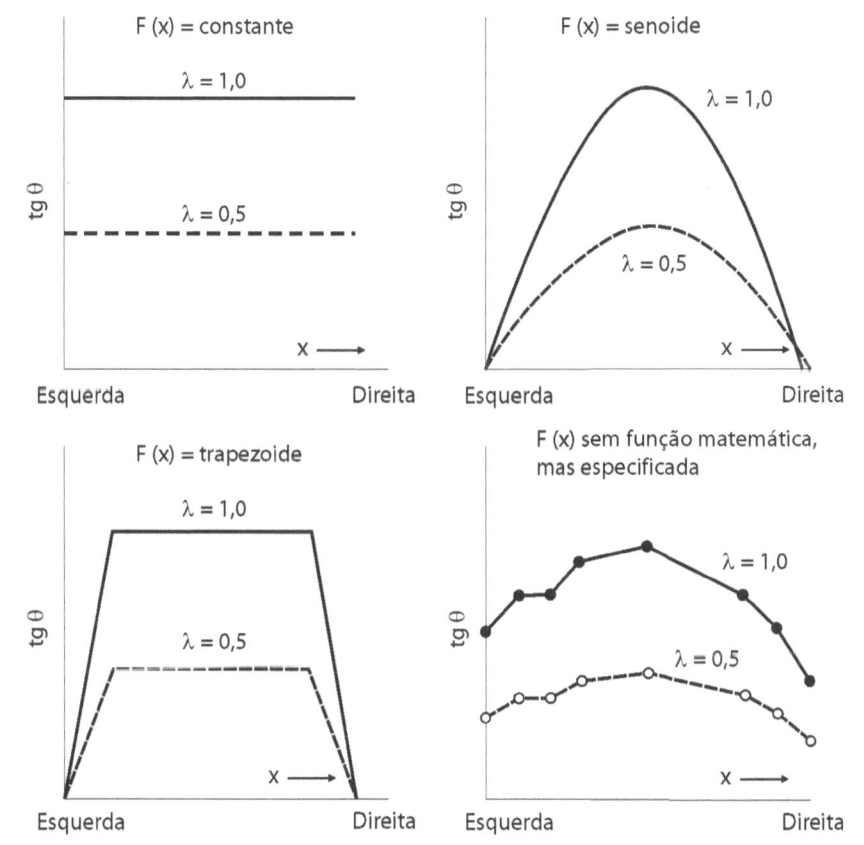

Fig. 4.70 *Função de distribuição da inclinação da resultante da força entre fatias sugeridas por Morgenstern e Price*

Ao se considerar as forças atuantes em uma fatia infinitesimal, isto é, dx→0, e para que não haja rotação da fatia, o equilíbrio de momentos com relação ao centro da base é considerado nulo. Com isso, chega-se à equação:

$$-T = \frac{d\{E(y-y_t)\}}{dx} - E\frac{dy}{dx} + \frac{d\{P_w(y-h)\}}{dx} - P_w\frac{dy}{dx} \qquad (4.88)$$

na qual y(x) representa a superfície de ruptura; z(x), a superfície do talude; h(x), a linha de ação da poropressão; e y_t(x), a linha de ação da tensão efetiva normal.

O equilíbrio de forças na direção normal e tangencial à base da fatia, associado ao critério de ruptura de Mohr-Coulomb e considerando as funções definidas na Eq. (4.87), produz a Eq. (4.89) para o cálculo da força E (x) entre fatias, sendo x a abscissa da fatia:

$$E(x) = \frac{1}{L+Kx}\left[E_i L + \frac{Nx^2}{2} + Px\right] \qquad (4.89)$$

em que as variáveis K, L, N e p são definidas como:

$$K = \lambda k \left\{\frac{tg\phi'}{FS} + A\right\}$$

$$L = 1 - \frac{Atg\phi'}{FS} + \lambda m \left(\frac{tg\phi'}{FS} + A\right) \qquad (4.90)$$

$$N = \frac{tg\phi'}{FS}\left[2AW_w + p - r(1+A^2)\right] + \left[-2W_w + pA\right]$$

$$p = \frac{1}{FS}\{(c - stg\phi')(1+A^2) + V_w Atg\phi' + qtg\phi'\} + \{qA - V_w\}$$

Com relação ao equilíbrio de momentos, consideram-se as funções definidas na Eq. (4.87) e chega-se à equação:

$$M(x) = E(y_t - y) = M_{eW}(x) + \int_{xo}^{x}\left(\lambda f - \frac{dy}{dx}\right)E dx$$

na qual M_{eW} (x) é dado por (4.91)

$$M_{eW}(x) = \int_{xo}^{x}\left(-P_w\frac{dy}{dx}\right)dx + \left[P_w(y-h)\right]$$

O método é solucionado iterativamente, definindo-se previamente a função de distribuição de forças entre fatias (Fig. 4.70), assumindo-se valores para FS e λ e calculando-se E (x) e M(x) para cada fatia. Nos contornos (x = 0 e x = n), os valores de E e M deverão ser nulos, isto é,

$$x = x_o \Rightarrow M(x_o) = E(x_o) = 0 \qquad (4.92)$$

$$x = x_n \Rightarrow M(x_n) = E(x_n) = 0 \qquad (4.93)$$

Assim, o processo iterativo é repetido até que as condições nos contornos sejam satisfeitas. Os resultados geram diferentes valores de FS para cada uma das equações de equilíbrio de forças (FS$_f$) e de momentos (FS$_m$), sendo também dependentes da escolha do valor de λ. A complexidade dos cálculos requer o uso de computadores e o FS do talude é definido quando FS$_f$ = FS$_m$.

A Fig. 4.71 exemplifica o uso do método para um talude hipotético, considerando-se diferentes funções de inclinação das forças entre fatias. Analogamente ao método de Spencer, o FS calculado pelo equilíbrio de momentos é pouco sensível à inclinação da força entre fatias.

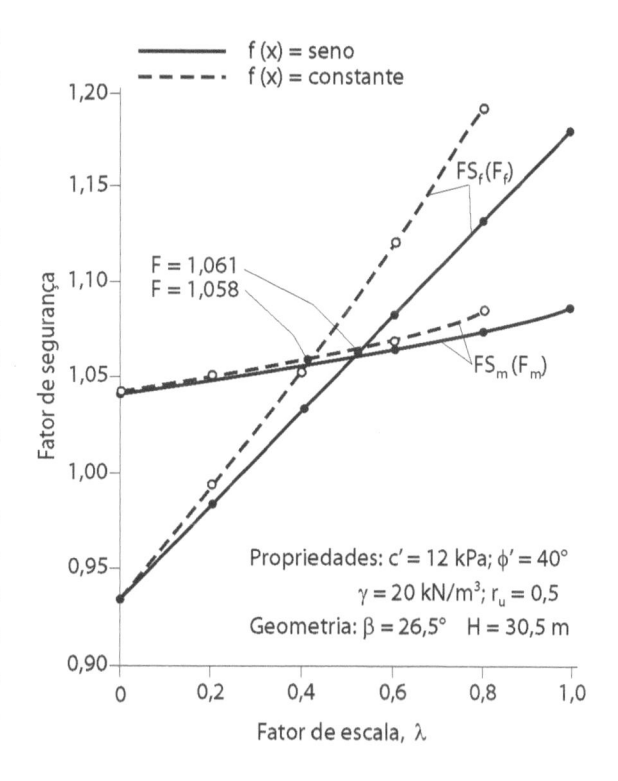

Fig. 4.71 Influência de λ no valor do FS (Fredlund; Krahn, 1977)

Exercício resolvido – Método das fatias: análise de estabilidade de encosta para superfície qualquer (Métodos de Jambu, Spencer, Morgenstern e Price e Bishop)

Será executada uma escavação de 12,25 m em local constituído de um solo com γ = 18,8 kN/m³, c' = 28,5 kPa e φ' = 20°. Nas sondagens foi identificada a presença de uma intrusão argilosa de 0,5 m de espessura, aproximadamente horizontal, a cerca de 13 m de profundidade. O nível d'água coincide com a base da camada argilosa.

Avaliar a estabilidade da obra, dado que, na configuração final, o ângulo do talude será de 27°.

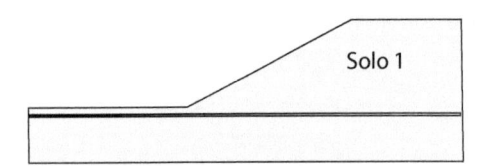

Fig. 4.72 Geometria do problema

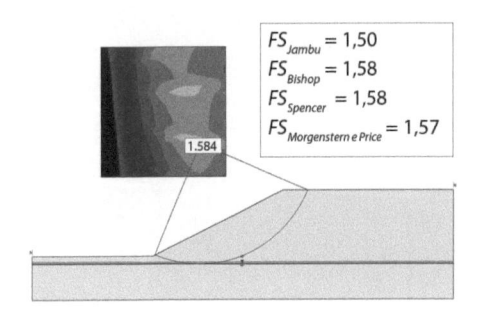

$FS_{Jambu} = 1,50$
$FS_{Bishop} = 1,58$
$FS_{Spencer} = 1,58$
$FS_{Morgenstern\ e\ Price} = 1,57$

Fig. 4.73 Superfície circular – método de Bishop

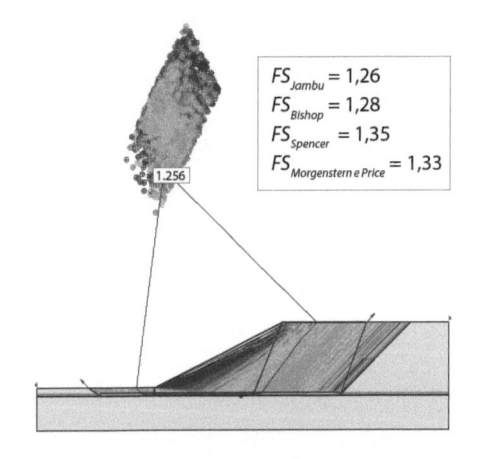

$FS_{Jambu} = 1,26$
$FS_{Bishop} = 1,28$
$FS_{Spencer} = 1,35$
$FS_{Morgenstern\ e\ Price} = 1,33$

Fig. 4.74 Superfície não circular

Solução – métodos de Jambu, Spencer, Morgenstern e Price e Bishop

A presença da camada menos resistente leva à formação de uma superfície não circular (Fig. 4.72).

Para o solo argiloso, adotaram-se parâmetros de resistência mais desfavoráveis: c' = 0 kPa e ϕ' = 10°.

Foi inicialmente realizada uma análise considerando a superfície de ruptura circular, resultando num $FS_{mínimo}$ de 1,58, calculado pelo método de Bishop. Os demais métodos forneceram FS da mesma ordem de grandeza (Fig. 4.73).

Para a superfície de ruptura não circular, os resultados estão mostrados na Fig. 4.74 e resultando num FS mais baixo e adequado ao problema em questão.

4.6.3 Método de Sarma

O método de Sarma (1973, 1979) foi inicialmente desenvolvido para estimar o valor da aceleração crítica (k_c), necessária para uma determinada massa de solo atingir a condição de equilíbrio limite sob ação de terremotos. Apesar desse enfoque, o método é extremamente interessante para a obtenção de FS de taludes sob condição estática.

Os esforços atuantes nas fatias estão indicados na Fig. 4.75. O método inclui a força horizontal interna (kW), onde k é o fator de aceleração horizontal, proporcional à aceleração da gravidade, e W é o peso da massa. Com isso, considera-se que a força horizontal kW seja capaz de instabilizar o talude. Os esforços normais entre fatias são considerados separando-se a parcela da água (P_{wi}) da do solo (E'_i).

O método consiste em determinar os valores de k em função de FS. Por extrapolação, determina-se tanto o fator de aceleração, denominado crítico (k_c), que corresponde à condição de ruptura (FS = 1), ou o coeficiente de segurança estático (FS), correspondente à condição em que não há ação de força horizontal (k = 0).

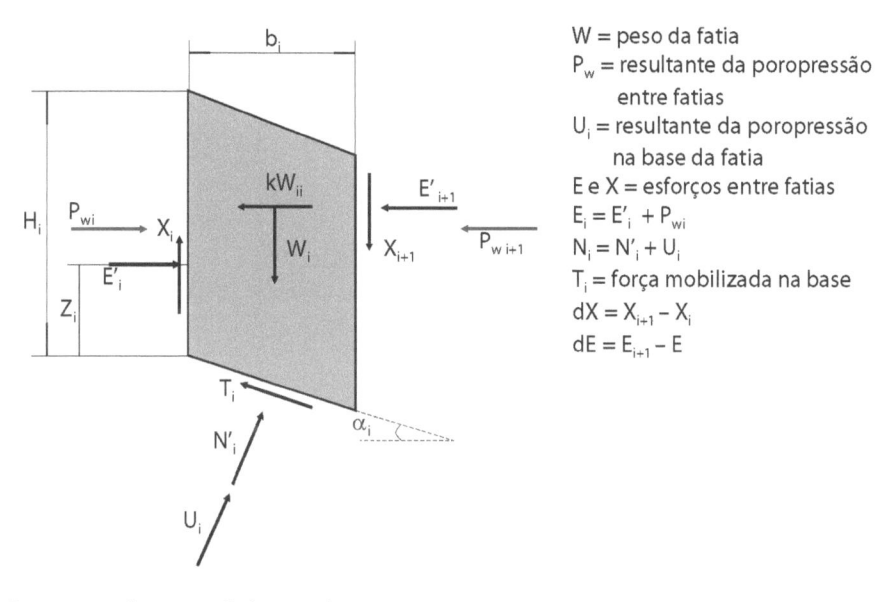

Fig. 4.75 *Esforços na fatia e parâmetros*

W = peso da fatia
P_w = resultante da poropressão entre fatias
U_i = resultante da poropressão na base da fatia
E e X = esforços entre fatias
$E_i = E'_i + P_{wi}$
$N_i = N'_i + U_i$
T_i = força mobilizada na base
$dX = X_{i+1} - X_i$
$dE = E_{i+1} - E$

O método é classificado como rigoroso e apresenta as vantagens de não ter problemas de convergência e de não exigir o uso de computadores; sua implementação pode ser feita em planilhas eletrônicas. O FS é determinado iterativamente, sendo necessárias somente cerca de três iterações para obter a solução desejada.

A massa de solo é subdividida em fatias, cuja espessura é pequena o suficiente para assumir que a força normal (N) atua no ponto médio da base da fatia. Como não existem forças externas ao longo da superfície,

$$\sum dE_i = \sum dX_i = 0 \tag{4.94}$$

Por meio do equilíbrio de forças nas direções vertical e horizontal, chega-se às seguintes equações:

$$\sum F_V = 0 \Rightarrow N_i \cos\alpha_i + T_i sen\alpha_i = W_i - dX_i \tag{4.95}$$

$$\sum F_H = 0 \Rightarrow T_i \cos\alpha_i - N_i sen\alpha_i = kW_i + dE_i \tag{4.96}$$

sendo

$$T_i = N'_i \frac{tg\phi'_i}{FS} + \frac{c'_i L_i}{FS} = (N_i - U_i)tg\psi'_i + c''_i b_i \sec\alpha_i$$
$$tg\psi'_i = {tg\phi'_i}/{FS} \qquad (4.97)$$
$$c''_i = {c'_i}/{FS}$$

Ao se combinar as Eqs. de (4.95) a (4.97), que tratam do equilíbrio de forças, e ao se somar todas as fatias, chega-se à equação:

$$\sum dX_i tg(\psi'_i - \alpha_i) + \sum kW_i = \sum D_i \qquad (4.98)$$

na qual

$$D_i = W_i tg(\psi'_i - \alpha_i) + \left[c''_i b_i \cos\psi'_i - U_i \sin\psi'_i\right]\sec\alpha_i / \cos(\psi'_i - \alpha_i) \qquad (4.99)$$

Para garantir o equilíbrio da massa, faz-se o equilíbrio de momentos com relação ao centro de gravidade da massa total, dado pelas coordenadas x_G e y_G. Como a soma dos momentos de W_i e kW_i é nula com relação ao centro de gravidade, chega-se à expressão:

$$\sum(N_i \cos\alpha_i + T_i \sin\alpha_i)(x_{mi} - x_G) + \sum(T_i \cos\alpha_i - N_i \sin\alpha_i)(y_{mi} - y_G) = 0 \qquad (4.100)$$

na qual x_{mi} e y_{mi} representam as coordenadas do ponto de aplicação da força normal (N) na base da fatia.

Ao se combinar as equações de equilíbrio de forças à Eq. (4.100), chega-se a:

$$\sum dX_i \left[tg(\psi'_i - \alpha_i)(y_{mi} - y_G) + (x_{mi} - x_G)\right] = \sum W_i(x_{mi} - x_G) + \sum D_i(y_{mi} - y_G) \qquad (4.101)$$

A escolha do centro de gravidade para a realização do equilíbrio de momentos permite verificar o efeito de dX na equação de momentos. Se a fatia for suficientemente pequena, a parcela $\sum W_i(x_{mi}-x_G)$ se anula. Os termos à direita das Eqs. (4.98) e (4.101) são sempre conhecidos e os da esquerda incluem as forças desconhecidas (X). Deve-se, então, definir a magnitude de X_i, de modo que as Eqs. (4.94) e (4.101) sejam satisfeitas. Uma vez estabelecido X_i, determina-se o valor da aceleração crítica por meio da solução da Eq. (4.98). Com isso, ambas as equações – de equilíbrio de forças (Eq. 4.98) e de momentos (Eq. 4.101) – são satisfeitas.

4 | Métodos de estabilidade

Como o número de incógnitas é superior ao de equações, as únicas hipóteses introduzidas pelo método são:
- Os esforços atuam no ponto médio da base da fatia (n equações). Essa hipótese é admissível para fatias de espessura pequena.
- Deve-se estabelecer um critério para o cálculo das forças tangenciais entre fatias (X). Sarma sugere que sejam calculadas indiretamente, a partir de uma função de distribuição dada por (n-1 equações):

$$X_i = \lambda Q_i \qquad (4.102)$$

Isto é, não se conhece o valor real de X, mas um valor relativo, dado por uma função de distribuição (Fig. 4.76), e nos contornos (i = 0 e i = n), Q_i é nulo. Entretanto, surgem novas incógnitas λ e a função de distribuição Q(x).

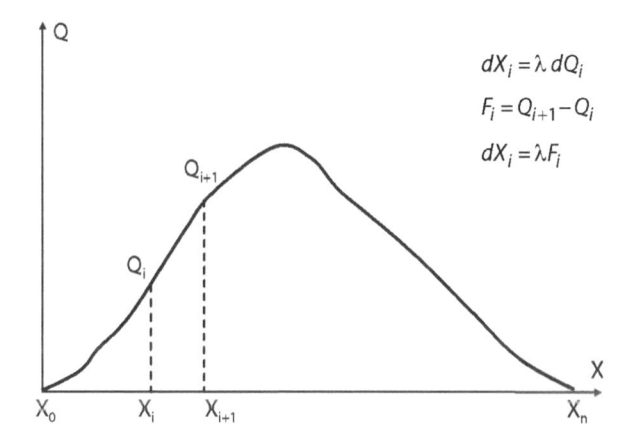

Fig. 4.76 Função de distribuição

A função de distribuição pode ser arbitrada e afetar os resultados obtidos. Para minimizar sua influência, Sarma sugere a utilização de uma função Q(x) que depende dos parâmetros de resistência, dada pela Eq. (4.103). Essa proposta apresenta como vantagem adicional a possibilidade de introduzir os efeitos de anisotropia e heterogeneidade dos solos envolvidos:

$$Q_i = f_i \left[\frac{(\bar{k}_i' - \bar{r}_{u_i})(\hat{y}_i H_i^2 tg\hat{\phi}_i)}{2} + \hat{c}_i H_i \right] \qquad (4.103)$$

em que c' e ϕ' correspondem aos valores dos parâmetros de resistência na superfície de ruptura; P_w é a pressão de água na seção; f_i, uma constante (em geral igual a 1); $\hat{y}, \hat{\phi}, \hat{c}$ correspondem aos valores médios para a fatia; e

$$\bar{k}'_i = \frac{1-sen\beta\left[(1-2\bar{r}_{u_i})sen\phi'_i+(4c'_i\cos\phi'_i)/\hat{y}_i H_i\right]}{1+sen\beta_i sen\phi'_i}$$

(4.104)

$$\beta_i = 2\alpha_i + \phi'_i$$

$$\bar{r}_{u_i} = \frac{2P_{w_i}}{\gamma_i H_i^2}$$

Os termos do lado direito das equações de equilíbrio de forças (4.98) e de momentos (4.101) são conhecidos. Os termos do lado esquerdo envolvem as forças tangenciais (X_i) entre fatias. Os valores de X_i podem ser determinados satisfazendo-se as Eqs. (4.94) e (4.101). A partir desses valores de X_i, a aceleração crítica é determinada ao se resolver a Eq. (4.98). Com isso, ambos os equilíbrios, de forças e de momentos, são satisfeitos.

Ao se substituir X_i por sua função (Eq. 4.102) e considerando a inexistência de forças externas ($\Sigma dF_i = 0$), as equações de equilíbrio (4.98) e (4.101) tornam-se:

$$\lambda\sum F_i tg(\psi'_i - \alpha_i) + k\sum W_i = \sum D_i$$

(4.105)

e

$$\lambda\sum F_i\left[(y_{mi} - y_G)tg(\psi'_i - \alpha_i) + (x_{mi} - x_G)\right] = \\ = \sum W_i(x_{mi} - x_G) + \sum\left[D_i(y_{mi} - y_G)\right]$$

(4.106)

Uma vez que o fator de segurança é estimado inicialmente, as Eqs. (4.105) e (4.106) podem ser resolvidas simultaneamente para se obter o fator de aceleração horizontal (k) e o parâmetro λ, dados por:

$$\lambda = s_4/s_3$$

(4.107)

$$k = (s_1 - \lambda s_2)/\sum W_i$$

(4.108)

em que as variáveis s_1, s_2, s_3 e s_4 são dadas pelas equações:

$$s_1 = \sum D_i$$
$$s_2 = \sum P_i tg(\psi'_i - \alpha_i)$$
$$s_3 = \sum P_i \left[(y_{mi} - y_{Gi}) tg(\psi'_i - \alpha_i) + (x_{mi} - x_{Gi}) \right] \quad (4.109)$$
$$s_4 = \sum W_i (x_{mi} - x_{Gi}) + \sum D_i (y_{mi} - y_{Gi})$$

Resumidamente, a metodologia para empregar o método de Sarma envolve arbitrar um fator de segurança e obter o fator de aceleração horizontal compatível com o FS. Ao variar o FS, constrói-se o gráfico de K × FS. Para FS = 1, obtém-se o valor do fator de aceleração crítico, ou seja, do fator crítico de carga horizontal requerido para levar a massa de solo/rocha à condição de ruptura sob condição estática (Fig. 4.77).

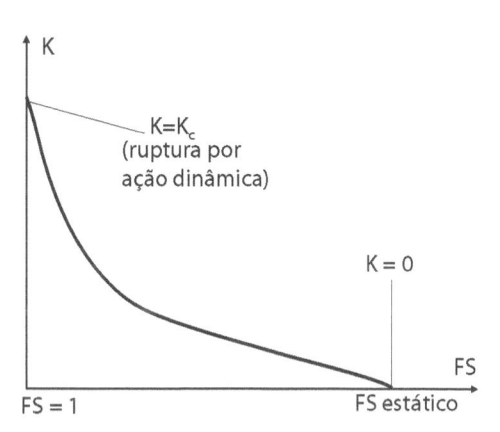

Fig. 4.77 *Variação do fator de aceleração k com o FS*

4.7 Comentários sobre os métodos de equilíbrio limite

A formulação do conceito de equilíbrio limite acarreta uma quantidade de incógnitas superior ao número de equações disponíveis, o que torna o problema estaticamente indeterminado. Com isso, os métodos que utilizam fatias diferem entre si a partir da direção em que é feito o equilíbrio de forças (vertical e horizontal ou normal e tangente à base da fatia); além disso, as hipóteses adotadas com relação às forças entre fatias também são diferentes, como resume o Quadro 4.3.

Quadro 4.3 Hipóteses quanto às forças entre fatias

Método	Hipótese
Fellenius (1936)	Resultante é paralela à inclinação média da fatia
Bishop (1955) simplificado	Resultante é horizontal
Jambu (1968) simplificado	Resultante é horizontal e um fator de correção é usado para considerar a força entre fatias
Jambu (1957) generalizado	A localização da força normal entre fatias é assumida como uma linha de empuxo
Spencer (1967, 1968)	A resultante possui uma inclinação constante ao longo de toda a massa
Morgenstern e Price (1965)	A direção da resultante é definida por uma função

Fonte: Day (1999).

Os métodos de Bishop simplificado e Jambu talvez sejam os mais utilizados na prática. Embora o método de Bishop não satisfaça ao equilíbrio de forças horizontais e o de Jambu não atenda ao equilíbrio de momentos, os FS fornecidos por esses métodos são aceitáveis para os estudos de estabilidade de taludes. No caso de superfícies circulares, a diferença entre o FS determinado pelo método de Bishop simplificado e pelos demais métodos mais rigorosos (Spencer ou Bishop e Morgenstern) não ultrapassa 5%. Para superfícies não circulares, o método de Jambu é, em geral, mais conservativo, e a diferença com relação aos outros métodos pode chegar a 30% (Abramson et al., 1996). Entretanto, as superfícies críticas são sempre diferentes, considerando-se os diversos métodos.

Fredlund e Krahn (1977) compararam os resultados dos métodos de equilíbrio limite para o caso mostrado na Fig. 4.78. Foram estudados dois mecanismos de ruptura: superfície circular e não circular. Os resultados estão na Fig. 4.79. No método de Bishop simplificado, $\lambda = 0$ e, no de Spencer, $\lambda = tg\theta$. Para o método de Morgenstern e Price, a função $f(x)$, que estabelece a inclinação das forças interlamelares ao longo da superfície de ruptura, foi considerada constante. A solução para o FS obtida no método de Jambu foi posicionada ao longo da curva correspondente ao FS definido por equilíbrio de forças (F_f). Os resultados mostram, mais uma vez, que o equilíbrio de momentos é pouco sensível às hipóteses quanto às forças interlamelares. Observa-se que os métodos de análise fornecem valores de FS razoavelmente próximos, e a escolha da forma da superfície de ruptura é a questão mais relevante em um estudo de estabilidade de um talude.

Um resumo das principais características dos métodos de equilíbrio limite está no Anexo B.

Independentemente do mecanismo e do método de análise adotado, todas as análises de estabilidade devem observar os seguintes aspectos:

- Possibilidade de abertura de trincas de tração e, consequentemente, necessidade de incluir o empuxo da água na trinca como força instabilizante.
- Possibilidade de ruptura progressiva, quer pelas movimentações prévias, quer por um comportamento tensão x deformação com pico de resistência bem definido. Nesses casos, deve-se avaliar a necessidade de adotar parâmetros de resistência residual.
- Realização de análises de sensibilidade, feitas por meio da variação do valor de um parâmetro por vez (coesão, ângulo de atrito,

nível d'água etc.) e da construção de gráficos que relacionam o FS ao valor do parâmetro. Com isso, é possível minimizar as incertezas relacionadas à escolha do modelo de análise e as propriedades geotécnicas dos materiais envolvidos.

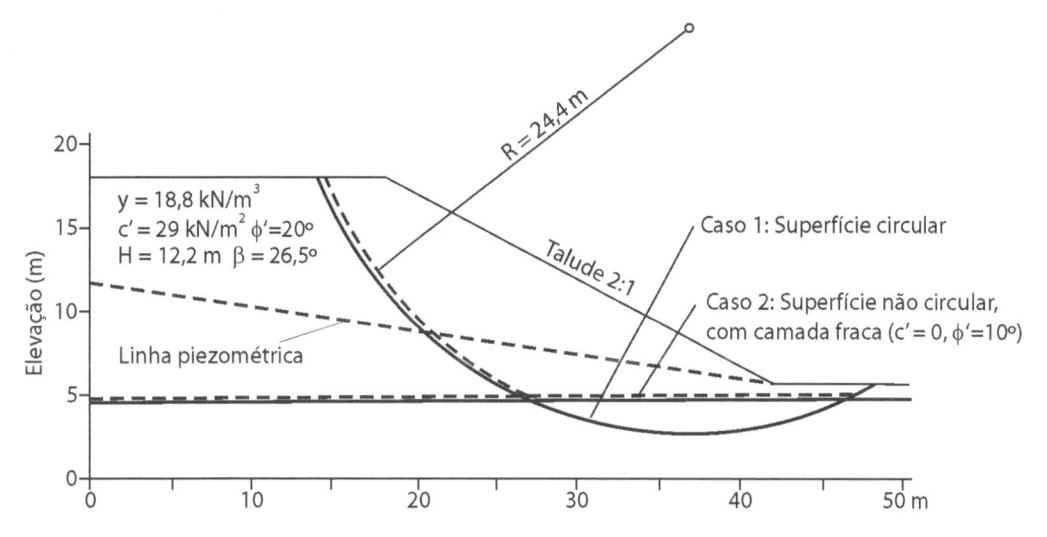

Fig. 4.78 *Estabilidade de talude considerando superfícies circular e não circular*

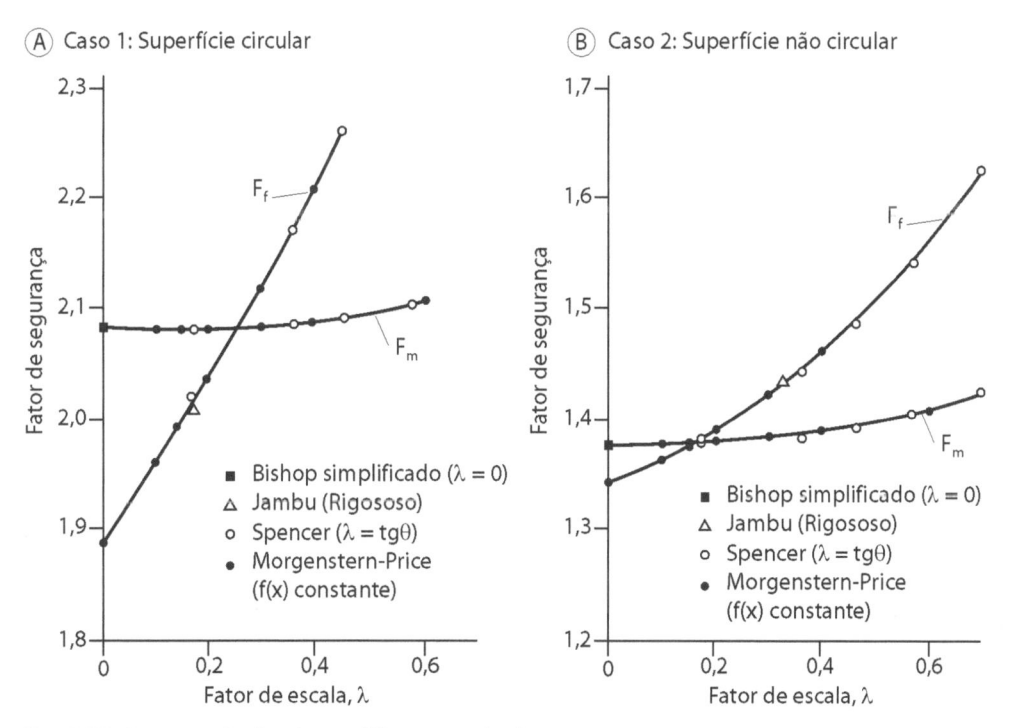

Fig. 4.79 *Comparação de FS para diferentes métodos*

- Quando a envoltória de resistência é curva, deve-se tomar cuidado na escolha dos parâmetros (c' e ϕ'). A envoltória de resistência deve ser traçada na região correspondente à faixa de tensões do problema a ser analisado. Por exemplo, para o caso de superfícies de ruptura pouco profundas, deve-se definir a envoltória na faixa de baixas tensões normais; em superfícies de ruptura profundas, as tensões normais atingem valores mais elevados.

Há inúmeros programas comerciais de análise de estabilidade que incorporam os diversos métodos de equilíbrio limite. Cabe ao projetista ter conhecimento suficiente quanto aos métodos de análise disponíveis, de forma a ter capacidade de interpretar e reconhecer resultados potencialmente incorretos.

Ábacos de Bishop e Morgenstern

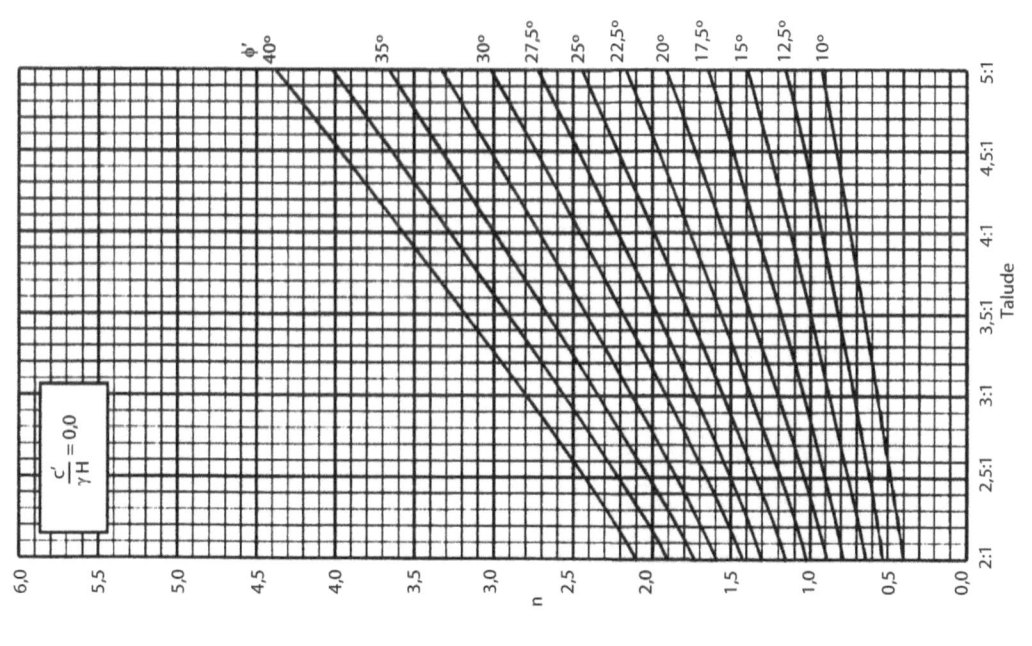

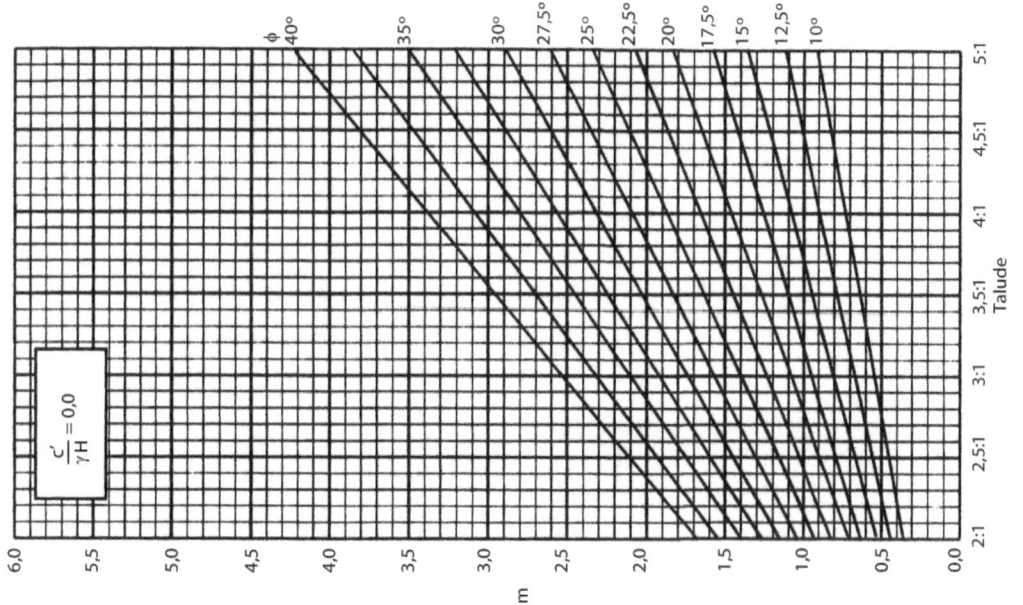

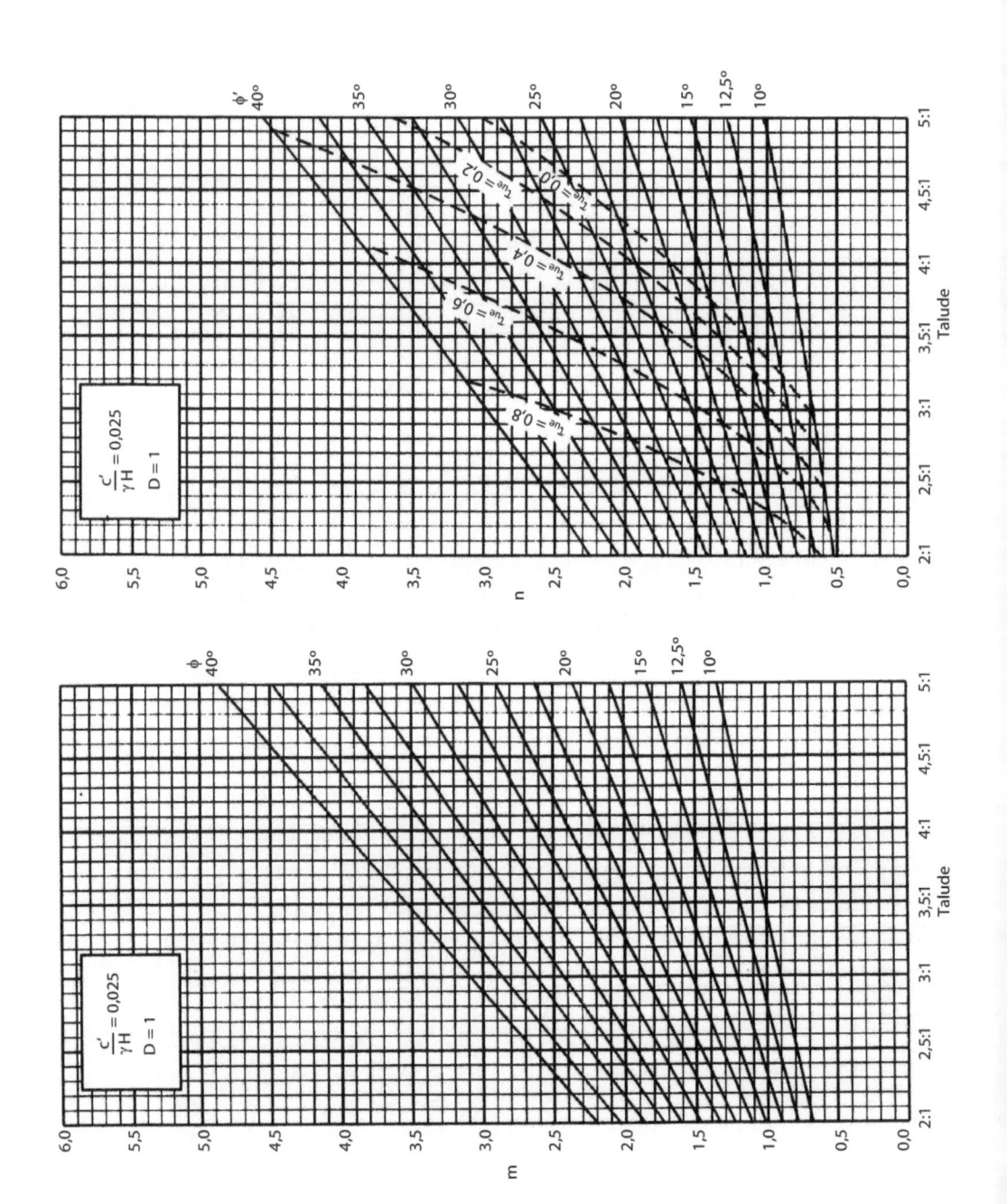

Estabilidade de taludes

Anexo A

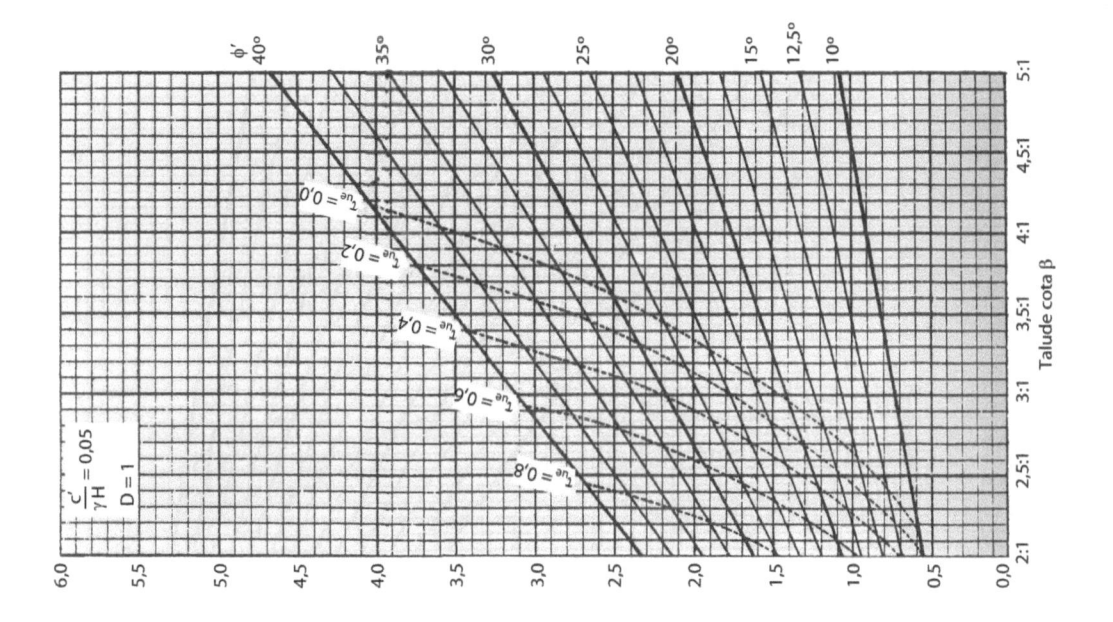

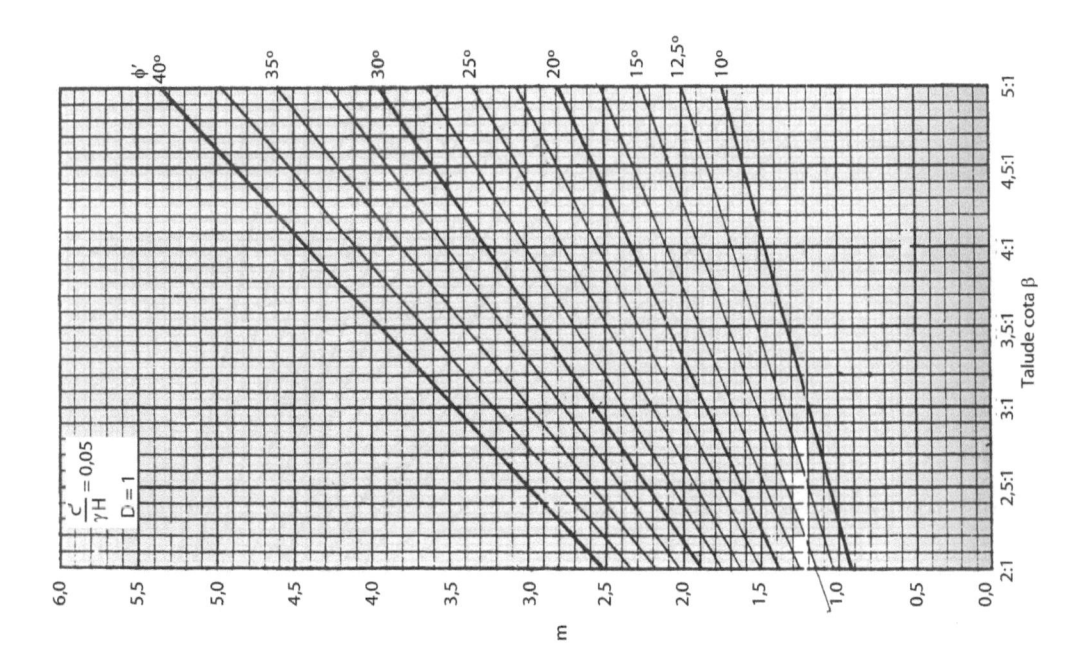

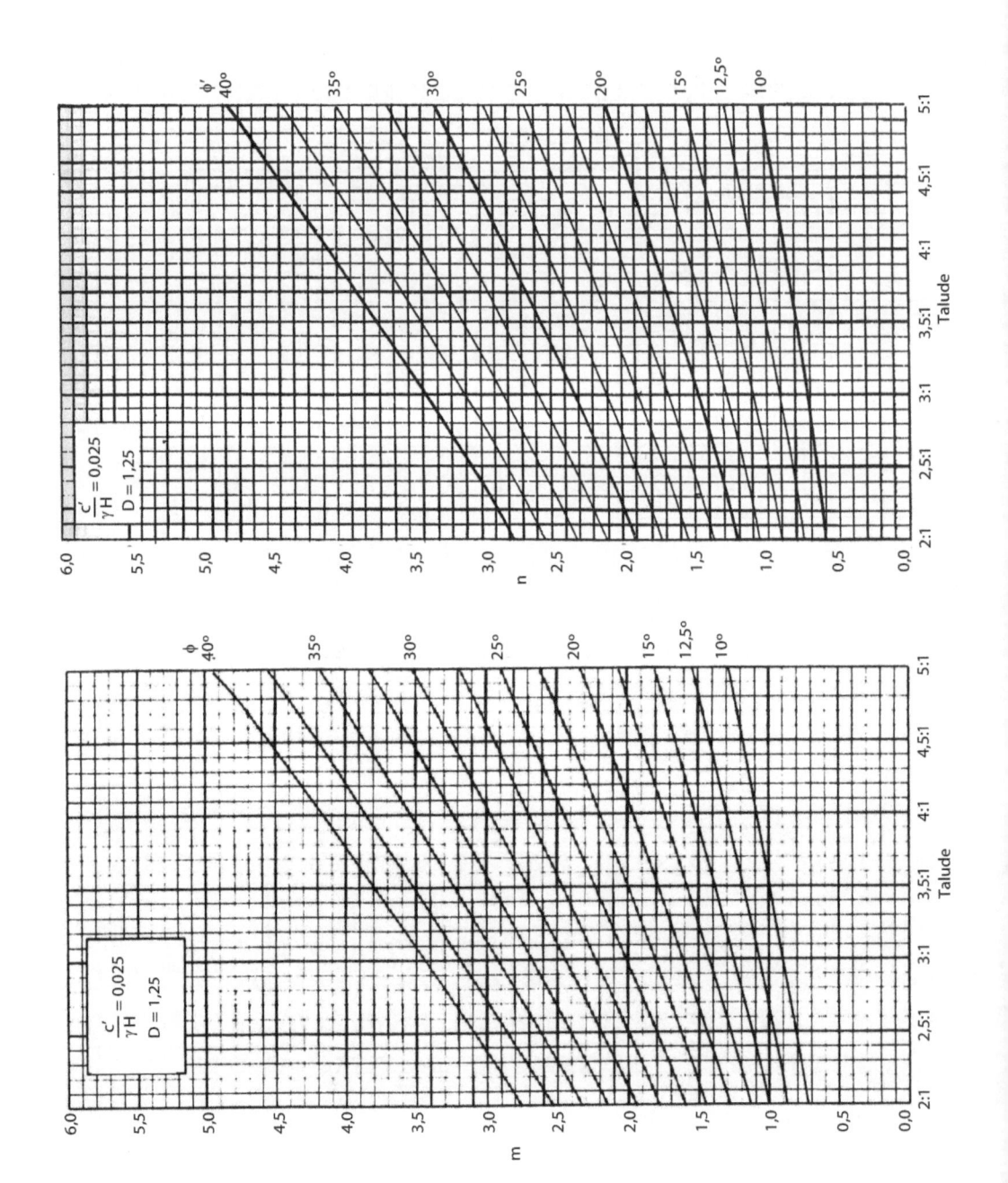

Estabilidade de taludes

Anexo A

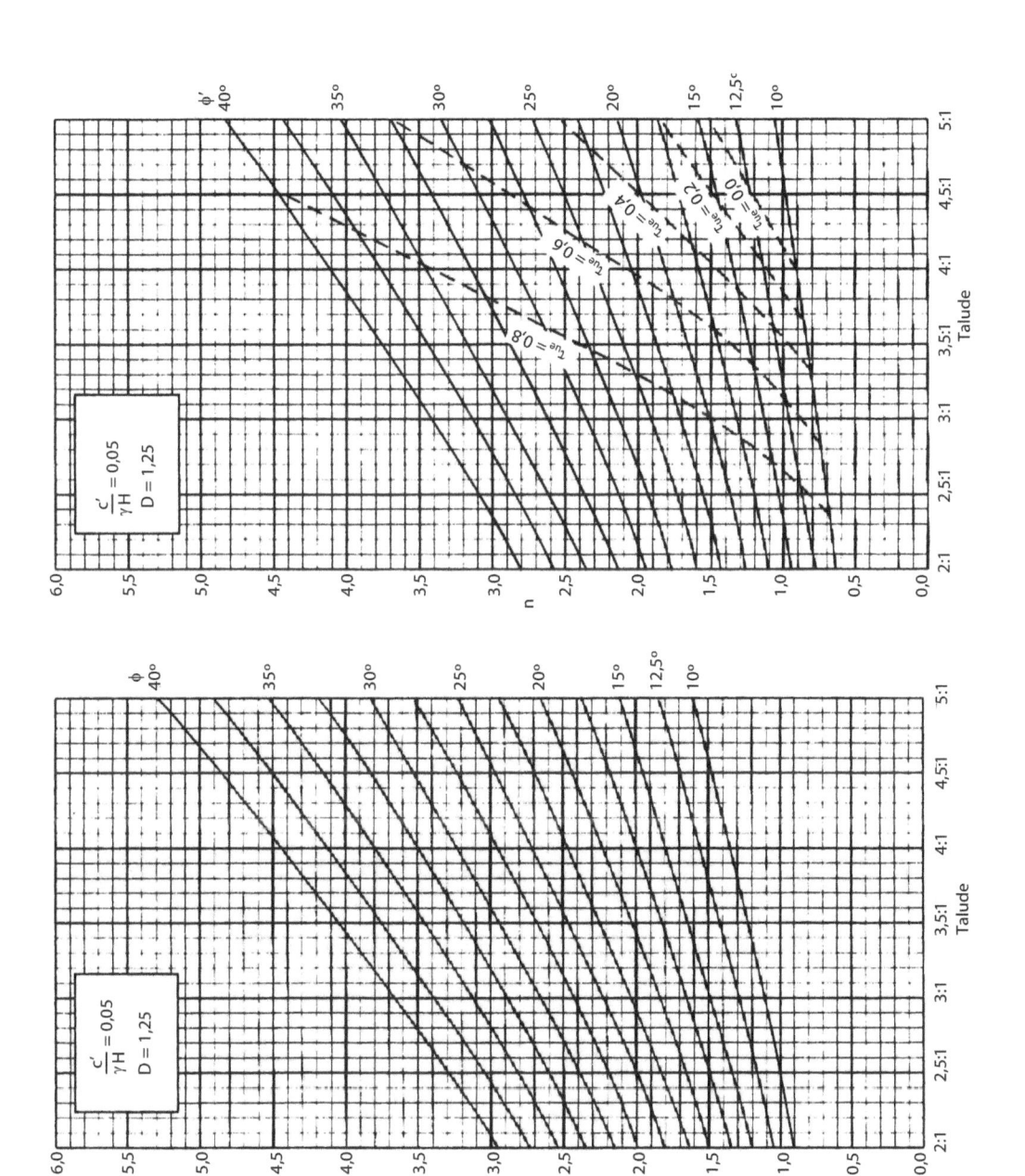

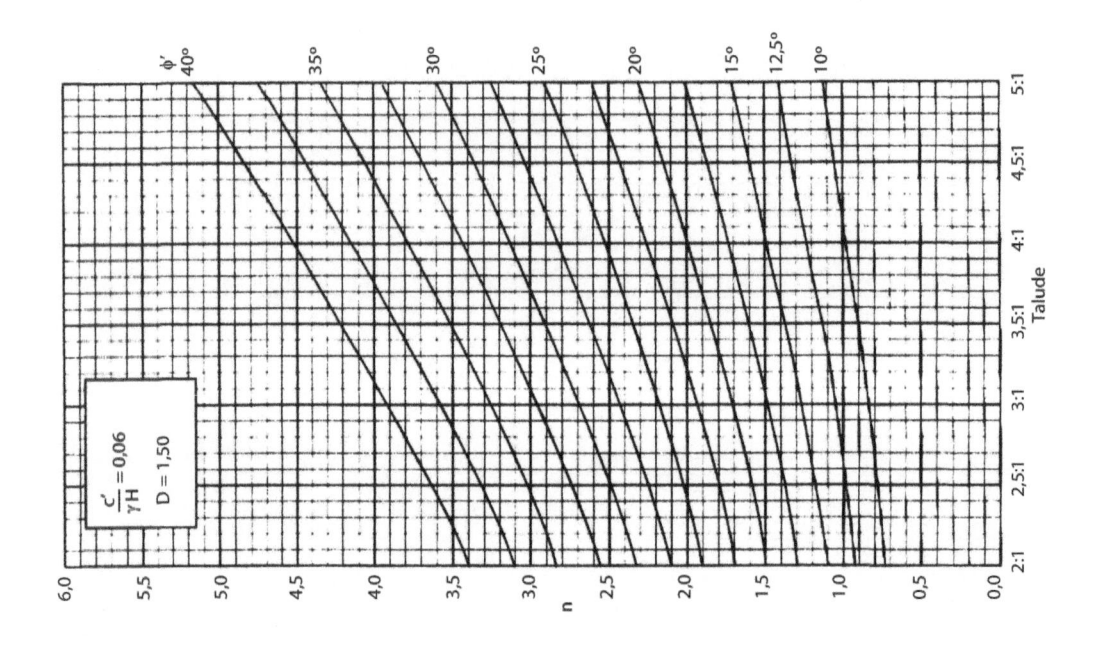

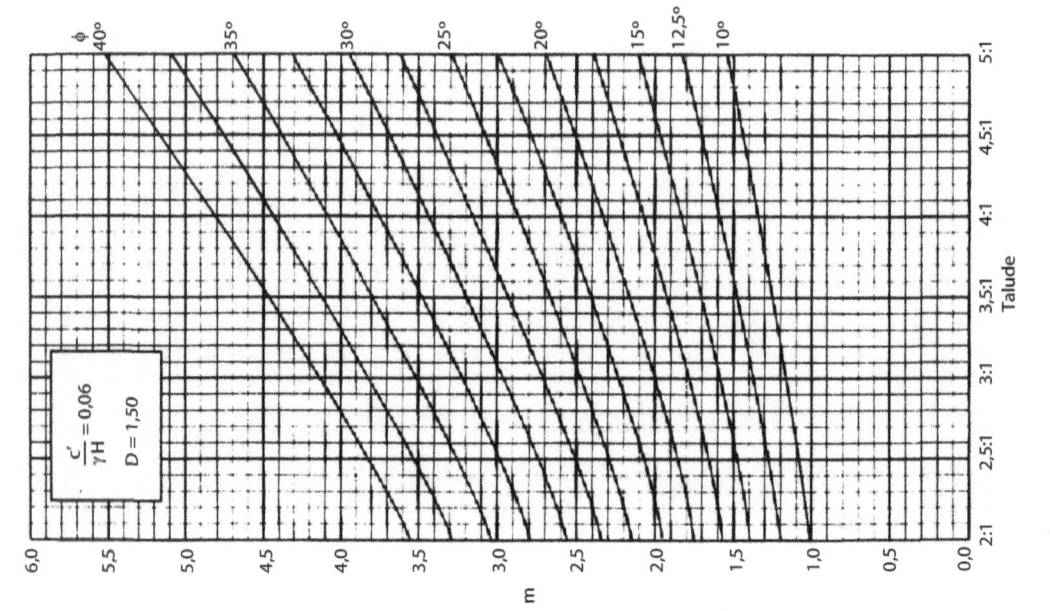

Estabilidade de taludes

Anexo B
Resumo dos métodos de análise de estabilidade de taludes em solo (GeoRio, 1999)

Método	Superfície	Considerações	Vantagens	Limitações	Fator de segurança	Aplicação
Taylor (1948)	Circular	Método do círculo de atrito. Análise de tensões totais. Taludes homogêneos.	Método simples, com cálculos manuais.	Aplicado somente para algumas condições geométricas indicadas nos ábacos.	Determinação do valor da altura crítica H_c $$H_c = N_s \frac{c}{\gamma}$$ $$FS = \frac{H_c}{H}$$	Estudos preliminares. Pouco usado na prática.
Talude infinito	Plana	Estabilidade global representada pela estabilidade de uma fatia vertical.	Método simples, com cálculos manuais.	Aplicado somente para taludes com altura infinita em relação à profundidade da superfície de ruptura.	$$FS = \frac{c'}{\gamma \cdot z} \cdot B + \left(\frac{tg\phi'}{tg\alpha}\right) \cdot A$$ $B = \sec\alpha \cdot \text{cosec}\,\alpha$ $A = (1 - r_u \cdot \sec^2\alpha)$	Escorregamentos longos, com pequena espessura da massa instável; por exemplo, uma camada fina de solo sobre o embasamento rochoso.
Método das cunhas	Poligonal	Equilíbrio isolado de cada cunha, compatibilizando as forças de contato entre cunhas.	Resolução analítica ou gráfica, com cálculos manuais.	Considera cunhas rígidas. O resultado é sensível ao ângulo (d) de inclinação das forças de contato entre as cunhas.	Determinação gráfica dos erros em polígonos de força para fatores F arbitrados. Cálculo de FS por interpolação para erro nulo.	Materiais estratificados, com falhas ou juntas.

Método	Superfície	Considerações	Vantagens	Limitações	Fator de segurança	Aplicação
Bishop simplificado (1955)	Circular	Considera o equilíbrio de forças e os momentos entre as fatias. Resultante das forças verticais entre fatias é nula.	Método simples, com cálculos manuais ou em computador. Resultados conservativos.	Método iterativo. Aplicação imprecisa para solos estratificados.	$F = \dfrac{1}{\sum w\, sen\alpha} \cdot \dfrac{\sum [c'b + (W - ub)tg\phi']}{m_\alpha}$ $m_\alpha = cos\alpha \cdot \left[1 + \dfrac{tg\alpha \cdot tg\phi'}{F}\right]$	Método muito usado na prática. O método simplificado é recomendado para projetos simples.
Bishop e Morgenstern (1960)	Circular	Aplica o método simplificado de Bishop.	Facilidade de uso.	Limitado a solos homogêneos e taludes superiores a 27°	Retirado diretamente de ábacos.	Para estudos preliminares em projetos simples de taludes homogêneos.
Spencer (1967)	Não circular	Método rigoroso; satisfaz todas as condições de equilíbrio estático.	Valores de FS mais realísticos.	Complexidade dos cálculos.	Resultante das forças entre fatias com inclinação constante em toda a massa. Determina fatores de segurança para equilíbrio de momentos (F_m) e equilíbrio de forças (F_f). Calcula FS quando $F_m = F_f$.	Para análises mais sofisticadas, com restrições geométricas da superfície de ruptura.
Hoek e Bray (1981)	Circular	Massa instável considerada um corpo rígido. Solução pelo limite inferior.	Uso simples. Taludes inclinados de 10° a 90°.	Para materiais homogêneos, com cinco condições específicas de nível freático no talude.	Retirado diretamente de ábacos	Para estudos preliminares, com riscos reduzidos de escorregamento.

Método	Superfície	Considerações	Vantagens	Limitações	Fator de segurança	Aplicação
Jambu (1972)	Não circular	Satisfaz o equilíbrio de forças e os momentos em cada fatia, porém despreza as forças verticais entre as fatias.	Superfícies de ruptura realísticas. Implementação simples em computadores.	Aplicado para solos homogêneos. Pode subestimar o fator de segurança. O método generalizado não tem essa limitação.	Pode ser calculado manualmente, com o auxílio de ábacos, ou por programas de computador.	Grande utilização prática. Devem ser consideradas as limitações das rotinas de cálculo.
Morgenstern e Price (1965)	Não circular	Satisfaz todas as condições de equilíbrio estático. Resolve o equilíbrio geral do sistema. É um método rigoroso.	Considerações mais precisas que no método de Jambu.	Não é um método simples. Exige cálculos em computador.	Calculado por interações, com o uso de computadores.	Para estudos ou análises detalhadas (retroanálises).
Sarma (1973,1979)	Não circular	Método rigoroso, atende às condições de equilíbrio. Considera forças sísmicas (terremotos).	Redução no tempo de cálculo, sem perda de precisão.	Método exige cálculos em computador. O método de Sarma (1973) pode ser resolvido manualmente.	Calculado por interações, com o uso de computadores.	É aplicado como uma alternativa ao método de Morgenstern e Price.

Referências Bibliográficas Citadas e Recomendadas

ABNT - ASSOCIAÇÃO BRASILEIRA DE NORMAS TÉCNICAS. *Estabilidade de encostas*. NBR 11682, 2008.

ABRAMSON, L. W.; LEE, T. S.; SHARMA, S.; BOYCE, G. M. *Slope stability and stabilizations methods*. Nova York: John Wiley & Sons, 1996.

ALPAN, I. The empirical evaluation of the coefficient Ko and Kor. *Soil and Foundation*. Jap. Soc. Soil Mech. Found. Eng., n. 7, v. 1, p. 31-40, 1967.

AUBERTIN, M.; RICARD, J.-F.; CHAPUIS, R. P. A Predictive model for the water retention curve: application to tailings from hard-rock mines. *Canadian Geotechnical Journal*, n. 35, p. 55-69, 1998.

AUGUSTO FILHO, O. Caracterização geológico-geotécnica voltada à estabilização de encostas: uma proposta metodológica. In: CONFERÊNCIA BRASILEIRA SOBRE ESTABILIDADE DE ENCOSTAS. Anais... Rio de Janeiro, v. 2. p. 721-733, 1992.

AUGUSTO FILHO, O. Escorregamentos em encostas naturais ocupadas: análise e controle. In: BITAR, O. Y. (Org.) *Curso de Geologia Aplicada ao Meio Ambiente*. São Paulo: ABGE/IPT, 1995. (Série Meio Ambiente).

BISHOP, A. W. The use of the slip circle in the stability analysis of slopes. *Geotechnique*, Great Britain, v. 5, n. 1, p. 7-17, 1955.

BISHOP, A. W. Test requirements for measuring the Coefficient of Earth Pressure at Rest. In: CONFERENCE ON EARTH PRESSURE PROBLEMS. *Proceedings...* Brussels, Belgium, v. 1, p. 2-14, 1958.

BISHOP, A. W.; BJERRUM, L. The relevance of the triaxial test to the solution of stability problems. In: ASCE RESEARCH CONFERENCE ON SHEAR STRENGTH OF COHESIVE SOILS. *Proceedings...* Boulder, p. 437-501, 1960.

BISHOP, A. W.; HENKEL, D. J. *The measurement of soil properties in the triaxial test*. London: Edward Arnold, 1962.

BISHOP, A. W.; MORGENSTERN, N. R. Stability coefficients for earth slopes. *Geotechnique*, n. 10, p. 129-150, 1960.

BISHOP, A. W.; ALPAN, I.; BLIGHT, G. E.; DONALD, I. B. Factors controlling the strength of partially saturated cohesive soils. In: RESEARCH CONF. ON SHEAR STRENGTH OF COHESIVE SOILS. *Proceedings...* ASCE, V.A, p. 500-532, 1960.

BLIGHT, G. E. *Strength and consolidation characteristics of compacted soils*. 1961. PhD Thesis - University of London. London, 1961.

BOSZCZOWSKI, R. B. *Avaliação da tensão lateral de campo de argilas sobreadensadas: ensaios de laboratório com um solo da formação Guabirotuba*. 2001. Dissertação (Mestrado) – Pontifícia Universidade Católica do Rio de Janeiro, Rio de Janeiro, 2001.

BROOKER, E. W.; IRELAND, H. Earth Pressures at Rest Related to Stress History. *Canadian Geotechnical Journal*, n. 2, v. 1, p. 1-15, 1965.

BRAND,E. W.; PREMCHITT, J.; PHILIPSON, H. B. Relationship between rainfall and landslides in Hong Kong. *Proceedings of the Fourth International Symposium on Landslides*, Toronto, vol. 1, p 377-384, 1984.

BRUNSDEN, D.; PRIOR, D. B. *Slope instability*. Nova York: John Wiley & Sons, 1984.

BUDHU, M. *Soil mechanics and foundation*. Nova York: John Wiley & Sons, 2000.

CAMAPUN, J.; GITIRANA Jr, G. F. N.; MACHADO, S. L.; MASCARENHA, M. M. A.; SILVA FILHO, F. C. *Solos não saturados no contexto geotécnico*. São Paulo: ABMS, 2015. 759 p.

CAMPANELLA, R. G.; VAID, Y. P. A simple Ko triaxial cell. *Canadian Geotechnical Journal*, n. 9, v. 3, p. 249-260, 1972.

CARPIO, G. W. T. *Ensaios triaxiais cúbicos e axissimétricos em argila normalmente adensada*. 1990. Dissertação (Mestrado) – Pontifícia Universidade Católica do Rio de Janeiro, Rio de Janeiro, 1990.

CHAVES, F. L. *Estudo das correlações chuva vs escorregamento aplicada ao Morro da Formiga*, localizado no Maciço da Tijuca, Rio de Janeiro. 2016. Dissertação (Mestrado em Engenharia Civil) – Universidade do Estado do Rio de Janeiro, Rio de Janeiro, 2016.

CHIOSSI, N. *Geologia aplicada à Engenharia*. São Paulo: Grêmio Politécnico-USP, 1975.

CHOWDHURRY, R. N. *Slope analysis*. Amsterdam: Elsevier, 1978.

COELHO NETO, A. L. Overland flow production in a tropical rainforest catchment: The role of litter cover. *Interdisciplinary Journal of Soil Science - Hydrology - Geomorphology*, n. 14, v. 3, jun. 1987.

COSTA NUNES, A. J. de. Landslides in soil of decomposed rock due intense rainstorms. In: INTERNATIONAL CONFERENCE OF SOIL MECHANICS AND FOUNDATION ENGINEERING. *Proceedings...* México, n .2, p. 547-554, 1969.

DAY, R. *Geotechnical and foundation engineering*: Design and construction. Nova York: McGraw Hill, 1999.

DAYLAC, R. *Desenvolvimento e utilização de uma célula para medição de Ko com controle de sucção*. 1994. Dissertação (Mestrado) – Pontifícia Universidade Católica do Rio de Janeiro. Rio de Janeiro, 1994.

D'ORSI, R. N. *Correlação entre pluviometria e escorregamentos no trecho da serra dos órgãos da rodovia federal BR-116 RJ (Rio-Teresópolis)*. 2011. Tese (Doutorado) – Instituto Alberto Luiz Coimbra de Pós-Graduação e Pesquisa de Engenharia, Universidade Federal do Rio de Janeiro, 2011.

DONALD, I. B. *The mechanical properties of saturated and partly saturated soils with special reference to negative pore water pressure*. 1961. PhD thesis - University of London. London, 1961.

DUNCAN, J. M. State of the art: Limit equilibrium and finite element analysis of slopes. *Journal of Geotechnical Engineering*, ASCE, n. 122, v. 7, p. 577-596, 1996.

FELLENIUS, W. Calculation of stability of earth dams. In: CONGRESS ON LARGE DAMS, 2. Proceedings... v. 4, Washington, p. 445-463, 1936.

FERREIRA, H. N. Acerca do Coeficiente de Impulso no Repouso. *Geotecnia*, n. 35, p. 41-106, 1982.

FIORI, P. F.; CARMIGNANI, L. *Fundamentos de mecânica dos solos e das rochas*: aplicações a estabilidade de taludes. 2. ed. São Paulo: UFPR e Oficina de Textos, 2009.

FONSECA, A. P. *Análise de mecanismos de escorregamento associados a voçorocamento em cabeceira de drenagem na bacia do Rio Bananal (SP/RJ)*. 2006. Tese (Doutorado) – Coppe – Universidade Federal do Rio de Janeiro, Rio de Janeiro, 2006.

FRANÇA, H. *Determinação dos coeficientes de permeabilidade e empuxo no repouso em argila mole da Baixada Fluminense*. 1976. Dissertação (Mestrado) – Pontifícia Universidade Católica do Rio de Janeiro. Rio de Janeiro, 1976.

FREDLUND, D. G.; KRAHN, J. Comparison of slope stability methods. *Canadian Geotechnical Journal*, n. 14, p. 429-439, 1977.

FREDLUND, D. G.; MORGENSTERN, N. R. Stress state variables for unsaturated soils. *Journal Geotechnical Div.*, ASCE, n. 103, 1977.

FREDLUND, D. G.; RAHARDJO, H. *Soil mechanics for unsaturated soils*. Nova York: John Wiley & Sons, 1993.

FREDLUND, D. G.; XING, A. Equations for the soil water characteristic curve. *Canadian Geotechnical Journal*, n. 31, v. 4, p. 521-532, 1994.

FUTAI, M. M.; ALMEIDA, M. S. S.; LACERDA, W. A. Evolução de uma voçoroca por escorregamentos retrogressivos em solo não saturado. In: CONF. BRASILEIRA DE ESTABILIDADE DE ENCOSTAS, 4., Salvador, 2005. Anais... Salvador, 2005. p. 443-452.

GARGA, V. K.; KHAN, M. A. Laboratory evaluation of Ko for overconsolidation clays. *Canadian Geotechnical Journal*, n. 28, v. 5, p. 650-659, 1991.

GEO - GEOTECHNICAL ENGINEERING OFFICE. *Geotechnical manual for slopes*, Hong Kong, 1997.

GCO - GEOTECHNICAL CONTROL OFFICE. *Geotechnical manual for slopes*. Hong Kong: Engineering Development Department, 1984.

GCO - GEOTECHNICAL CONTROL OFFICE. *Rainstorm runoff on slopes* - Special Project Report - SPR 5/86. Hong Kong, 1986.

GEORIO. *Manual de técnico de encostas*. Fundação Instituto de Geotécnica do Município do Rio de Janeiro, 1999. 4 v.

GERSCOVICH, D. M. S. *Propriedade da camada ressecada do depósito de Sarapuí*. 1983. 246 f. Dissertação (Mestrado) – Pontifícia Universidade Católica do Rio de Janeiro, Rio de Janeiro, 1983.

GERSCOVICH, D. M. S. *Fluxo em meios porosos saturados/não saturados*: modelagem numérica com aplicações ao estudo da estabilidade de encostas na cidade do Rio de Janeiro. 1994. Tese (Doutorado) – Pontifícia Universidade Católica do Rio de Janeiro. Rio de Janeiro, 1994.

GERSCOVICH, D. M. S. Equações para modelagem da curva característica aplicadas a solos brasileiros. In: SIMPÓSIO BRASILEIRO DE SOLOS NÃO SATURADOS. *Anais...* Porto Alegre, p. 76-92, 2001.

GERSCOVICH, D. M. S.; CAMPOS, T. M. P.; VARGAS JR., E. A On the evaluation of unsaturated flow in a residual soil slope in Rio de Janeiro, Brazil. *Engineering Geology*, n. 88, p. 23-40, 2006.

GERSCOVICH, D. M. S.; CAMPOS, T. M. P.; VARGAS JR., E. A Retroanálise da Ruptura de Encosta no Rio de Janeiro. In: CONGRESSO NACIONAL DE GEOTECNIA. *Anais...* Coimbra, v. 2, 2008.

GERSCOVICH, D. M. S.; CAMPOS, T. M. P.; VARGAS JR., E. Back Analysis of a sandslide in a residual soil slope in Rio de Janeiro, Brasil. *Soils and Rocks*, v. 1, n. 2, p. 139-149, 2011.

GUIDICINI, G.; IWASA, O. Y. Tentative correlation between rainfall and landslides in a humid tropical environment. *Bulletin of the Internacional Associations of Engineering Geology*, Krefeld, v. 16, p. 13-20, 1977.

GUIDICINI, G.; NIEBLE, C. M. *Estabilidade de taludes naturais e de escavação*. São Paulo: Edgard Blucher, 1983.

HARR, R. D. Water flux in soil and subsoil on a steep forested slope. *J. Hydrology*, n. 33, p. 37-38, 1977.

HARR, M. E. *Reliability-based design in civil engineering*. Nova York: McGraw-Hill, 1987.

HENKEL, D. J. The relationship between effective stresses and water content in saturated clays. *Geotechnique*, n. 10, p. 41, 1960.

HILLEL, D. *Soil and water*: Physical principles and processes. New York: Academic Press, 1971.

HOEK, E.; BRAY, J. W. *Rock slope engineering*. London: Institute of Mining and Met., 1981.

HOLTZ, R. D.; KOVACS, W. D. *An introduction to Geotechnical Engineering*. Englewood Cliffs, Nova Jersey: Prentice-Hall, 1981.

HUTCHINSON, J. N. Mass movement. In: Encyclopedia of Geomorphology. Nova York: Fairbridge Reinhold Book, 1968.

JAKY, J. The Coefficient of Earth Pressure at Rest. *Journal of Society of Hungarian Architects and Engineers*, Budapest, Hungary, p. 355-358, 1944.

JAMBU, N. Application of composite slip surfaces for stability analysis. In: EUROPEAN CONF. ON STABILITY OF EARTH SLOPES. Stockholm Discussion 3. Proceedings..., 1954.

JAMBU, N. Earth pressure and bearing capacity calculation by generalized procedure of slices. In: INT. CONF. ON SOIL MECHANICS AND FOUNDATION ENGINEERING, 4. Proceedings... London, n. 2, p. 207-212, 1957.

JAMBU, N. Slope stability calculations. In: HIRSCHEFELD, R. C.; POULOS, S. J. (Ed.). Embankment-dam Engineering - Casagrande Volume. Nova York: John Wiley & Sons, 1973. p. 47-86.

JAMBU, N. Slope stability computations. Soil Mechanics and Foundation Engineering Report. Trondheim: The Technical University of Norway, 1968.

KALINNY, P. V. L.; COUTINHO, R. Q.; QUEIROZ, J. R. S. Avaliação da Erodibilidade como parâmetro no estudo de sulcos e ravinas numa encosta no cabo de Santo Agostinho - PE. In: CONFERÊNCIA BRALEIRA DE ESTABILIDADE DE ENCOSTAS, 4. Anais... Salvador, 2005.

LACERDA, W. A. Estabilização de um aterro a meia encosta. In: CONGRESSO BRASILEIRO DE MECÂNICA DOS SOLOS, 3. Anais... v. 1, tema 6, 1966.

LACERDA, W. A.; SANDRONI, S. S. Movimentos de massas coluviais. In: MESA-REDONDA SOBRE ASPECTOS GEOTÉCNICOS DE TALUDES. Rio de Janeiro: ABMS, 1985. p. iii-1–iii-19.

LAMBE, T. W.; WHITMAN, R. V. Soil mechanics. Nova York: John Wiley & Sons, 1969.

LUMB, P. Slope failures in Hong Kong.. Engineering Geology, Department of Civil Engineering, University of Hong Kong, v. 8, p. 38-65, 1975.

MASSAD, F. Escavações a céu aberto em solos tropicais: Região Centro-Sul do Brasil. São Paulo: Oficina de Textos, 2005.

MASSARSCH, K. R. New method for measurement of lateral earth presure in cohesive soils. Canadian Geotechnical Journal, n. 12, v. 1, p. 142-146, 1979.

MATOS, F. M. Mecânica dos solos: conceitos e princípios fundamentais. Porto: FEUP Edições, 2006. v. 1.

MAYNE, P. W.; KULHAWY, F. H. OCR relationships in soil. Journal of the Geotechnical Engineering Division, ASCE, n. 108, v. 6, p. 851-872, 1982.

MENDELSON, A. Plasticity: Theory and Application. Nova York: The Macmillan Company, 1968.

MESRI, G.; HAYAT, T. M. The coefficient of Earth Pressure at Rest. Canadian Geotechnical Journal, n. 30, p. 647-666, 1993.

MOORE, C. A. Effect of Mica on Ko Compressibility of Two Soils. Journal of Soil Mech. and Found. Div. Proc. of the ASCE, n. 97, v. SM9, p. 1275-1291, 1971.

MORGENSTERN, N. R.; PRICE, V. E. The analysis of the stability of general slip surfaces. Geotechnique, n. 15 v. 1, p. 79-93, 1965.

ORTIGÃO, J. A. R.; SAYÃO, A. S. J. F. *Handbook of slope stabilization*. Berlin: Springer--Verlag, 2004.

POULOS, H. G.; DAVIS, E. H. *Elastic solutions for soil and rock mechanics*. Nova York: John Wiley & Sons, 1974.

PREMCHITT, J.; BRAND, E. W.; CHEN, P. Y. M. Rain induced landslides in Hong Kong 1971-1991. *Asia Engineer*, p. 43-51, jun. 1994.

PUN, W. K.; WONG, A. K. W..; PANG, P. L. R. A review of the relationship between rainfall and landslides in Hong Kong. In: WORKSHOP ON RAIN-INDUCED LANDSLIDES, 2003. Hong Kong. *Proceedings of the Asian Technical Committee (ATC 3)*, Hong Kong, v. 3, p. 211-217, 2003.

RANKINE, W. On the stability of loose earth. *Philosophical Transactions of the Royal Society of London*, v. 147, 1857.

SANTOS JR., O. F.; SEVERO, R. N. F.; FREITAS NETO, O.; FRANÇA, F. A. N. Análise da estabilidade nas falésias entre Tibau do Sul e Pipa - RN. In: CONFERÊNCIA BRALEIRA DE ESTABILIDADE DE ENCOSTAS, 4. Anais... Salvador, 2005.

SARMA, S. K. Stability analysis of embankments and slopes. *Geotechnique*, n. 23, v. 3, p. 423-433, 1973.

SARMA, S. K. Stability analysis of embankments and slopes. *J. Geotechnical engineering Div. Am. Soc. Civil Engineers*, 105, GT12, p. 1511-1524, 1979.

SARMA, S. K. A note on the stability analysis of slopes. *Geotechnique*, n. 37, v. 1, p. 107-111, 1987.

SELBY, M. J. *Hillslope materials and processes*. Oxford: Oxford University Press, 1982.

SENNESET, K. A new odometer with spitted ring for the measurement of lateral stresses. In: INT. CONF. ON SOIL MECHANICS AND FOUNDATION ENGINEERING, 12. Proceedings... Rio de Janeiro. Rotterdam/Brookfield: A. A. Balkema, 1989. v. 1. p. 115-118.

SHARPE, C. F. S. Landslides during earthquakes due to liquefaction. *Journal of Soil Mechanics and Foundation Division*, ASCE 94, n. SM5, p. 1055-1122, p. 1119-1122, 1938.

SMITH, G. N.; SMITH, I. G.N. *Elements of soil mechanics*. Boston: Blackwell Science, 1998.

SPANNEBERG, M. G. *Caracterização geotécnica de um depósito de argila mole da Baixada Fluminense*. 2003. Dissertação (Mestrado) – Pontifícia Universidade Católica do Rio de Janeiro, Rio de Janeiro, 2003.

SPENCER, E. A Method of analysis of the stability of embankments assuming parallel inter-slices forces. *Geotechnique*, n. 17, p. 11-26, 1967.

SPENCER, E. Effect of tension on stability of embankments. *Journal of Soil Mechanics and Foundation Division*, ASCE, n. 120, v. 5, p. 856-871, 1968.

TATIZANA, C.; OGURA, A. T.; CERRI. L. E. S. *Análise de correlação entre chuvas e escorregamentos, Serra do Mar, Município de Cubatão*. Instituto de Pesquisa Tecnológica do Estado de São Paulo (IPT), 1987.

TAVENAS, F.; TRAK, B.; SERONEIL, S. Remarks on the validity of Stability Analysis. *Canadian Geotechnical Journal*, v. 17, n. 1, p. 61-73, 1979.

TAYLOR, D. W. Stability of earth slopes. *Journal of Boston Society of Civil Engineers*, n. 24, p. 197-246, 1937.

TAYLOR, D. W. *Fundamentals of soil mechanics*. Nova York: John Wiley & Sons, 1948.

TERZAGHI, K. *Theoretical soil mechanics*. Nova York: John Wiley & Sons, 1943.

TERZAGHI, K.; PECK, R. B. *Soil mechanics in engineering practice*. London: Chapman & Hall; Nova York: John Wiley & Sons, 1948.

TERZAGHI, K.; PECK, R. B. *Soil mechanics in engineering practice*. 2. ed. Nova York: John Wiley & Sons, 1967.

TERZAGHI, K.; PECK, R. B.; MESRI, G. *Soil mechanics in engineering practice*. 3. ed. Nova York: John Wiley & Sons, 1948.

TROEH, F. R. Landform equations fitted to contour maps. *American Journal of Sciences*, n. 263, p. 6126-6127, 1965.

VARGAS, M. The concept of tropical soils. In: INTERNATIONAL CONFERENCE ON GEOMECHANICS IN TROPICAL LATERITIC AND SAPROLITIC SOILS, 1. *Proceedings...* ABMS, 1985. v. 3.

VARNES, D. J. Landslides types and processes. In: EKEL, E. B. (Org.) *Landslides and engineering practice*. Washington: National Academy of Sciences, 1958. Cap. 2.

VARNES, D. J. *Landslides, analysis and control*. Special Report 176, National Academy of Sciences, cap. II, 1978.

WILSON, C. J. *Runoff and pore pressures in hollows*. Tese (PhD) – California University, Berkeley, 1988.

WU, T. H.; MCKINNELL, W. P. III; SWANSTO, D. N. Strength of tree roots and landslides on Prince of Wales Island, Alasca. *Canadian Geotechnical Journal*, n. 16, p. 19-33, 1979.

ZARUBA, Q.; MENCL, V. *Landslides and their control*. Amsterdam: Elsevier, 1969.